中等职业教育“十一五”规划教材(焊接专业)

# 金属熔焊基础与材料焊接

主　编　李凤银
副主编　沈　辉
参　编　晏丕霞
　　　　郑益仙
主　审　赵玉奇



机械工业出版社

本书是根据中等职业教育课程改革和教材建设规划而编写的供焊接专业使用的新教材。全书内容包括焊接冶金基础、焊接材料、焊接缺陷的产生及防止、金属的焊接性及其评定、常用金属材料的焊接五个单元。各单元内容均采用综合知识模块、能力知识点的方式进行编写，并在每一模块的综合训练里都编有一定数量的焊工技能鉴定理论试题，以便于进行焊工技能鉴定理论知识的复习和考试。为便于教学，本书配备了电子教案和习题答案，选择本书作为教材的教师可来电索取(010-88379201)，或登录www. cmpedu. com网站注册、免费下载。

本书主要作为中等职业教育焊接专业学生的专业课教材，同时可作为机械类专业的选用教材和企业职工培训教材，也可以作为焊接技术人员、机械工程技术人员、焊工及相关人员的参考用书。


**图书在版编目(CIP)数据**

金属熔焊基础与材料焊接/李凤银主编. —北京：机械工业出版社，2009. 8 (2018.1重印)

中等职业教育“十一五”规划教材(焊接专业)

ISBN 978-7-111-27865-8

Ⅰ. 金… Ⅱ. 李… Ⅲ. ①熔焊—专业学校—教材②金属材料—焊接—专业学校—教材 Ⅳ. TG442 TG457. 1

中国版本图书馆CIP数据核字(2009)第128464号

机械工业出版社(北京市百万庄大街22号 邮政编码100037)

策划编辑：齐志刚 责任编辑：齐志刚 版式设计：张世琴

责任校对：申春香 封面设计：鞠 杨 责任印制：乔 宇

河北鑫兆源印刷有限公司印刷

2018年1月第1版第5次印刷

184mm×260mm · 15. 25印张 · 378千字

8501—9500册

标准书号：ISBN 978-7-111-27865-8

定价：38.00元

凡购本书，如有缺页、倒页、脱页，由本社发行部调换

| 电话服务 | 网络服务 |
| --- | --- |
| 社 服 务 中 心：(010)88361066 | 门户网：http://www. cmpbook. com |
| 销 售 一 部：(010)68326294 | |
| 销 售 二 部：(010)88379649 | 教材网：http://www. cmpedu. com |
| 读者购书热线：(010)88379203 | **封面无防伪标均为盗版** |

# 前　言

本书是中等职业教育焊接专业“十一五”规划教材。根据全国机械职业教育专业教学指导委员会关于“深化职业技术教育人才的改革，加强职业技术教育教材建设”的精神，结合市场需要，2006年底，机械工业出版社邀请了全国十几所开办焊接专业的学校召开了这套教材的启动会，在会上大家就焊接专业的课程体系、课程改革、教材编写目的和要求、教材书目，以及编写人员的分工进行了研讨，最终达成共识并编写了本教材。

本书具有以下特点：第一，突出应用性、实用性。本教材的编写本着突出应用性、实用性的原则重组课程结构，打破原有课程体系，将原来涉及二三门课程的内容有机结合在一起，并结合初级、中级电焊工职业技能的要求及目前焊接生产的实际情况，在内容编写上做到实用、够用。教材内容紧紧扣住培养学生熔焊基础知识和焊接工艺的职业能力来阐述，将必需的理论知识融于各能力知识点的教学过程中。第二，突出职业教育特色，做到图文直观形象，尽量联系生产和生活实际，注重在理论知识、素质、能力、技能等方面对学生进行综合的培养。第三，本教材深度适宜，文字叙述简练、通俗易懂，深入浅出，非常适合中等职业学校学生学习。第四，每个单元都附有各类综合训练题、课外观察与讨论等活动，引导学生积极思考，形成师生相互交流与研讨的气氛，培养学生应用理论知识的能力。第五，为与国际接轨，体现教材的先进性，本套教材采用了最新国家标准和国家施行的国际单位制进行编写。

本教材由李凤银(绪论、第一单元)、郑益仙(第二单元)、晏丕霞(第三、四单元)、沈辉(第五单元)编写。李凤银担任主编，沈辉担任副主编，赵玉奇担任主审。

本教材在编写和审稿过程中，得到了各参编学校和有关兄弟院校领导及同仁的大力支持与热情帮助，并引用了一些专家编著的教材和著作中的资料，在此一并表示衷心的感谢。

由于编者水平有限，编写时间仓促，书中难免有缺点和不当之处，恳请广大读者批评指正。

编　者

# 目　录

# 绪　论

【学习目标】 通过绪论的学习，使学生掌握焊接方法的定义、分类及应用；理解金属熔焊的原理及熔焊过程；了解本课程的基本学习内容、学习目标及学习方法，为更好地学习本门课程奠定一个感性认识的基础。

## 能力知识点1　焊接的定义、分类及应用

焊接的目的是将两个或两个以上的物体（焊件）连接为永久结合的整体。在GB/T 3375—1994《焊接术语》中，对焊接所下的定义是：“焊接是通过加热或加压，或两者并用，并且用或不用填充材料，使工件达到原子结合的一种方法。”

**想一想** 你以前都见过哪些焊接方法？它们分别用于焊接什么物体？

在机械制造业中，使两个或两个以上金属零件连接在一起的方法有螺栓联接、铆钉连接、粘接和焊接等，如图0-1所示，其中螺栓联接是可以拆卸的，而其他几种连接则只有将接头破坏才能拆开，属于不可拆的永久性连接。

与其他连接方法相比，焊接具有以下优点。

（1）节约材料　焊接接头在连接部位没有重叠部分，也不需要附加的连接件（如螺栓、铆钉等），从而减少了材料的消耗，降低了结构重量，节约大量的金属材料。焊接与铆接相比可节省材料10%~20%。

（2）工艺过程比较简单　焊件不需要开孔加工，也不需要制造连接附件，同时焊接本身生产率高，生产周期短，劳动强度低。

（3）焊接产品质量高　焊接结合部位（焊接接头）不仅可以获得与母材相同的力学性能，而且其他使用性能（耐热性、耐蚀性等）也都能够与母材相匹配。特别是不需要采取特殊措施即可获得优良的密封性，使其成为在压力容器与船舶制造中主要的连接方法。

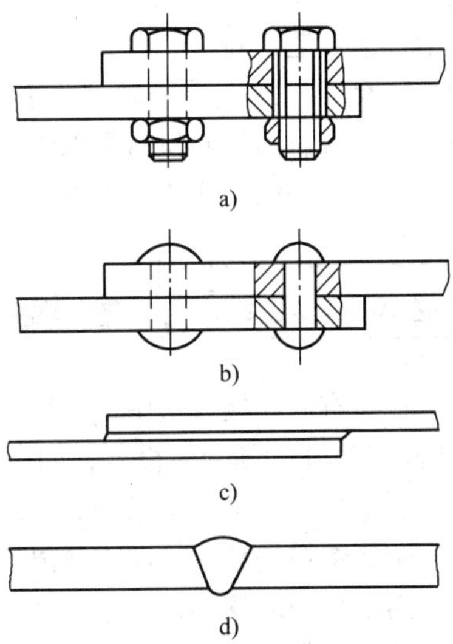

图0-1　几种常用的连接形式

a）螺栓联接　b）铆钉连接

c）粘接　d）焊接

（4）可焊材料范围广　焊接可在同类或不同类的金属、非金属材料（石墨、陶瓷、玻璃、塑料等）之间进行，

焊接方法也多种多样。

但焊接也有缺点，如焊接接头的组织和性能具有较大的不均匀性，其不均匀程度远超过铸件和锻件；焊接结构有较大的焊接应力和变形，影响焊接结构的形状和尺寸，降低结构的承载能力；焊接接头容易产生缺陷，并且应力集中现象比铆接接头、粘接接头严重，也使其应用受到一定限制。

由此可知，金属焊接与其他连接方法不同，金属焊接的本质就是通过焊接使两个分离的金属工件达到原子结合而形成一个整体。为了达到原子结合，焊接时必须对焊接区采用加热、加压或两者并用的方法。

根据焊接过程中金属所处的状态不同，可以把焊接方法分为熔焊、压焊和钎焊三大类。熔焊是将待焊处的母材熔化以形成焊缝的焊接方法。压焊是在焊接过程中，必须对焊件施加压力(加热或不加热)，才能完成焊接的方法。钎焊是采用比母材熔点低的金属材料作钎料，将焊件和钎料加热到高于钎料熔点，低于母材熔化温度，利用液态钎料润湿母材，填充接头间隙并与母材相互扩散实现连接的方法。

常用焊接方法的分类如图 0-2 所示。

- 焊接
  - 熔焊
    - 气　　焊
    - 电　弧　焊
      - 焊条电弧焊
      - 埋　弧　焊
      - 气体保护焊
        - 氩弧焊
        - $CO_2$ 气体保护焊
    - 等离子弧焊
    - 电　渣　焊
    - 电 子 束 焊
    - 激　光　焊
  - 压焊
    - 电　阻　焊
      - 点焊
      - 缝焊
      - 对焊
    - 摩　擦　焊
    - 爆　炸　焊
    - 超声波焊
  - 钎焊
    - 软钎焊(低于 450℃)：锡焊、铅焊等
    - 硬钎焊(高于 450℃)：铝焊、银焊、铜焊等

图 0-2　常用焊接方法的分类

焊接的主要对象是金属材料，据工业化国家统计数字表明，钢产量的 45% 以上要经过焊接加工。随着科学技术的不断发展和焊接质量的不断提高，目前焊接技术已广泛应用于机械制造、石油化工、航空航天、建筑、能源、交通、冶金等领域，主要用于制造和修理各种金属结构和机械零部件，例如锅炉、压力容器、管道、汽车、飞机、船舶、桥梁、起重设备等结构及机座、床身、箱体等零件。

## 能力知识点 2　金属熔焊原理及熔化过程

在所有的焊接方法中，熔焊是目前焊接生产中应用最多的一类焊接方法。对大型、高参数(高温、高压下运行)设备，如大吨位船舶、舰艇、发电设备、核能装置、锅炉、化工容器等的制造中，几乎全部采用熔焊。

金属熔焊是利用热源将分离的两个金属焊件加热到熔化状态，形成熔池，随着热源的移动，熔池也随之移动，熔池中的液态金属逐步冷却结晶后形成焊缝，从而将两个焊件连接成一个整体的焊接方法。

在熔焊的过程中，焊接热源首先将焊接处的母材及填充金属加热熔化形成熔池(图 0-3a 中的细实线部分)，熔池金属与周围的高温固体母材金属紧密接触，且充分浸润，待焊接热源离开，温度降低，液态的熔池金属冷却凝固，形成同母材金属长合在一起的联生结晶，成

为原子结合的接头(图0-3b)。

金属熔焊的方法很多，主要有气焊、焊条电弧焊、埋弧焊、气体保护焊、等离子弧焊、电渣焊、电子束焊和激光焊等。

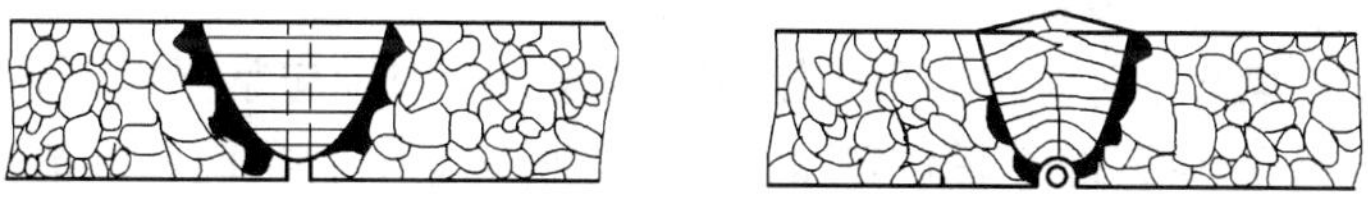

a)　　b)

图0-3　熔焊接头示意图

a）形成熔池　b）形成焊缝和接头

## 能力知识点3　本课程的基本内容、学习目标及学习方法

1. 基本内容

本课程是根据中等职业焊接专业《金属熔焊基础与材料焊接》教学大纲编写的，基本内容如下：

（1）焊接冶金基础　主要介绍焊接冶金的基本知识、焊缝及焊接热影响区的组织与性能等内容。

（2）焊接材料　主要介绍焊条、焊丝、焊剂等的分类、牌号和型号、成分、性能和用途等内容。

（3）焊接缺陷的产生及防止　主要介绍气孔、夹杂、裂纹等焊接缺陷的产生原因与防止措施。

（4）金属的焊接性及其评定　主要介绍金属焊接性的评定及常用的焊接性试验方法。

（5）常用金属材料的焊接　主要介绍碳钢、合金结构钢等常用金属材料的焊接特点及其焊接工艺。

2. 学习目标

本课程是焊接专业的一门主干课程，通过学习，要求达到如下学习目标：

（1）知识目标

1）了解金属熔焊过程的基本规律及焊接冶金的特点。

2）理解焊缝在形成过程中成分、组织变化的规律。

3）理解焊接热影响区金属组织与性能变化的规律。

4）掌握焊接材料的特点、型号和牌号及其选用原则。

5）理解金属熔焊过程中常见缺陷的产生原因及控制方法。

6）了解金属材料的焊接性分析及试验方法。

7）理解常用金属材料的焊接特点及焊接工艺。

（2）能力目标

1）初步具备使用金相显微镜去观察和分析焊接接头的金相组织的能力。

2）能正确选用和使用焊条，能借助《焊接手册》正确选用和使用焊丝、焊剂等焊接材料。

3）初步具备根据生产实际条件分析常见焊接缺陷产生的原因并提出防止措施的能力。

4）了解焊接工艺评定的具体内容及常规的焊接性试验方法。

5）能借助《焊接手册》等工具书及产品的技术条件，正确执行典型构件的焊接工艺规程。

3. 学习方法

本课程内容与生产实际紧密相连，学习中应掌握以下方法：

1）注意理论联系实际，培养分析问题和解决问题的能力。

2）注意前后知识的融会贯通和相关知识的综合运用。

3）学会分析、归纳、总结的方法，提高自学能力。

4）积极参加各种实习和生产实践活动，仔细观察，积极思考。

5）重在知识的应用，防止过多过深的理论探讨和追求理论完整性。

## 【综 合 训 练】

（一）名词解释

焊接

（二）填空题

1. 与其他连接方法相比，焊接具有__________、__________、__________和__________等优点。

2. 根据焊接过程中金属所处的状态不同，可以把焊接方法分为__________、__________和__________三大类。

（三）选择题

(　　)1. 下列属于熔焊的焊接方法是__________。

A. 点焊　　B. 电阻焊　　C. 电弧焊　　D. 钎焊

(　　)2. 下列属于压焊的焊接方法是__________。

A. 电弧焊　　B. 电渣焊　　C. 埋弧焊　　D. 对焊

（四）简答题

与其他连接方法相比，焊接方法具有哪些优、缺点？

# 第一单元　焊接冶金基础

【学习目标】　通过本单元的学习，了解焊接冶金的作用、特点，理解焊接冶金过程的基本规律及其对焊缝金属的作用；了解焊接热过程、热能传递的基本方式、焊接温度场、焊接热循环的特点，理解焊接温度场、焊接热循环的影响因素及调节方法；了解焊缝金属的形成过程，理解各种合金元素对焊缝金属性能的作用；了解 N、H、O、S、P 等有害元素对焊缝金属的作用及防止措施；理解焊缝金属的组织与性能的变化规律及焊缝金属组织与性能的调节方法；了解焊接热影响区的组织与性能，理解焊接热影响区的组织与性能的调节方法。

## 综合知识模块一　焊接冶金及特点

### 能力知识点 1　焊接冶金过程及其作用

焊接时，焊缝金属在熔化过程中，熔化金属、熔渣、气体之间在高温下相互作用，会产生一系列剧烈而复杂的物理变化和化学反应，如金属的蒸发、有益合金元素的烧损、气体的溶解和析出等，这种熔焊过程中，焊接区内各物质之间在高温下相互作用的过程，称为焊接冶金过程。焊接冶金过程的实质是金属在焊接条件下的再熔炼过程。

焊接冶金与普通冶金有相同点，但也有不同之处。普通冶金过程是将铁矿石、焦炭、废钢铁等材料放在特定的炉中进行熔炼加工的过程；而焊接冶金过程是金属在焊接条件下的再熔炼过程，焊接时焊缝相当于高炉。

**想一想**　焊接冶金与普通冶金二者之间的相同点和不同点？

焊接冶金过程中，由于熔化金属和周围介质的相互作用，使焊缝金属的成分和性能与母材和焊材有较大的不同；因此，为了提高焊缝的质量，在焊接制造重要焊接结构时，焊接冶金的首要作用就是对熔化金属进行保护，以免受空气的有害作用。

不同的焊接方法有不同的保护方式。熔焊时采用的各种保护方式与其适用的焊接方法见表 1-1。

表 1-1　熔焊时各种保护方式与其适用的焊接方法

| 保护方式 | 焊接方法 | 保护方式 | 焊接方法 |
| --- | --- | --- | --- |
| 熔渣保护 | 埋弧焊、电渣焊、不含造气物质的焊条或药芯焊丝焊接 | 气-渣联合保护 | 具有造气物质的焊条或药芯焊丝焊接 |
| | | 真空 | 真空电子束焊接 |
| 气体保护 | 在惰性气体或其他气体(如 $CO_2$、混合气体)保护中焊接 | 自保护 | 用含有脱氧、脱硫剂的“自保护”焊丝进行焊接 |

焊接冶金的第二个作用，就是对熔化金属进行冶金处理，通过调整焊接材料的成分和性能，控制冶金反应的发展，来获得预期的焊缝成分。

## 能力知识点 2　焊接冶金的特点

焊接冶金与普通冶金相比较，主要有以下特点：

（1）冶金反应温度高　普通冶金反应温度在 1500～1700℃，而焊接弧柱区的温度可达 5000～8000℃。焊条熔滴的平均温度达 2100～2200℃，熔池温度高达 1600～2000℃，与熔融金属接触的熔渣温度也高达 1600℃。因此，焊接冶金反应在超高温下进行，反应过程快速而剧烈，容易造成合金元素的烧损与蒸发。

（2）冶金反应时间短　熔焊时，熔滴和熔池存在的时间很短，熔滴在焊条端部停留的时间只有 0.01～0.1s；由于焊接熔池体积小(一般 2～3$cm^3$)，冷却速度快，熔池存在的时间最多也不超过几十秒(通常,熔池从形成到凝固约 10s)。因此，冶金反应时间短导致冶金反应不能充分进行，各种冶金化学反应无法达到平衡状态，在焊缝中很容易出现化学成分不均匀的偏析现象。

（3）冶金反应条件差　熔焊时，焊接熔池一般暴露在空气中，熔池周围的气体、铁锈、油污等在电弧的高温下，将分解成原子态的氧、氮等，极易同金属元素产生化学反应；反应生成的氧化物、氮化物混入焊缝中，使焊缝的力学性能下降；空气中的水蒸气分解出氢原子，在焊缝中产生气孔、裂缝等缺陷和“氢脆”现象。由于焊接冶金反应条件差，将严重影响焊接质量，因此，焊接时必须采取有效措施来保护焊接区，防止周围有害气体侵入熔池。

（4）冶金反应界面大　熔焊时，焊接冶金反应是多相反应，熔滴和熔池金属的比表面积大，能与熔渣、气相充分接触，促使冶金反应快速完成。

（5）熔融金属处于不断运动状态　熔焊时，熔滴和熔池金属均处于不断运动状态，有利于提高冶金反应的速度，促使气体和杂质快速的排除，使焊缝成分均匀化。

## 能力知识点 3　焊接冶金反应区

焊接冶金过程是分区域连续进行的，且各区的反应条件也有较大的差异。不同的焊接方法有不同的反应区。焊条电弧焊时，焊接冶金反应区分为药皮反应区、熔滴反应区和熔池反应区，如图 1-1 所示。熔化极气体保护焊时，只有熔滴反应区和熔池反应区；无填充金属的气焊、钨极氩弧焊和电子束焊则只有一个熔池反应区。下面以焊条电弧焊为例，说明各反应区的特点。

1. 药皮反应区

药皮反应区主要在焊条端部的套筒附近（图 1-1 中的Ⅰ区），反应温度范围从 100℃ 至药皮的熔点（钢焊条约为 1100℃）。参加反应的物质是药皮的组成物，反应的结果是产生气体和熔渣。主要物化反应是水分蒸发、某些物质分解和铁合金的氧化。

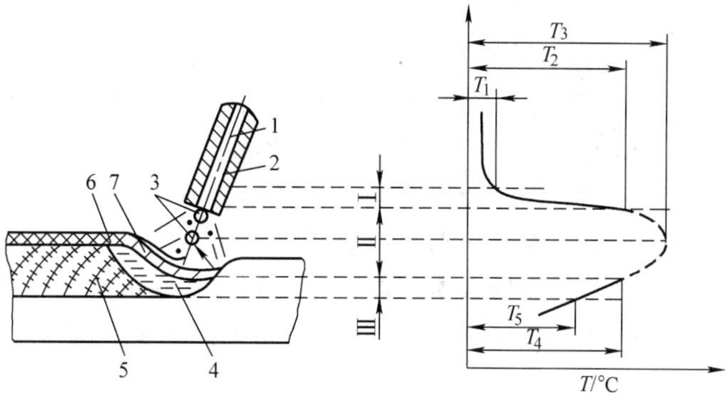

a)　　b)

图 1-1　焊接冶金反应区（以药皮焊条为例）

a）焊接区纵剖面　b）焊接反应区温度变化特性示意图

Ⅰ—药皮反应区　Ⅱ—熔滴反应区　Ⅲ—熔池反应区

1—焊芯　2—药皮　3—包有渣壳的熔滴　4—熔池

5—已凝固的焊缝　6—渣壳　7—熔渣

$T_1$—药皮反应开始温度　$T_2$—焊条熔滴表面温度　$T_3$—弧柱间熔滴表面温度　$T_4$—熔池表面温度　$T_5$—熔池底部温度

当加热温度超过 100℃，药皮中的水分就开始蒸发。当升高到一定温度，药皮中的有机物（木粉、纤维素、淀粉等）、碳酸盐（如大理石 $CaCO_3$、菱苦土等）和高价氧化物（如赤铁矿、锰矿等）逐步发生分解，析出 $CO_2$ 和 $O_2$ 等气体，这些气体既对焊接区金属有保护作用，又对被熔化的金属和药皮中的铁合金（如锰铁、硅铁、钼铁等）产生很大氧化作用，使气相的氧化性大大下降，此即先期脱氧过程。

药皮反应阶段可视为准备性的阶段，因为这一阶段反应的产物为熔滴和熔池提供了反应物，所以它对整个焊接冶金过程和焊接质量有一定影响。

2. 熔滴反应区

从熔滴形成、长大到过渡至熔池中都属于熔滴反应区。熔滴反应区（图 1-1 中Ⅱ区）是冶金反应最剧烈的区域，对焊缝的成分影响最大。从反应条件看这个区域有如下特点。

1）熔滴温度高。电弧焊焊接钢材时熔滴最高温度约 2800℃，平均温度在 1800 ~ 2400℃ 范围内。其过热度很大，可达 300 ~ 900℃。

2）熔滴金属与气体和熔渣接触面积大。因熔滴尺寸小，在正常情况下其比表面积可达 1 ~ 104$cm^2/kg$，比炼钢时约大 1000 倍。

3）各相之间的反应时间短。熔滴在焊条末端停留时间约 0.01 ~ 0.1s，向熔池过渡速度快，经弧柱区时间只有 0.0001 ~ 0.001s。在这个区内各相接触的平均时间约为 0.01 ~ 0.1s，反应时间很短，主要在焊条末端进行。

4）熔滴金属与熔渣发生强烈混合。熔滴在形成、长大和过渡过程中受到电磁力、气吹力等外界因素作用，便与熔渣发生强烈的混合，既增加彼此接触面积，也加速反应进行。

由上述特点可知，在该区的反应时间虽短，但因温度高，相接触面积很大，并有强烈的混合作用，所以冶金反应最激烈。许多反应可以进行到接近终了的程度，因而此阶段对焊缝成分影响最大。因此熔滴反应区是冶金反应最激烈的部位，在此区进行的主要物理化学反应有：气体的分解、气体的溶解、熔融金属的氧化、金属的蒸发，熔滴金属的合金化等。

**资料卡** 熔滴反应区进行的主要物理化学反应：

1）气体的高度分解。进入和生成的气体在电弧区被加热分解。这些气体有空气、水蒸气、二氧化碳、氢气、氮气、一氧化碳等，最后两种气体发生部分分解。

2）氢气和氮气的溶解。分解的氢气和氮气将溶解到熔融金属中。

3）熔融金属的氧化。电弧气氛中的氧化性气体和熔滴金属产生氧化反应，熔渣中的 MnO、$SiO_2$ 与熔滴产生置换氧化，熔渣中的 FeO 向熔滴扩散氧化。

4）金属的蒸发。由于熔滴的温度接近钢的沸点，一些低沸点的元素，如锰、锌等将蒸发，产生金属蒸气。

5）熔滴金属的合金化。药皮、药芯中的合金剂使熔滴金属产生强烈的合金化。

3. 熔池反应区

熔滴和熔渣落入熔池后，同熔化的母材混合或接触，继续各相之间的物理化学反应，从而形成熔池区的冶金反应，直至金属凝固形成焊缝为止。从反应条件看该区有如下特点。

1）熔池的温度分布极不均匀。它的前部温度高，处于升温阶段，进行着金属熔化、气体吸收，属于吸热反应；它的后部温度低，处于降温阶段，发生气体逸出、金属凝固，属于放热反应。因此，同一个反应在熔池的前后部可以向相反的方向进行。

2）熔池反应区的反应物质是不断更新的。新熔化的母村、焊芯和药皮不断进入熔池的头部，而凝固的焊缝金属和熔渣不断从后部退出。在焊接参数恒定的情况下，这种物质的更替过程可达稳定状态，从而获得成分均匀的焊缝金属。

3）熔池的平均温度比熔滴低（约为 1600～1900℃），反应时间稍长。焊条电弧焊熔池存在时间为 3～8s，埋弧焊熔池存在时间为 6～25s。

4）由于受电弧力、气流和等离子流等因素作用，熔池发生搅动。熔池温度分布不均，也造成熔池的对流运动。这有助于熔池成分的均匀化和加大冶金反应速度，有利于气体或非金属夹杂物从熔池中外逸。

5）熔池反应阶段中反应物的含量与平衡含量之差比熔滴阶段小，故在相同条件下，熔池中的反应速度比熔滴阶段中的要小。

6）当药皮重量系数 $K_b$（单位长度焊条药皮质量与焊芯质量之比）较大时，由于部分熔渣不与熔滴作用而直接流入熔池中，因而与熔池金属作用的熔渣数量大于与熔滴金属作用的熔渣数量，所以增加焊条药皮厚度能够加强熔池阶段的冶金反应。

从上述特点看出，熔池阶段的反应速度、合金元素被氧化的程度均比熔滴阶段小，且在整个反应过程中的贡献也较小。在采用大厚度药皮的焊条焊接时，熔池中的反应可获得加强。

总之，焊接化学冶金过程是分区域连续进行的。在熔滴阶段进行的反应多数在熔池阶段继续进行，但也有的反应停止甚至改变反应方向，各阶段冶金反应的综合结果决定了焊缝金属的最终化学成分。

## 能力知识点4　焊接参数对焊接冶金的影响

焊接冶金过程与焊接参数有着密切的联系，改变焊接参数必然会引起冶金反应条件的变化，进而影响到冶金反应的过程。在焊接时，对焊接冶金产生影响的参数主要有以下三种：

**小知识**　熔合比是指被熔化的母材金属在焊缝金属中所占的百分比。熔合比是用面积之比来计算的。

焊接参数是指在焊接时，为保证焊接质量，而选定的焊接电源、焊接电流、电弧电压、焊接速度、热输入等参数的总称。

（1）熔合比　熔合比取决于焊接方法、焊接接头形式和尺寸、坡口形式和角度、焊接参数、母材的性质、焊接材料种类以及焊条(焊丝)的倾角等因素。焊条中的合金元素在焊接过程中是有损失的，而母材中的合金元素几乎全部过渡到焊缝金属中，所以改变焊缝金属的熔合比就可以改变焊缝金属的化学成分。因此，焊接时必须严格控制焊接工艺条件以使熔合比稳定合理。

（2）焊接参数　在母材一定的情况下，焊接参数的改变在一定程度上将影响冶金过程的发展，但它不能决定焊缝金属的合金系统。所以调节焊接参数是控制焊缝金属成分的辅助手段，焊接参数一旦选定应保持不变，以保证焊缝金属成分和性能的稳定性。

（3）焊接材料　在母材一定的情况下，焊接材料(焊丝、焊剂、焊条、药芯焊丝等)的改变，不仅影响冶金过程的发展，而且决定了焊缝金属的合金系统，所以调整焊接材料是控制焊缝金属成分的主要手段。

**资料卡**　药皮反应区进行的主要物理化学反应：

1）脱水反应。当药皮温度超过100℃时，药皮中的水分开始蒸发，当药皮温度超过350～400℃时，药皮中的结晶水和化合水开始逐步分解。蒸发和分解的水分一部分进入电弧区。

2）有机物分解反应。药皮温度超过200～250℃时，有机物就开始分解，产生气体。有机物一般是碳氢化合物，分解成CO和$H_2$。

3）矿物质的分解反应。药皮温度超过400℃，药皮中的矿物质(碳酸盐、高价氧化物等)发生分解，反应式如下：

$$CaCO_3 \longrightarrow CaO + CO_2$$

$$2Fe_2O_3 \longrightarrow 4FeO + O_2$$

4）铁合金的氧化。药皮分解产生的自由氧、二氧化碳和水蒸气等，将使药皮中的铁合金发生一定的氧化，如

$$2Mn + O_2 = 2MnO$$

$$Mn + CO_2 = MnO + CO$$

$$Mn + H_2O = MnO + H_2$$

5）气体间的反应。药皮分解阶段产生的气体之间也会产生反应，如

$$CO_2 + H_2 = CO + H_2O$$

## 【综 合 训 练】

### 一、理论部分

（一）名词解释

1. 焊接冶金过程　　2. 药皮重量系数 $K_b$

3. 熔合比　　4. 焊接参数

（二）填空题

1. 焊接过程中的化学冶金反应，主要是熔融金属与__________和__________的反应。

2. 焊接冶金过程是分区域连续进行的，焊条电弧焊时，焊接冶金反应区可分为__________、__________和__________三个区域。

3. 熔化极气体保护焊时，则只有__________和__________二个区域。

4. 在药皮反应区，焊条药皮(固态下)各组成物之间将发生物理、化学反应，主要是水分的__________，有机物(如木粉、纤维素、淀粉等)或碳酸盐(如菱苦土、大理石、白云石)及高价氧化物的__________和铁合金的__________。

5. 焊条药皮分解析出的大量氧化性气体将使金属和药皮中的铁合金被氧化，从而气相的氧化性大大降低，这一过程也称为__________。

6. 熔滴反应区进行的主要反应是：气体的__________、气体的__________、熔融金属的__________、金属的__________与熔滴金属的__________。

7. 焊接过程中熔滴反应区的特点是熔滴__________高；熔滴与气体和熔渣__________大；各相之间反应__________短以及熔滴与深渣发生强烈__________等。

8. 熔滴阶段的化学冶金反应，主要在__________进行的。

9. 焊接过程中，熔池阶段的化学冶金反应速度比熔滴阶段__________。

（三）简答题

1. 什么是焊接冶金过程？其特点有哪些？

2. 焊条药皮反应区的温度范围及主要作用是什么？

3. 焊条熔滴反应区的特点是什么？

4. 焊条熔池反应区的特点是什么？

5. 熔合比数值与什么有关？对焊缝金属的成分有何影响？

### 二、实践部分

1. 训练目标

1）熟悉焊条电弧焊时，焊接冶金反应区域的组成及各区的特点。

2）了解焊接参数对焊接冶金的影响。

2. 训练准备

1）人员准备：分组进行，每组由 8～10 人组成。

2）资料准备：实训指导书。

3. 训练地点

实验室或实训场地。

4. 训练办法

1）让学生进行焊条电弧焊的焊接练习，以使学生观察并熟悉焊接冶金反应区的组成及各区的特点。

2）在焊条电弧焊操作练习中，依次改变熔合比、焊接电流、电弧电压、焊接速度、焊条种类(J422、J507 两种)等焊接参数，使学生了解焊接参数对焊接冶金过程的影响。

## 综合知识模块二　焊接热过程

熔焊时，必须有一定能量的热源对焊件局部加热、熔化、冷却后才能形成接头。其热过程对焊接区金属的成分、组织、性能影响很大，为保证焊接质量，必须了解焊接区热量传递和温度变化等焊接热过程的基本规律。

### 能力知识点 1　常用焊接热源及热能传递的基本方式

1. 常用的焊接热源

（1）电弧热　利用气体介质在两电极之间强烈而持续放电过程产生的热能作为焊接热源，是目前应用最广的一种焊接热源，如焊条电弧焊、气体保护焊、埋弧焊等。

（2）化学热　主要是利用助燃和可燃气体或铝、镁热剂燃烧时产生的热量作为焊接热源，如气焊、热剂焊等。

（3）电阻热　利用电流通过导体时产生的电阻热作为焊接热源，如电阻焊、电渣焊等。

（4）摩擦热　利用机械摩擦产生的热能作为焊接热源，如摩擦焊。

（5）电子束　利用高压高速的电子束轰击金属局部表面所产生的热能作为焊接热源，即电子束焊。

（6）等离子弧　将自由电弧压缩成高温、高电离度及高能量的电弧热作为焊接热源，即等离子弧焊。

（7）激光束　利用高能量的激光束轰击焊件产生的热能进行焊接，即激光束焊。

焊接热源不仅影响焊接质量，而且对焊接生产率有决定性的作用。为了使焊接区能够迅速达到熔点并防止加热范围过大，我们希望焊接热源的加热面积小，单位面积的功率(功率密度)大，同时在正常的焊接条件下能达到较高的温度。近年来发展的电子束、等离子弧、激光束等新的焊接热源，其最小加热面积仅为 $10^{-5}\sim10^{-8}cm^2$，而功率密度可达 $10^7\sim10^9W/cm^2$，温度高达 10000～20000℃，从而可以获得很高的焊接质量与生产率。

2. 焊接过程的热效率

焊接热源所输出的功率在实际应用中并不能全部得到有效利用，而是有一部分热量损失于周围介质和飞溅中。一般来说，热源越集中，热量损失越少，热效率就越高，如气焊就比各种电弧焊的热效率要低得多。下面以电弧焊为例，来分析焊接过程中热效率的计算方法。

通常，电弧焊焊接时，电弧输出总功率为 $q_0$，则

$$q_0 = UI \tag{1-1}$$

式中　$q_0$——电弧功率，即电弧在单位时间内所放出的热量，单位为 W；

$U$——电弧电压，单位为 V；

$I$——焊接电流，单位为 A。

其有效功率 $q$ 为

$$q = \eta' UI \tag{1-2}$$

式中　$\eta'$——热功率有效系数或称热效率。

$\eta'$值大小与焊接方法、焊接参数、焊接材料及焊件材料等有关，一般根据实验测定。几种电弧焊方法的热效率数值见表 1-2。

**表 1-2　几种电弧焊方法的热效率数值**

| 焊接方法 / 热效率 | 碳弧焊 | 焊条电弧焊 | 埋弧焊 | 钨极氩弧焊 | | 熔化极氩弧焊 | |
|---|---|---|---|---|---|---|---|
| | | | | 直流 | 交流 | 钢 | 铝 |
| $\eta'$ | 0.5～0.65 | 0.77～0.87 | 0.77～0.99 | 0.78～0.85 | 0.68～0.85 | 0.66～0.69 | 0.70～0.85 |

熔焊时，由焊接热源输入给单位长度焊缝上的热量称热输入（焊接线能量），以符号 $E$ 表示，焊接热输入是焊接过程中的一个重要参数，计算公式为

$$E = \frac{q}{v} = \eta' \frac{UI}{v} \tag{1-3}$$

式中　$E$——热输入，单位为 J/cm；

$\eta'$——热功率有效系数；

$U$——电弧电压，单位为 V；

$I$——焊接电流，单位为 A；

$v$——焊接速度，单位为 cm/s；

$q$——有效功率，单位为 J/s。

**想一想**　焊接热输入过大或过小会对焊接过程产生什么样的影响？

3. 焊接传热的基本形式

自然界中，热能的传递主要有三种基本形式，即传导、对流和辐射。

热传导指物体内部或直接接触的物体间的传热，是固体金属内部的唯一传热方式。热传导一般发生于固体内部。金属内部主要依靠自由电子的运动来传递热量而进行传导。

热对流指物体内部各部分发生相对位移而产生的热量传递。热对流只发生于流体内部。

热辐射指物体表面直接向外界发射电磁波来传递热量。热辐射过程中能量的转化形式是：热能→辐射能→热能。由于物体的辐射能力与其绝对温度的四次方成正比，因此温度越高，辐射能力越强。

在熔焊过程中，上述三种热能传递的方式都存在。热源的热量传递到焊件主要是通过热辐射和热对流；母材和焊丝获得热量后在其内部的传递则以热传导为主。

## 能力知识点 2　焊接温度场

1. 焊接温度场的表示及特点

焊接时，焊件上各点的温度不同，并随时间而变化。焊接温度场是指某一瞬时焊件上各

点的温度分布。由于焊件上的温度分布不仅不均匀，而且热源的运动使各点的温度随着时间而变化，因此焊接温度场是某一瞬时的温度场。

在焊接进行过程中，焊件上温度分布的规律总是热源中心处的温度最高，向焊件边缘温度逐渐下降。不同的母材或热源，温度下降的快慢不同。焊接温度场的表示方式有列表、数学式和图像法，其中最常用的是图像法，即利用等温线或等温面来表示。

利用等温线或等温面可以形象直观地表达焊接温度场。等温线或等温面就是温度场中相同温度的各点所连成的线或面。在给定的温度场中，任何一点不可能同时有两个温度，因此不同温度的等温线或等温面绝对不会相交，这也是等温线或等温面的重要性质。

通常以热源所处位置作为坐标原点 $O$，$X$ 轴为热源移动方向，$Y$ 轴为宽度方向，$Z$ 轴为厚度方向，如图 1-2a 所示。如工件上等温线（或等温面）确定，即温度场确定，则可以知道工件上各点的温度分布。例如，已知焊接过程中某瞬时 $XOY$ 面等温线表示的温度场如图 1-2b 所示，则可知道瞬时 $XOY$ 面任何各点的温度情况。同样也可画出 $X$ 轴上和 $Y$ 轴上各点的温度分布曲线，分别如图 1-2c 和图 1-2d 所示。

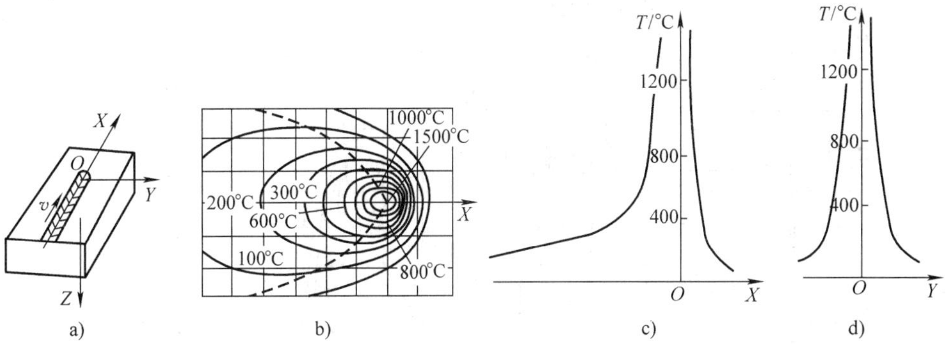


图 1-2 焊接温度场示例

a）焊件上的坐标轴 b）$XOY$ 面的等温线和最高温度点曲线（虚线）

c）沿 $X$ 轴的温度分布曲线 d）沿 $Y$ 轴的温度分布曲线

由图 1-2b、c 可知，沿热源移动方向温度场分布不对称，热源前面温度场等温线密集，温度下降快，热源后面等温线稀疏，温度下降较慢。这是因为热源前面是未经加热的冷金属，温差大，故等温线密集；而热源后面的是刚焊完的焊缝，尚处于高温，温差小，故等温线稀疏。由图 1-2b、d 可知，热源运动对两侧温度分布的影响相同。因此，整个温度场对 $Y$ 轴形成不对称，而对 $X$ 轴分布对称。

2. 影响温度场的因素

（1）热源的性质 不同热源功率不同，加热面积不同，从而温度场的分布也不相同。热源的能量越集中，则加热面积越小，温度场中等温线（面）的分布越密集。

（2）焊接参数 同样的焊接热源，焊接参数不同，温度场分布也不同。在焊接参数中，热源功率和焊接速度的影响最大。当热源功率 $q$ 一定时，随着焊接速度 $v$ 的增加，则加热面积减小，等温线的范围变小，即温度场的宽度和长度都变小，但宽度的减小更大些，所以温度场的形状变得细长些，如图 1-3a 所示。当焊接速度 $v$ 一定时，随热源功率 $q$ 的增加，加热面积明显增大，则温度场的范围随之增大，如图 1-3b 所示。当线能量 $q/v$ 一定时，等比例改变 $q$ 和 $v$，则等温线有所拉长，温度场的范围也随之拉长，如图 1-3c 所示。

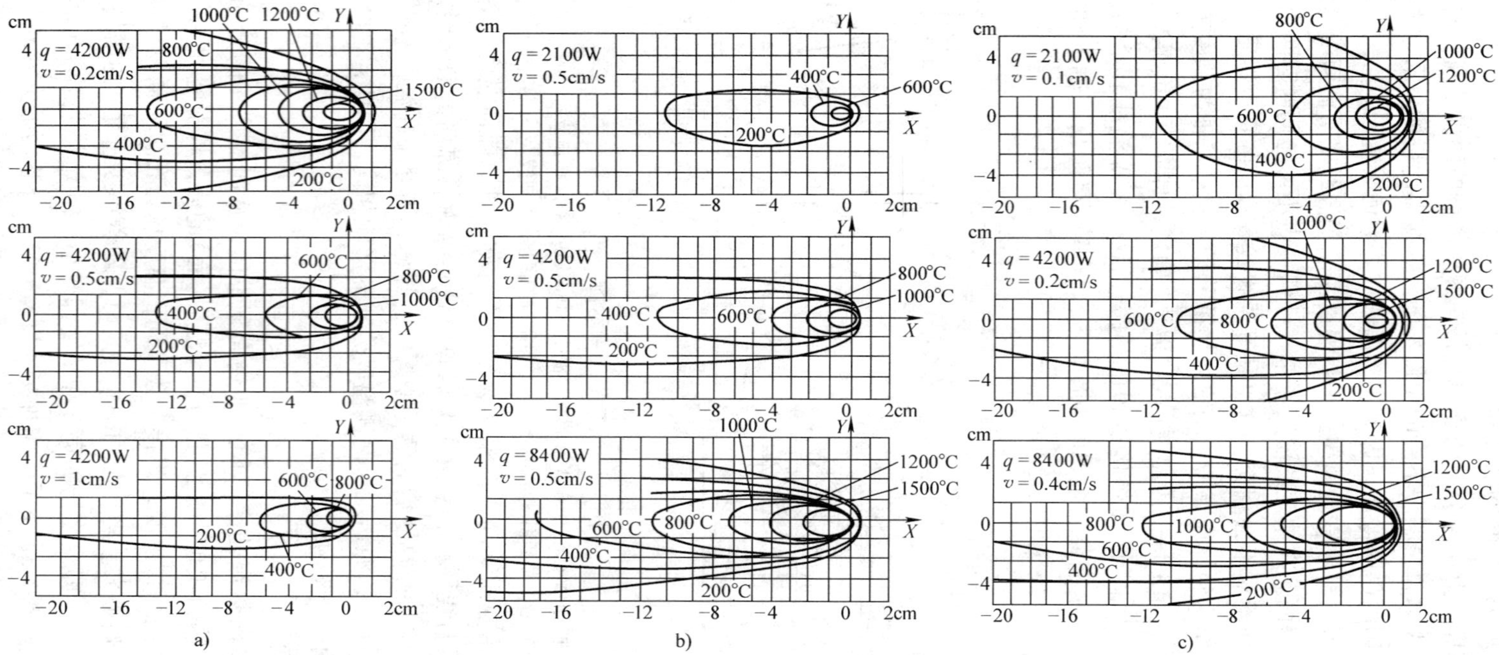


图 1-3　焊接参数对温度场分布的影响

a）$q$ 为常数，$v$ 变化　b）$v$ 为常数，$q$ 变化　c）$q/v$ = 常数，$q$ 及 $v$ 同时变化

低碳钢：$\lambda = 0.42\text{W}/(\text{cm}\cdot℃)$，$C_p = 4.83\text{J}/(\text{cm}^3\cdot℃)$，$\alpha = 0.08(\text{cm}^2\cdot℃)$，$\delta = 1\text{cm}$

（3）被焊金属的导热能力　被焊金属的导热能力对温度场的影响也较大。金属的导热能力可用热导率来表示，热导率是表示金属内部传导热量的能力的物理量。图 1-4 为几种热导率不同的金属在相同加热条件下对焊接温度场分布的影响。在线能量与工件尺寸一定时，热导率小的不锈钢 600℃以上高温区（图 1-4 中的阴影部分）比低碳钢大，而热导率高的铝、纯铜的高温区要小的多。这是因为导热能力强的金属（如铜、铝），焊接时向母材金属内部散失的热量多，焊件上温度分布比较均匀，但高温区面积较小。反之，导热能力较差的金属（如铬镍奥氏体钢），温度梯度大，高温区面积较大。四种材料的热导率关系是：纯铜 > 铝 > 低碳钢 > 铬镍奥氏体钢。

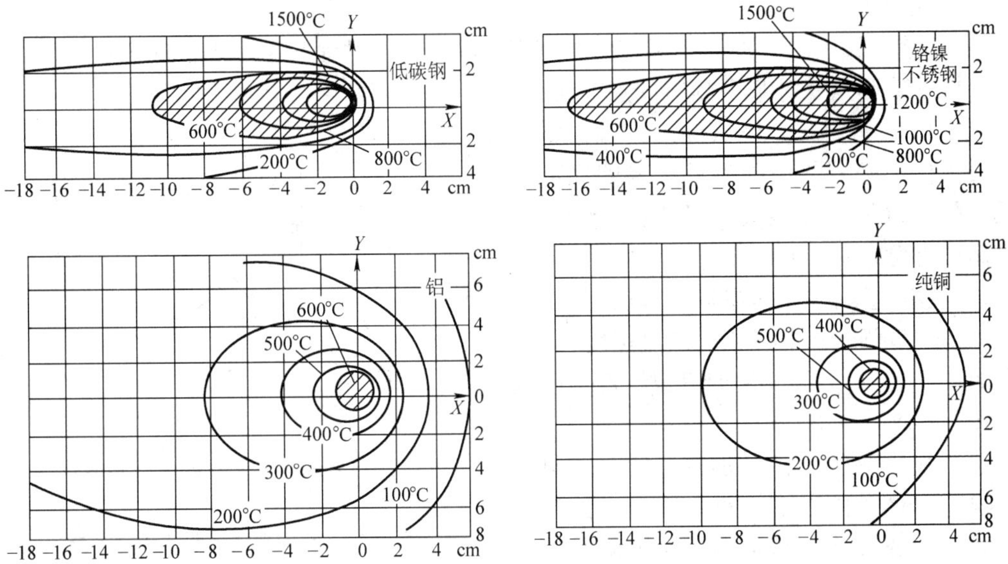


图 1-4　金属的导热能力对焊接温度分布的影响

$E=21\text{kJ/cm}$，$\delta=1\text{cm}$

（4）焊件的几何尺寸及状态　焊件的几何尺寸影响导热面积和导热方向。焊件的尺寸不同，可将热源分为点状热源、线状热源和面状热源三种，如图 1-5 所示。当工件尺寸厚大时（图 1-5a），热量可沿 $X$，$Y$，$Z$ 三个方向传递，属于三向导热，热源相对于工件尺寸可看

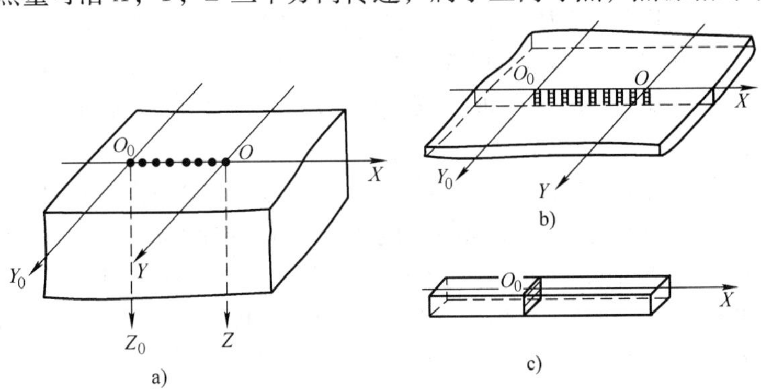


图 1-5　三种典型传热方式示意图

a）三向导热，点状热源　b）二向导热，线状热源　c）单向导热，面状热源

做点状热源。当工件为尺寸较大的薄板时(图 1-5b)，可认为工件在厚度方向不存在温差，热量沿 $X$，$Y$ 方向传递，是二向导热，可将热源看做线状热源。如果工件是细长的杆件，只在轴向 $X$ 方向存在温差，是属于单向导热，热源可看做面状热源(图 1-5c)。另外，焊件的状态(如预热、环境温度)不同，等温线的疏密也不一样，预热温度和环境温度越高，等温线分布越稀疏。

## 能力知识点 3 焊接热循环

1. 焊接热循环的概念

在焊接热源作用下，焊件上某点的温度随时间变化的过程称为焊接热循环。

焊接热循环是针对某个具体的点而言的。当热源向该点靠近时，该点温度升高，直至达到最大值，随着热源的离开，温度又逐渐降低，整个过程可用温度-时间曲线来表示，即热循环曲线，如图 1-6 所示。

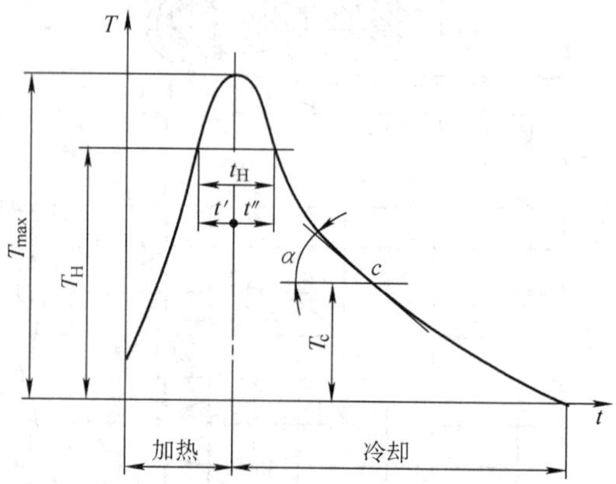


图 1-6 焊接热循环曲线及其参数

$T_c$—$c$ 点瞬时温度 $T_H$—相变温度

2. 焊接热循环的基本参数及特点

焊接热循环的基本参数是加热速度($v_H$)、最高加热温度($T_{max}$)、相变温度以上停留时间($t_H$)及冷却速度($v_C$)。

(1) 加热速度($v_H$) 加热速度是指热循环曲线上加热段的斜率大小。焊接时的加热速度要比热处理速度高很多，如焊条电弧焊时可高达 200 ~ 1000℃/s。随加热速度提高，相变温度也提高，从而影响接头加热、冷却过程中的组织转变。加热速度与焊接方法、工艺参数、焊件成分及工件尺寸等有关。

(2) 最高加热温度($T_{max}$) 又称峰值温度，是焊接热循环中最重要的参数之一。焊件上各点的峰值温度取决于该点到焊缝中心的距离，图 1-7 为焊条电弧焊时焊缝附近各点的热循环。焊缝区的 $T_{max}$ 可达 1800 ~ 2000℃，远高于钢铁冶炼时的最高温度。未熔化的近缝区(图 1-7 中①点)之 $T_{max}$ 亦可达到 1300 ~ 1400℃，比一般热处理也要高的多。焊件上各部位加热到最高加热温度后，可发生再结晶、重结晶、晶粒长大及熔化等一系列变化，从而影响接头冷却后组织与性能。

(3) 相变温度以上停留时间($t_H$) 焊接时，近缝区必然要在高于相变温度的温度停留，热影响区的某些部位也自然会发生晶粒粗化的现象，从而对焊接质量带来不利的影响。通常，在相变温度以上停留时间越长越有利于奥氏体的均质化过程，但温度太高(如 1100℃以上)，会使晶粒长大，温度越高，晶粒长大时间越短；所以，相变温度以上高温(1100℃)停留时间越长，晶粒长大越严重，接头的组织与性能越差。

(4) 冷却速度($v_C$) 冷却速度是指热循环曲线上冷却阶段的斜率大小。冷却速度不同，冷却后得到的组织与性能也不一样。从影响质量的角度来考虑，最重要的是发生相变温度范围内的冷却速度。对于一般的钢材来说，就是用从 800℃冷却到 500℃所需时间($t_{8/5}$)来表示

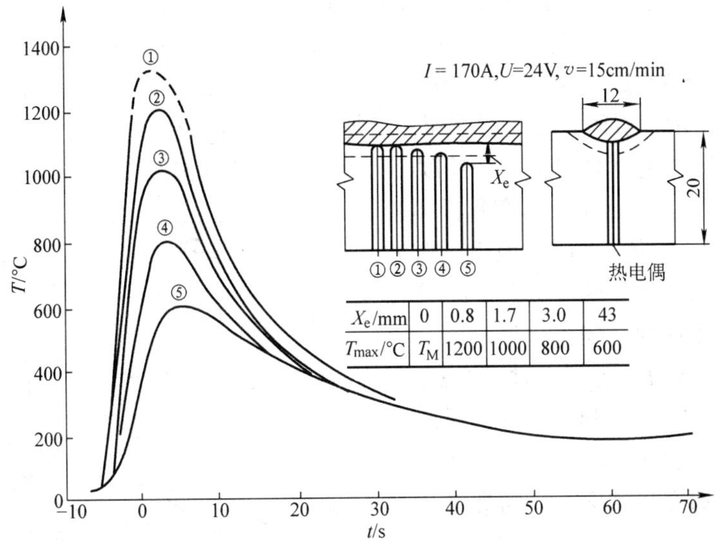


图 1-7　低合金钢焊条电弧焊时焊缝附近各点的焊接热循环

$t$—从电弧通过该点上方时算起的时间

冷却速度，因为这个温度区间正好是焊接接头金属的固态相变区，其值大小对接头金属的相变、过热、淬硬倾向都有影响。$t_{8/5}$越小，表示冷却速度越大。

焊接热循环是焊接接头经受热作用的过程，具有如下特点。

1）焊接热循环的参数对焊接冶金过程和焊接热影响区的组织性能有强烈的影响，从而影响焊接质量。

2）焊件上各点的热循环主要取决于各点离焊缝中心的距离。离焊缝中心越近，其加热速度越大，峰值温度越高，冷却速度也越大，如图 1-7 所示。

上面所述的是单层单道时的热循环，在实际生产中常采用多道焊或多层焊。多道多层焊的热循环是各道焊缝热循环的总和，因焊件上某点与每道每层焊时的热源距离不同，故每道或每层焊时的热循环也不同。

3. 影响焊接热循环的因素

影响焊接热循环的主要因素有焊接参数和热输入、预热和层间温度、焊件尺寸、接头形式、焊道长度等。

（1）焊接参数及热输入　焊接参数是指焊接电流、电弧电压、焊接速度等。焊接热输入与焊接电流、电弧电压成正比，与焊接速度成反比。一般通过调整焊接参数来调整焊接热输入。热输入增大可显著增大相变温度以上停留时间($t_H$)、降低冷却速度。热输入和预热温度对焊接热循环的影响如表 1-3 所示。

**表 1-3　热输入和预热温度对焊接热循环的影响**

| 热输入/(J/mm) | 预热温度/℃ | 1100℃以上停留时间/s | 650℃时的冷却速度/(℃/s) | 热输入/(J/mm) | 预热温度/℃ | 1100℃以上停留时间/s | 650℃时的冷却速度/(℃/s) |
|---|---|---|---|---|---|---|---|
| 2000 | 27 | 5 | 14 | 3840 | 27 | 16.5 | 4.4 |
| 2000 | 260 | 5 | 4.4 | 3840 | 260 | 17 | 1.4 |

（2）预热和层间温度　预热是指在施焊前对焊件坡口区预先加热到某一温度范围（150～300℃），并保持这个温度而进行焊接的工艺过程。预热可以降低冷却速度，预热温度越高，冷却速度越小，但预热对相变温度以上停留时间影响不大。预热温度对焊接热循环的影响如表 1-3 所示。层间温度是指多层多道焊时，在施焊后续焊道之前，其相邻焊道应保持的温度。控制层间温度可降低冷却速度，促使扩散氢的逸出。

（3）焊件尺寸　当热输入不变和板厚较小时，板宽增大，$t_{8/5}$明显下降，但板宽增大到 150mm 以后，$t_{8/5}$变化不大。当板厚较大时，板宽的影响不明显。焊件厚度越大，冷却速度越大，相变温度以上停留时间越短。

（4）接头形式　接头形式不同，导热情况不同，同样板厚的 X 形坡口对接接头比 V 形坡口对接接头的冷却速度大；角焊缝比对接焊缝的冷却速度大。接头形式对冷却速度$t_{8/5}$的影响如图 1-8 所示。

（5）焊道长度　焊道越短，其冷却速度越大。焊道短于 40mm 时，冷却速度急剧增大。

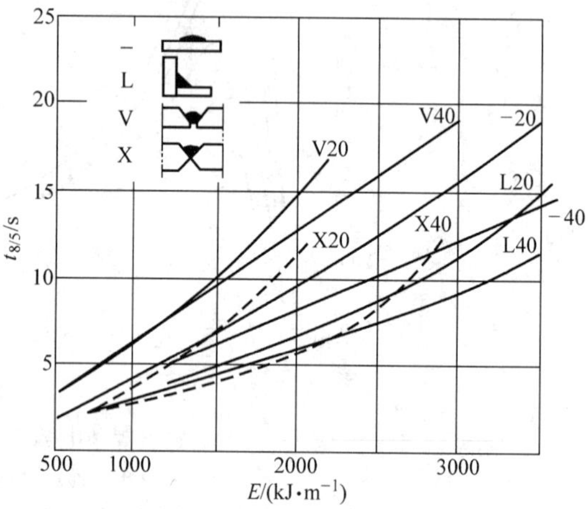


图 1-8　接头形式对冷却速度 $t_{8/5}$ 的影响

（图中符号后面数字表示板厚 $\delta$）

4. 调整焊接热循环的措施

在生产中为了改善焊接接头的组织常要对焊接热循环进行调整，一般从以下几个方面着手：

1）根据被焊金属的成分和性能选择合适的焊接方法。

2）合理地选用焊接参数。

3）采用焊前预热、焊后保温或缓冷等措施来降低冷却速度。

4）调整多层焊的层数、焊道长度和控制层间温度。单道焊时，为保证焊缝质量及焊缝尺寸，热输入只能在很窄范围内调整；多道焊时通过调整焊道层数可在较大范围内调整线能量，从而调整焊接热循环。层间温度系指多层焊时，在施焊后续焊道前其相邻焊道应保持的最低温度。层间温度应等于或略高于预热温度，以降低冷却速度。在实践中可通过保温或加热等措施对层间温度加以控制。

5）利用短段多层焊。对于焊件上的某点而言，只有在离此点最近的一层焊缝焊接时，最高加热温度最高，其他层焊接时，最高加热温度较低，相当于起到了缓冷或预热的作用。但可缩短相变温度以上高温的停留时间。因此，短段多层焊可解决高温停留时间和冷却速度难以同时降低的矛盾，改善焊接接头的组织。

## 【综合训练】

### 一、理论部分

（一）名词解释

1. 焊接热输入　　2. 焊接温度场　　3. 焊接热循环

（二）填空题

1. 常用的焊接热源有__________、__________、__________、__________、__________、__________、__________等。

2. 自然界中，热能的传递主要有三种基本形式，即__________、__________和__________。

3. 焊接热循环的基本参数是__________、__________、__________及__________。

4. 影响焊接热循环的主要因素有__________、__________、焊件尺寸、接头形式、焊道长度等。

（三）判断题(正确的划"√",错误的划"×")

(　　)1. 热输入是一个综合焊接电流、电弧电压和焊接速度的焊接参数。

(　　)2. 焊接速度越大，则热输入越大。

(　　)3. 热输入相同时，采取焊前预热可降低焊后冷却速度，增加高温停留时间，使晶粒粗化加剧。

（四）简答题

1. 焊接热过程有何特点？手工电弧焊焊接过程中，电弧热源的能量以什么方式传递给焊件？

2. 什么叫焊接温度场？温度场如何表示？影响温度场主要因素有哪些？

3. 焊接热循环的主要参数有哪些？有何特点？有哪些影响因素？

4. 调整焊接热循环的措施有哪些？

**二、实践部分**

1. 训练目标

1）熟悉焊接热源的传递方式。

2）熟悉焊接温度场的表示方法及影响因素。

3）熟悉焊接热循环的影响因素及调整方法。

2. 训练准备

1）人员准备：分组进行，每组由8～10人组成。

2）资料准备：实训指导书。

3. 训练地点

实验室或实训场地。

4. 训练办法

1）让学生进行焊条电弧焊的焊接练习，以使学生观察并熟悉焊接时热能的传递方式。

2）在焊条电弧焊操作练习中，依次使学生改变熔合比、焊接电流、电弧电压、焊接速度、焊条种类(J422、J507两种)等焊接参数，以使学生了解焊接参数对焊接温度场及焊接热循环的影响关系。

## 综合知识模块三　焊缝金属的组成

熔焊时，除不加填充的自熔外，焊缝金属由熔化的母材和填充金属共同组成，因此，需要了解焊条和母材在加热时的熔化特点、熔化过程及影响焊条和母材组成比例的因素。

## 能力知识点1　焊条的熔化及过渡

1. 焊条的加热

焊条电弧焊时，加热与熔化焊条的热量来自于三方面：焊接电弧传给焊条的热能；焊接电流通过焊芯时产生的电阻热；焊条药皮组分之间的化学反应热。一般情况下化学反应热很小，仅占总热量的1%~3%，对焊条的加热熔化作用可忽略不计。

焊接电弧传给焊条的热能占焊接电弧总功率的20%~27%，它是加热熔化焊条的主要能量。电弧对焊条加热的特点是热量集中于距焊条端部10mm以内，沿焊条长度和径向的温度很快下降，药皮表面的温度就比焊芯要低得多。

焊接电流通过焊芯所产生的电阻热与焊接时的电流密度、焊芯的电阻及焊接时间有关。焊接电流通过焊芯所产生的电阻热 $Q_R$(单位J)为：

$$Q_R = I^2Rt \tag{1-4}$$

式中　$I$——焊接电流，单位为A；

$R$——焊芯的电阻，单位为Ω；

$t$——电弧燃烧时间，单位为s。

电阻加热的特点是从焊钳夹持点至焊条端部热量均匀分布。当焊接电流密度不大，加热时间不长时，电阻热影响可不考虑。但当焊接电流密度过大、焊条伸出长度过长时需考虑电阻热的影响。当电阻热过大时，会使焊芯和药皮温升过高，从而引起以下不良后果：

1）焊芯熔化过快产生飞溅；

2）药皮开裂并过早脱落，电弧燃烧不稳；

3）焊缝成形变坏，甚至产生气孔等缺陷；

4）药皮过早进行冶金反应，丧失冶金反应和保护能力；

5）焊条发红变软，操作困难。

因此，为了焊接过程的正常进行，焊接时必须对焊接电流与焊条长度加以限制。焊芯材料的电阻较大时(如不锈钢焊芯)，更应降低焊接电流，以控制电阻热。

2. 焊条金属的熔化

焊条端部的焊芯熔化后进入熔池，焊条金属的熔化速度决定了焊条的生产率，并影响焊接过程的稳定性。焊条金属的熔化速度可用单位时间内焊芯熔化的质量来表示。试验证明，在正常的工艺条件下，焊条金属的熔化速度与焊接电流成正比，即：

$$v_m = \frac{m}{t} = \alpha_P I \tag{1-5}$$

式中　$v_m$——焊条金属的平均熔化速度，单位为g/h；

$m$——熔化的焊芯质量，单位为g；

$t$——电弧燃烧时间，单位为h；

$\alpha_P$——焊条的熔化系数，单位为g/(h·A)；

$I$——焊接电流，单位为A。

由式(1-5)可得：

$$\alpha_P = \frac{m}{It} \tag{1-6}$$

$\alpha_P$ 的物理意义是：熔焊过程中，单位电流、单位时间内焊芯(或焊丝)的熔化量。

实际焊接时，熔化的焊芯(或焊丝)金属并不是全部进入熔池形成焊缝，而是有一部分会损失掉。我们把单位电流、单位时间内焊芯(或焊丝)熔敷在焊件上的金属量称为熔敷系数($\alpha_H$)，可表示为：

$$\alpha_H = \frac{m_H}{It} \tag{1-7}$$

式中　$m_H$——熔敷到焊缝中的熔敷金属质量，单位为 g；

$\alpha_H$——熔敷系数，单位为 g/(h · A)。

由于金属蒸发、氧化和飞溅，焊芯(或焊丝)在熔敷过程中的损失量与熔化焊芯(焊丝)原有质量的百分比叫做飞溅率($\psi$)，可表示为：

$$\psi = \frac{m - m_H}{m} = \frac{v_m - v_H}{v_m} = 1 - \frac{\alpha_H}{\alpha_P} \tag{1-8}$$

或

$$\alpha_H = (1 - \psi)\alpha_P \tag{1-9}$$

式中　$v_H$——焊条的平均熔敷速度，单位为 g/h。

可见，熔化系数并不能真实的反应焊条金属的利用率和生产率，真正反映焊条利用率和生产率的指标是熔敷系数。

3. 熔滴过渡的作用力

熔滴是指焊接时，在焊条(或焊丝)端部形成的向熔池过渡的液态金属滴。焊条金属或焊丝熔化后，虽然加热温度超过金属的沸点，但其中只有一小部分(不超过 10%)蒸发损失，而 90%~95% 是以熔滴的形式过渡到熔池中去。

熔滴通过电弧空间向熔池的转移过程称为熔滴过渡。在熔滴的形成、长大及过渡的过程中，有多种力作用其上，常见的作用力有以下几种：

(1) 重力　熔滴因本身重力而具有下垂的倾向。平焊时重力可促进熔滴过渡，立、仰焊时重力则阻碍熔滴过渡。

(2) 表面张力　焊条金属熔化后，在表面张力的作用下形成球滴状。表面张力在平焊时阻碍熔滴过渡，在立、仰焊时，促进熔滴过渡。表面张力的大小与熔滴的成分、温度、环境气氛和焊条直径等因素有关。

(3) 电磁压缩力　焊接时，把熔滴看成由许多平行载流导体组成，这样在熔滴上就受到由四周向中心的电磁力，称为电磁压缩力。电磁压缩力在任何焊接位置都能促使熔滴向熔池过渡。

(4) 斑点压力　电弧中的带电质点(电子和阳离子)在电场作用下向两极运动，撞击在两极的斑点上而产生的机械压力，称斑点压力。斑点压力的作用方向是阻碍熔滴的过渡，并且正接时的斑点压力较反接时大。

(5) 等离子流力　电磁压缩力使电弧气流的上、下形成压力差，使上部的等离子体迅速向下流动产生压力，称等离子流力，它有利于熔滴过渡。

(6) 电弧气体吹力　焊条末端形成的套管内含有大量气体，并顺着套管方向以挺直而稳定气流把熔滴送到熔池中。无论焊接位置如何，电弧气体的吹力都有利于熔滴过渡。

4. 熔滴过渡的形式

熔滴过渡的形式、尺寸、质量和过渡的频率等均随焊接参数变化而变化，并影响到焊接过程的稳定性、飞溅情况、冶金反应进行的程度以及生产率。熔滴过渡分为滴状过渡、短路过渡和喷射过渡三种形式，如图1-9所示。

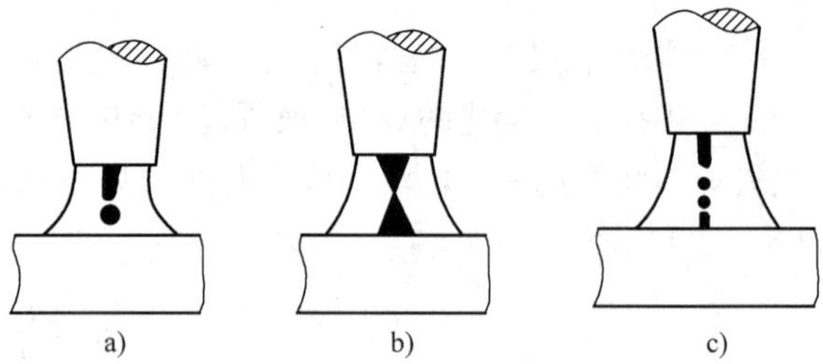


图1-9　熔滴过渡形式
a）滴状过渡　b）短路过渡　c）喷射过渡

（1）滴状过渡（颗粒过渡）　熔滴呈粗大颗粒状向熔池自由过渡的形式（图1-9a）。滴状过渡会影响电弧的稳定性，焊缝成形不好，通常不采用。

（2）短路过渡　焊条（焊丝）端部的熔滴与熔池短路接触，由于强烈过热和电磁收缩力的作用使其爆断，直接向熔池过渡的形式（图1-9b）。短路过渡时，电弧稳定，飞溅小，成形良好，广泛用于薄板和全位置焊接。

（3）喷射过渡　熔滴呈细小颗粒，并以喷射状态快速通过电弧空间向熔池过渡的形式（图1-9c）。产生喷射过渡除要有一定的电流密度外，还须有一定的电弧长度。喷射过渡具有熔滴细、过渡频率高、电弧稳定、焊缝成形美观及生产效率高等优点。

5. 熔滴过渡时的飞溅

熔焊过程中，大部分熔化金属可过渡到熔池，部分熔化金属颗粒和熔渣向周围飞散而损失掉，叫飞溅，飞溅产生的原因有以下两种：

（1）气体爆炸引起的飞溅　由于冶金反应时在液体内部产生大量CO气体，气体的析出十分猛烈，造成液体金属（熔滴和熔池）发生粉碎形的细滴飞溅。

（2）斑点压力引起的飞溅　短路过渡的最后阶段在熔滴和熔池之间发生烧断开路，这时的电磁力使熔滴向上飞去，引起强烈飞溅。

## 能力知识点2　母材的熔化及熔池

熔焊时，在热源的作用下焊条熔化的同时母材也局部熔化。由熔化的焊条金属和熔化的母材组成，具有一定几何形状的液体金属部分叫做熔池。在不加填充材料焊接时，熔池仅由熔化的母材组成；在加填充材料焊接时，熔池则由熔化的母材和填充材料共同组成。

1. 熔池的形状和尺寸

当焊接过程进入稳定状态，焊接参数不变时，熔池的尺寸与形状不再变化，并与热源作同步运动。熔池的形状如图1-10所示，接近于不太规律的半个椭球，轮廓为熔点温度的等温面。熔池的主要尺寸有熔池长度$L$，最大宽度$B_{max}$，最大熔深$H_{max}$，其中$B_{max}$即为焊缝宽度，称为熔宽，$H_{max}$为焊缝深度，称为熔深。一般情况下，焊接电流增加，$H_{max}$增加，$B_{max}$减小；电弧电压增加，$B_{max}$增

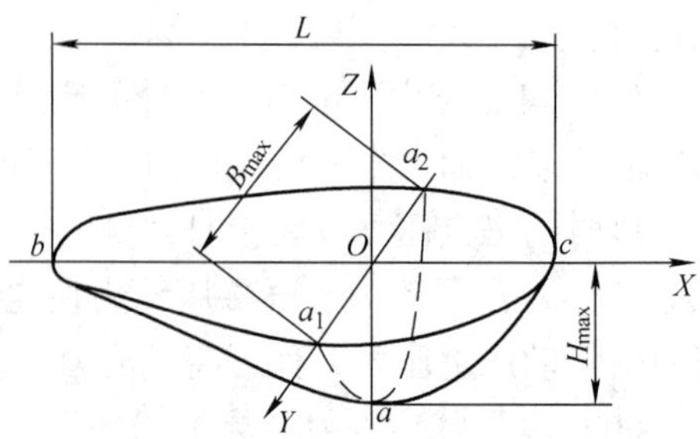


图1-10　焊接熔池形状示意图

加，$H_{max}$减小。

熔池长度 $L$ 与电弧能量成正比，熔池存在的时间与熔池长度成正比，与焊速成反比。

2. 熔池的温度

熔池的温度分布很不均匀，边界温度低，中心温度高。在电弧下面的熔池表面温度最高，在焊接钢时可达2000℃以上，而其边缘是固液交界处，温度为被焊金属的熔点(对钢来说为1500℃左右)。此外，在电弧运动方向的前方(即熔池头部)输入的热量大于散失的热量，温度不断升高，母材随热源运动不断熔化；而熔池尾部输入的热量小于输出的热量，温度不断下降，熔池边缘不断凝固而形成焊缝，也就是说熔池前后两部分所经历的热过程完全相反。

在讨论冶金反应时，为使问题简化，一般取熔池的平均温度，熔池的平均温度取决于被焊金属的熔点和焊接方法，不同焊接方法的熔池平均温度如表1-4所示。

**表1-4　熔池的平均温度**

| 被焊金属 | 焊接方法 | 平均温度/℃ |
|---|---|---|
| 低碳钢　$T_M=1535$℃ | 埋弧焊 | 1705~1860 |
| | 熔化极氩弧焊 | 1625~1800 |
| | 钨极氩弧焊 | 1665~1790 |
| 铝　$T_M=660$℃ | 熔化极氩弧焊 | 1000~1245 |
| | 钨极氩弧焊 | 1075~1215 |
| Cr12V1钢　$T_M=1310$℃ | 药芯焊丝 | 1500~1610 |

3. 熔池金属的流动

由于熔池金属处于不断的运动状态，其内部金属必然要流动。熔池中液态金属的流动如图1-11所示。引起熔池金属运动的力分为以下两大类：

1）焊接热源产生的电磁力、电弧气体吹力、熔滴撞击力等。

2）由不均匀温度分布引起的表面张力差和金属密度差产生的浮力。

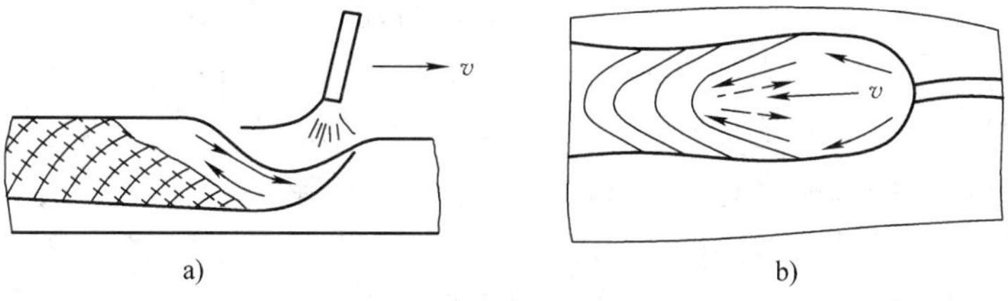


图1-11　熔池中液态金属的流动

a）纵剖面　b）横剖面

## 能力知识点3　焊缝金属的熔合比与母材金属的稀释

熔焊时，熔化的母材在焊缝金属中所占的百分比叫做熔合比，以符号 $\theta$ 表示。熔合比决定焊缝的成分，可用下式表示：

$$\theta = \frac{G_m}{G_m + G_H} \tag{1-10}$$

式中　$G_m$——熔池中熔化的母材量，单位为 g；

$G_H$——熔池中熔敷的金属量，单位为 g。

熔合比也可用熔化的母材在焊缝金属中所占面积的百分比来表示，此时其计算公式如下：

$$\theta = \frac{A_m}{A_m + A_H} \tag{1-11}$$

式中　$A_m$——焊缝截面中母材所占的面积，单位为 $mm^2$；

$A_H$——焊缝截面中熔敷金属所占的面积，单位为 $mm^2$。

图 1-12 为不同接头形式的焊缝横截面的熔透情况，所以熔合比又表示焊缝的熔透情况。

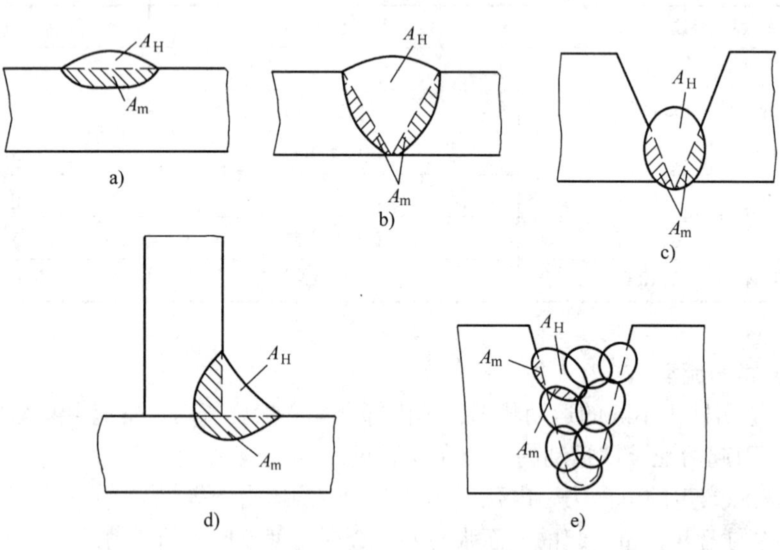


图 1-12　不同接头形式焊缝横截面的熔透情况

在实际生产中，除自熔焊接和不加填充材料的焊接外，焊缝均由熔化的母材和填充金属组成。由于母材与焊芯(或焊丝)的成分不同，当焊缝金属中的合金元素主要来自焊芯(如合金堆焊)时，局部熔化的母材将对焊缝金属的合金成分起稀释作用。因此，熔合比又称为稀释率，即熔合比越大，母材的稀释作用越严重。由于母材金属的稀释，即使用同一种焊接材料，焊缝的化学成分也不尽相同。在不考虑由冶金反应造成的成分变化时，焊缝的化学成分只取决于熔合比(稀释率)。

熔合比(稀释率)的大小与焊接方法、焊接参数、接头形状和尺寸、坡口形式及尺寸、焊道层数、母材金属的热物理性质等有关。当焊接电流增加时，熔合比增大；电弧电压或焊接速度增加，熔合比减小。在多层焊时，随着焊道层数的增加，熔合比逐渐下降。但坡口形式不同时，下降的趋势不同。在图 1-13 中，表面堆焊(Ⅰ)熔合比下降最快；V 形坡口(Ⅱ)次之；U 形坡口(Ⅲ)下降的最少。

焊接低碳钢时不同焊接方法与接头形式的熔合比见表 1-5。

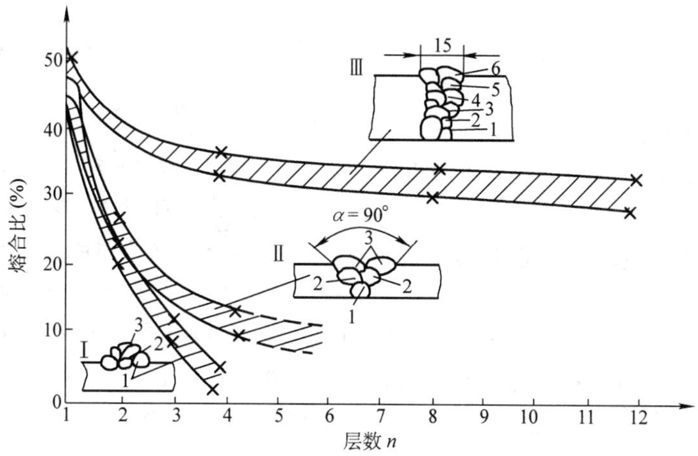


图 1-13　接头形式与焊道层数对熔合比的影响(奥氏体钢、焊条电弧焊)

Ⅰ—表面堆焊　Ⅱ—V 形坡口对接　Ⅲ—U 形坡口对接

**表 1-5　焊接方法与接头形式的熔合比(低碳钢)**

| 焊接方法 | 焊条电弧焊 | | | | | | | | 埋弧焊 |
|---|---|---|---|---|---|---|---|---|---|
| 接头形式 | I 形坡口对接 | | V 形坡口对接 | | | 角接或搭接 | | 堆焊 | 对接 |
| 板厚/mm | 2 ~ 14 | 10 | 4 | 6 | 10 ~ 20 | 2 ~ 4 | 5 ~ 20 | — | 10 ~ 30 |
| 熔合比 θ | 0.4 ~ 0.5 | 0.5 ~ 0.6 | 0.25 ~ 0.50 | 0.2 ~ 0.4 | 0.2 ~ 0.3 | 0.3 ~ 0.4 | 0.2 ~ 0.3 | 0.1 ~ 0.4 | 0.45 ~ 0.75 |

## 能力知识点 4　焊接熔渣

焊接过程中，焊条药皮、焊剂和非金属夹杂互相熔解，经化学变化形成覆盖于焊缝表面的液态非金属物质称为熔渣。它是冶金反应的主要参与物之一，起着十分重要的作用，而焊后覆盖在焊缝表面的固态熔渣叫焊渣。

1. 熔渣的作用

熔渣在焊接过程中主要有以下三个作用：

（1）机械保护作用　焊接时，液态熔渣覆盖在溶池表面，使之与空气隔开，阻止了空气中有害气体的侵入。熔渣凝固后形成的渣壳覆盖在焊缝上，可防止焊缝高温金属被空气氧化，同时也减缓了焊缝金属的冷却速度。

（2）改善焊接工艺性能　熔渣中的易电离物质可使电弧易引燃并保证电弧稳定燃烧。熔渣适宜的物理、化学性质可方便不同位置进行操作，得到良好的焊缝成形，并可减少飞溅，改善焊渣的脱渣性，降低焊缝气孔产生的机率。

（3）冶金处理　焊接熔渣与液态金属之间可进行一系列的冶金反应，从而影响焊缝金属的成分和性能。通过冶金反应，熔渣可清除焊缝中的有害杂质，如氢、氧、硫、磷等，还可向焊缝过渡必要的合金元素，调整和控制焊缝的成分。

2. 熔渣的分类

熔渣是一个多元的化学复合体系，按熔渣的组成不同，可将熔渣分为盐型、盐-氧化物型和氧化型三类。

（1）盐型熔渣　主要由金属的氯化物、氟化物组成，如 NaF、KF、NaCl、$CaF_2$ 等。盐型熔渣的氧化性很弱，主要用于焊接铝、钛和其他活性金属及其合金。

（2）盐-氧化物型熔渣　主要由氟化物和金属氧化物组成，如 $CaF_2$、CaO、$Al_2O_3$、$SiO_2$ 等，这类熔渣氧化性也较弱，主要用于焊接各种合金钢。

（3）氧化物型熔渣　主要由各种氧化物组成，如 $TiO_2$、$SiO_2$、MnO 等，这类熔渣氧化性较强，主要用于焊接低碳钢和低合金钢。

**小知识**　在三类熔渣中，盐-氧化物型及氧化物型熔渣应用比较广泛。生产中常用的 E4303 型焊条的熔渣为氧化物型；E5015 型焊条的熔渣属于盐-氧化物型。

3. 熔渣的物理性质与碱度

熔渣的物理性质主要是指熔渣的熔点、密度、粘度、表面张力、脱渣性和透气性等。这些性质对焊缝金属的成形、电弧的稳定性、焊接位置的适应性、焊接缺陷的产生等都有较大的影响。

焊接熔渣中的主要成分是各种金属和非金属氧化物，根据其化学性质可以分成以下三大类：

（1）酸性氧化物　如 $SiO_2$、$TiO_2$、$P_2O_5$ 等。

（2）碱性氧化物　如 $K_2O$、$Na_2O$、CaO、MgO、BaO、MnO、FeO 等。

（3）中性氧化物　如 $Al_2O_3$、$Fe_2O_3$，$Cr_2O_3$。

焊接熔渣中碱性氧化物质量分数的总和与酸性氧化物质量分数总和的比值，叫做焊接熔渣的碱度。熔渣碱度 $B$ 的计算公式为

$$B=\frac{\sum 碱性氧化物\%}{\sum 酸性氧化物\%} \tag{1-12}$$

碱度的倒数为酸度。理论上讲，$B>1$ 为碱性渣，但由于未考虑到各种氧化物酸碱性的强弱以及酸碱性氧化物间的复合情况，因而与实际有较大偏差，通过实验修正为

$$B_1=\frac{0.18CaO+0.015MgO+0.006CaF_2+0.014(Na_2O+K_2O)+0.007(MnO+FeO)}{0.017SiO_2+0.005(Al_2O_3+TiO_2+ZrO)} \tag{1-13}$$

式中各种成分以质量百分数计，当 $B_1>1$ 时为碱性渣，$B_1=1$ 时为中性渣，$B_1<1$ 时为酸性渣。E4303 型焊条的熔渣 $B_1=0.74$ 为酸性；E5015 型焊条的熔渣 $B_1=1.44$ 为碱性。

熔渣的碱度是判断熔渣碱性强弱的指标，对焊接化学冶金反应，如元素的氧化与还原、脱硫、脱磷及液态金属气体的吸收等都有重要影响。

## 【综 合 训 练】

### 一、理论部分

（一）名词解释

1. 熔化系数　　2. 熔敷系数　　3. 飞溅率　　4. 熔合比　　5. 熔渣的碱度

（二）填空题

1. 焊条电弧焊时，加热与熔化焊条的热量来自于__________；__________和__________三个方面。

2. 熔滴过渡时受的作用力主要有__________、__________、__________、__________、__________、__________等。

3. 熔滴过渡有__________，__________和__________三种形式。

4. 熔池的主要尺寸是__________，__________，__________。

5. 熔合比又称为__________。熔合比越大，则母材的__________越严重。熔合比（稀释率）的大小与__________、__________、接头形状和尺寸、坡口形式及尺寸、焊道层数、母材金属的热物理性质等有关。

6. 熔渣在焊接过程中主要有__________、__________和__________三个作用。

7. 按熔渣的组成不同，可将熔渣分为__________、__________和__________三类。

8. 碱度 $B$ __________为碱性渣，碱度 $B$ __________为酸性渣。E4303 型焊条的熔渣为__________性；E5015 型焊条的熔渣为__________性。

（三）判断题（正确的划"√"，错误的划"×"）

（　）1. 通过改变熔合比，可以改变焊缝金属的化学成分。

（　）2. 斑点压力的作用方向总是阻碍熔滴向熔池过渡。

（　）3. 电弧气体吹力总有利于熔滴金属的过渡。

（四）选择题（将正确答案的选项字母填入每题前的括号内）

（　）1. 焊接熔池的突出特点之一是温度分布__________。

A. 均匀　　B. 不均匀　　C. 极不均匀　　D. 很均匀

（　）2. 焊接熔渣中的酸性氧化物主要有__________。

A. $K_2O$、CaO　　B. $K_2O$、MnO　　C. CaO、MnO　　D. $SiO_2$、$TiO_2$、$P_2O_5$

（　）3. 焊接熔渣中的碱性氧化物主要有__________。

A. $P_2O_5$、$SiO_2$　　B. $TiO_2$、$SiO_2$、$Cr_2O_3$

C. $P_2O_5$、$TiO_2$、$SiO_2$　　D. $K_2O$、CaO、MnO、$Na_2O$、MgO

（　）4. 焊条电弧焊的焊接速度增大时，整个熔池体积将__________并呈细长状。

A. 增大　　B. 略大　　C. 减小　　D. 不变

（　）5. 焊条电弧焊时，焊接电流增大，整个熔池的最大深度随之增大，而最大宽度将相对__________。

A. 增大　　B. 减小　　C. 不变　　D. 略大

（五）简答题

1. 电弧焊的熔滴过渡受的作用力有哪些？其作用如何？

2. 熔滴过渡的形态有哪些？其作用如何？

3. 什么是焊接熔渣？其作用有哪些？

## 二、实践部分

### 【实验】 焊条熔化系数与熔敷系数的测定

1. 实验目标

1）理解焊条熔化系数、熔敷系数的物理意义及应用；

2）掌握焊条的熔化系数、熔敷系数的测定方法；

3）了解焊条的熔化系数、熔敷系数的影响因素。

2. 实验准备

1）人员准备：分组进行，每组由 8 ~ 10 人组成；

2）资料准备：实验指导书；

3）器材准备：直流或交流焊机 1 台，天平 1 台(0.1g)，秒表 1 个，二维精度的阻尼电流表 1 台或磁铁型交流电流表 1 台，钢卷尺 1 个，某一直径同一批号焊条 6 根，300mm × 75mm × 12mm 低碳钢试板 1 块，焊接防护用具及钢丝刷、砂纸等。

3. 实验地点

实验室。

4. 实验步骤

1）清理试板表面。用钢丝刷或砂纸打磨，去掉试板表面上的氧化皮、铁锈、油漆和油污等，使试板表面清洁。

2）用天平测量试板质量 $m_0$，要求精确度达到 ±1g。

3）将电流表串联在焊接回路中，若是交流电焊接，用磁铁型交流电流表。

4）取 3 根焊条在试板上分道焊接。每根焊条均在平焊位置焊接，且连续焊中间不能中断，一直焊到所余焊条头为 50mm 长为止(焊前将焊条头要求长度标记在焊条上)。焊接电流取焊条生产厂家在包装上注明的平焊电流最大值的 90% 左右。电流的种类和极性接法按焊条厂家规定来确定。对于适用于交、直流两用的焊条，则用交流电做此实验。

5）在电弧引燃的瞬间开始用秒表测定每根焊条的电弧燃烧时间，准确到 ±0.2s。3 根焊条的总燃烧时间 $t$ 以 h 为单位计算。

6）在焊接过程中，读取电流表显示的焊接电流 $I$ 的数值。

7）每焊完一条焊道，要把焊条头保留起来，冷却后仔细去除焊条头表面的药皮，而后测定其总质量 $m_{WS}$。

8）剩余 3 根焊条仔细去除药皮，测出其焊芯的总质量 $m_W$。

9）全部焊完后，等试板冷却到室温，清除掉粘在试板上的焊渣和飞溅物以后(若采用水冷须等到所有水蒸发以后)测出其质量 $m_1$，精确度为 ±1g。

10）计算 3 根焊条焊接时熔化的焊芯质量 $m$ 和熔敷到焊缝中熔敷金属的质量 $m_H$。熔化的焊芯质量 $m$ 应为($m_W - m_{WS}$)；熔敷到焊缝中熔敷金属的质量 $m_H$ 应为($m_1 - m_0$)。然后将 $m$、$m_H$、$I$、$t$ 分别代入公式(1-6)和公式(1-7)中，从而计算出焊条的熔化系数和熔敷系数。

5. 注意事项

1）实验时要求分工明确，注意观察并作好记录。

2）在整个实验过程中，不应该改变焊机参数。交流电的计算焊接电流取电流表读数的平均值 $I_m$。

3）每焊一道后，试板可在水中冷却，但重新开始焊接前试板上的水必须全部蒸发掉。在焊接后面焊道之前要仔细清理粘在试板上的焊渣和飞溅物，层间温度不能超过100℃。

4）3根焊条头的长度总和应在144～156mm之间，超过此范围需重新试验。

## 综合知识模块四　有害元素及合金元素对焊缝金属的作用

为使焊缝具有合格的使用性能并防止焊接缺陷，焊接时必须对焊缝中的有害元素加以控制。焊缝中的有害元素主要有氢、氮、氧、硫、磷等。在实际生产中，除了对有害元素进行控制外，为了补偿合金元素在焊接中的氧化、蒸发等损失，消除焊接工艺缺陷，或是满足产品的某些特殊性能要求（如表面耐磨性、耐蚀性），还需要通过焊接材料向焊缝中过渡一定的合金元素。

### 能力知识点1　氢对焊缝金属的作用

1. 氢的来源

氢主要来自于焊条药皮或焊剂中的有机物、结晶水或吸附水、焊件和焊丝表面上的油污、铁锈等污染物、空气中的水分等。高温下，上述物质将分解产生$H_2$分子，$H_2$分子可进一步分解为氢原子。$H_2$的分解度随温度升高而增大。弧柱区的温度在5000K以上，$H_2$的分解度可达90%以上，氢主要以原子的形式存在。而在熔池尾部，温度仅有2000K，氢则主要以分子形式存在。

2. 氢对焊缝金属的作用

（1）氢与金属的作用方式　氢与金属的作用方式可分为两种，第一种是与某些金属形成稳定的氢化物，如$ZrH_2$、$TiH_2$、VH、TaH、$NbH_2$等；第二种是与某些金属形成间隙固溶体，如Fe、Ni、Cu、Cr、Al等。当吸氢量不多时，氢与这些金属形成固溶体；当吸收氢量相当多时，则形成氢化物。

（2）氢的溶解　氢能溶解于Fe、Ni、Cu、Cr、Mo等金属中。氢向金属中的溶解途径因焊接方法不同而不同。气体保护焊时，氢通过气相与液态金属的界面以原子或质子的形式溶于金属。电渣焊时，氢通过渣层溶入金属。焊条电弧焊与埋弧焊时，上述两种途径兼而有之。

在碳钢与低合金钢中，氢不会形成稳定的化合物，而主要以原子（少量以离子）的形式溶解在熔池中。氢在铁中的溶解度与其在电弧气氛中的浓度（以分压$p_H$表示）、温度及金属的晶体结构、氢的压力等因素有关，即电弧气氛中$p_H$增大，溶入溶池中的氢增加；氢在铁中的溶解度随温度升高而加大，如在1350℃时氢在固态铁中的溶解度是室温下的10倍左右；当金属的状态或晶体结构发生变化时，氢的溶解度要发生突变。当压力一定时，氢的溶解度与温度的关系如图1-14所示。从该图中可以看出，当金属从固态转变为液态时，溶解度急剧上升；此外，氢在γ相中的溶解度大大高于在α相中的溶解度。

（3）氢在焊缝金属中的扩散　氢有很强的扩散能力，H和$H^+$甚至在室温下都能在固体金属中扩散。在钢的焊缝中，氢大部分以氢原子或离子的状态存在，与铁形成间隙固溶体。由于氢原子或离子的半径很小，扩散能力强，一部分可在金属晶格中自由扩散，我们把能够在焊缝区中自由扩散的这一部分氢称为扩散氢；另外一部分氢扩散到金属的晶格缺陷、显微裂纹和非金属夹杂物边缘的空隙处，结合成氢分子，因其半径大，不能继续扩散而残留在焊缝中，这部分氢称为残余氢。

焊缝中总的含氢量是扩散氢和残余氢之和。焊后随焊件放置时间的增加，扩散氢的一部分逸出到焊缝外面，一部分变成残余氢。随着扩散氢的逸出，焊缝中的扩散氢减少，残余氢增加，总的含氢量则下降，如图 1-15 所示。通常所说的焊缝中扩散氢的含量是指焊后立即进行测定所得的结果。

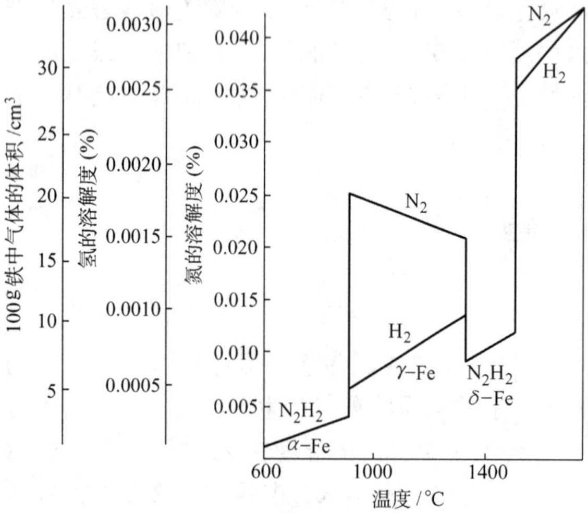


图 1-14　压力为 0.1Pa 时氮和氢在铁中的溶解度

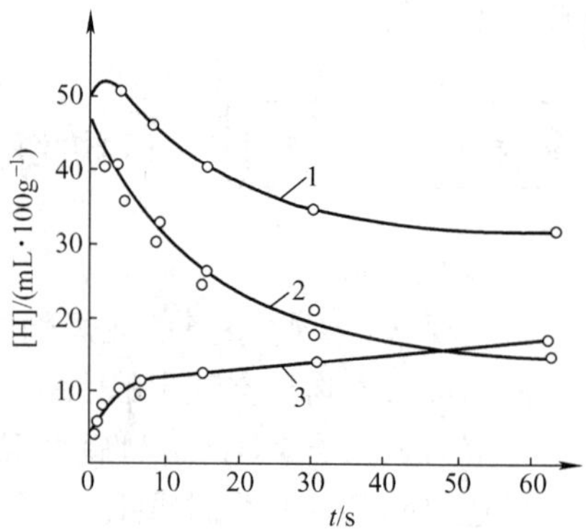


图 1-15　焊缝中含氢量与焊后放置时间的关系

1—总氢量　2—扩散氢　3—残余氢

3. 氢对焊接质量的影响

氢是焊缝中的有害元素之一，氢的溶解与扩散，会给焊接质量带来以下影响：

（1）导致氢脆　金属因吸收氢而导致塑性严重下降的现象称为氢脆(氢脆性)。氢脆是溶解在金属中的氢引起的，焊缝中的剩余氢扩散，聚集在金属的显微缺陷内，结合成分子氢，造成局部高压区，阻碍塑性变形，使焊缝的塑性严重下降。氢脆的特点是金属的塑性明显下降，而对强度的影响不大，往往会造成结构的整体破坏。焊缝中剩余氢含量越高，则氢脆性越大。经过脱氢处理，可以使钢的力学性能得到恢复。

（2）产生白点　钢的焊缝在含氢量高时，常常在焊缝金属的拉断面上出现如鱼目状的一种白色圆形点，称为白点。白点的直径一般为 0.5～5mm，其周围为塑性断口，中心有小夹杂物或气孔，白点的产生与氢的扩散、聚集有关。白点会使焊缝金属的塑性大大降低，焊缝中含氢量越高，出现白点的可能性越大。如果含氢的焊缝在拉伸前进行一定的热处理，则在拉伸时就不出现白点。

（3）形成氢气孔　熔池结晶时氢的溶解度突然下降，使氢在焊缝中处于过饱和状态，并促使氢原子复合成氢分子，氢分子不溶于金属，若来不及逸出，就会在金属中形成空洞，即氢气孔。

（4）导致冷裂纹　氢是导致焊接接头在较低温度(一般 300℃)以下开裂的主要因素之

一。焊接冷裂纹是危害最严重的焊接缺陷。

综上所述，氢对焊接质量的影响可以分为两种类型：一类是经过时效或热处理可以消除的，如氢脆，称为暂态现象；另一类则是一旦出现即无法消除的，如气孔、裂纹等，称为永久现象。有关气孔和裂纹的问题，将在第三单元中作详细介绍。

4. 控制氢的措施

氢对焊接质量有严重危害。为了保证焊接质量，必须采取措施减少焊缝中的含氢量，常用的措施有以下几种。

（1）控制焊接材料中氢的含量　限制焊条药皮或焊剂原料中有机物和水分的含量，可减少氢的来源。因此，焊接材料在使用前应按规定的温度和时间进行烘焙，存放焊接材料时应采取有必要的防潮措施，不允许焊条或焊剂长时间暴露在大气中。一般低氢型焊条的烘干温度为350～400℃；含有机物的焊条烘干温度不应超过250℃，一般为150～200℃；熔炼焊剂使用前通常250～300℃×2h烘焙处理；烧结焊剂一般用300～400℃×2h烘焙处理。焊条、焊剂烘干后应立即使用，或暂存在100～150℃的烘箱或保温筒内，随用随取，以免重新吸潮。

（2）清除焊件及焊丝表面的杂质　焊件坡口和焊丝表面的铁锈、油污、吸附水以及其他含氢物质是增加焊缝含氢量的主要原因之一，故焊前应仔细清理干净。目前，国内外多采用对焊丝进行镀铜处理的办法，既可防止焊丝生锈，又可改善其导电能力。

（3）冶金处理　即通过化学反应降低电弧气氛中氢的分压，从而降低氢在液体金属中的溶解度。目前最有效的办法是通过药皮或焊剂组成物与氢的作用，使之转化为在高温下既稳定又不溶于液体金属的HF或OH（自由氢氧基）。为此，在药皮中加入适量的$CaF_2$或$MnO_2$、$Fe_2O_3$等氧化剂，都可以有效降低氢的分压。

如在药皮和焊剂中加入氟石$CaF_2$具有较强的去氢作用，其反应式为

$$CaF_2 + H_2O = CaO + 2HF \tag{1-14}$$

$$CaF_2 + H_2 = Ca + 2HF \tag{1-15}$$

反应生成物HF不溶于液态金属而逸出至大气中，从而减少焊缝的含氢量。

（4）控制焊接参数　焊接电流及电弧电压、电源的性质与极性对焊缝含氢量有一定的影响。一般情况下，降低焊接电流和电弧电压，可减少焊缝的含氢量；但在气体保护电弧焊时，当电流增加到一定值，熔滴过渡形式由颗粒过渡转变为喷射过渡，含氢量明显减少。电源的性质与极性的影响是，用交流焊接比用直流焊接时焊缝的含氢量高，直流正接的焊缝含氢量较直流反接的高。但总的来说，调整焊接参数对减少焊缝的含氢量效果不是很明显。

（5）焊后热处理　焊后对焊件进行加热可使扩散氢排出。焊后加热焊件，促使氢扩散外逸，从而减少焊接接头中氢含量的工艺叫脱氢处理。一般把焊件加热到350℃以上，保温1h，可将绝大部分扩散氢去除。需要说明的是，随焊件焊后放置时间的延长，部分扩散氢将转变为残余氢，而残余氢通过加热是无法消除的，因此，脱氢处理要在焊后立即进行。

在上述措施中，控制氢和水分的来源是最重要的。

## 能力知识点2　氮对焊缝金属的作用

1. 氮的来源

氮主要来自于电弧周围的空气。焊接时，即使在正常保护的条件下，也总会有少量的氮进入焊接区与熔池金属作用。

2. 氮与焊缝金属的作用

氮既能溶解在铁中，又可与某些金属形成氮化物，如 Fe、Ti、Mn、Cr 等，但 Cu、Ni 不与氮作用，故可用氮作保护气体。在电弧高温的作用下，氮分子将分解为氮原子。氮可以以原子状态或以同氧化合的 NO 的形式溶入熔池。氮在铁中的溶解度如图 1-14 所示。其溶解度随温度升高而增加，且与铁的晶体结构有关。

3. 氮对焊接质量的影响

氮是钢焊缝中的有害元素，它对焊接质量的影响如下：

（1）形成氮气孔　与氢相似，氮也是形成气孔的重要因素之一。熔池中若溶入了较多的氮，在焊缝凝固过程中，因溶解度的突降而将有大量的氮以气泡的形式析出。如果氮气泡来不及逸出，便在焊缝中形成氮气孔。

（2）降低焊缝金属的力学性能　焊缝中含氮量的增加，使其强度升高，塑性、韧性下降，如图 1-16 所示。当熔池中有较多的氮时，其中一部分以过饱和的形式溶解于固溶体中，其余的部分则以针状氮化物 $Fe_4N$ 的形式析出，分布在固溶体的晶内和晶界上，从而使焊缝的强度上升，塑性、韧性急剧下降。只有当焊缝中 $w_N < 0.001\%$ 时，才可不考虑其影响。

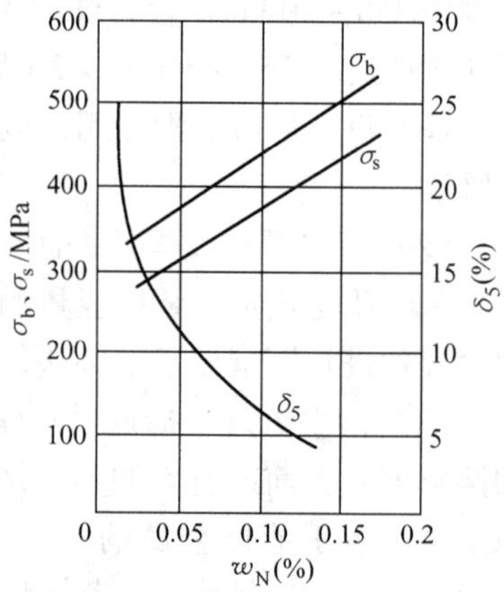


图 1-16　氮对焊缝金属常温力学性能的影响

（3）时效脆化　这里所说的时效，是指金属或合金（如低碳钢）高温快冷或经过一定的冷加工变形后其性能随时间改变的现象。一般而言，经过时效，金属的强度有所提高，而塑性、韧性下降。氮是引起时效脆化的元素，主要是因为焊缝中过饱和溶解的氮随时间延长逐渐以 $Fe_4N$ 形式析出，导致焊缝金属的塑性和韧性持续下降，即时效脆化。

4. 控制氮的措施

（1）加强机械保护　氮主要来自周围的空气，而且一旦进到焊缝金属中，脱氮就比较困难。因此，加强对电弧气氛和液态金属的机械保护，防止空气侵入，是控制焊缝含氮量的主要措施。现代熔焊所采用的各种保护方式，虽然效果有所区别，但大多数可以保证焊缝中的含氮量与母材和焊丝相当。

（2）合理选用焊接参数　电弧电压增加，焊缝含氮量增大，故应尽量采用短弧焊。采用直流反极性接法，减少了氮离子向熔滴溶解的机会，因而减少了焊缝的含氮量。在焊接低碳钢时，焊接电流开始增加，焊缝的含氮量增加；但继续增加焊接电流，由于金属强烈蒸发，使氮的分压下降，焊缝中的含氮量又逐渐下降。

（3）控制焊接材料的成分　增加焊丝或药皮中的含碳量可降低焊缝的含氮量。这是因为碳可降低氮在铁中的溶解度，碳氧化生成 $CO$、$CO_2$ 可降低气相中氮的分压；碳氧化引起熔池的沸腾有利于氮的逸出。焊丝中加入一定数量与氮亲和力大的合金元素，如 Ti、Zr、Al 或稀土元素等，可形成稳定氮化物进入熔渣，起到脱氮的作用。

## 能力知识点3　氧对焊缝金属的作用

1. 氧的来源

焊接区的氧主要来自电弧中氧化性气体（$CO_2$、$O_2$、$H_2O$ 等）、侵入的空气、药皮中的高价氧化物和焊接材料与焊件表面的铁锈、水分等分解产物。

2. 氧与焊缝金属的作用

金属与氧的作用有两种：一种是不溶解氧，但与氧气发生剧烈的氧化反应，如 Al、Mg 等；另一种是能有限溶解氧，同时也发生氧化反应，如 Fe、Ni、Cu、Ti 等。这里主要介绍氧与铁的作用。

（1）氧的溶解　氧既可溶解于铁中，又可与铁和钢中的合金元素形成氧化物。通常氧是以原子氧和氧化亚铁（FeO）两种形式溶解于液态铁中。氧在铁中的溶解度与温度有关，温度降低，溶解度急剧下降，如在 1600℃以上时，氧的溶解度可达到 $w_O=0.3\%$；在铁的熔点，则降为 0.16%；由 δ-Fe 转变为 α-Fe，又降到 0.05%；而在室温下，氧几乎不溶于铁中，因此，在焊缝中，氧主要以氧化物夹杂的形式存在，在低碳钢中则主要是铁的氧化物。固溶于焊缝金属中的氧是极少量的，通常所说的焊缝含氧量是指溶解氧与化合氧之和。

（2）焊缝金属的氧化

1）气相对焊缝金属的氧化。电弧气氛中的 $O_2$、O、$CO_2$、$H_2O$ 都对 Fe 及钢中合金元素有不同程度的氧化作用，焊接低碳钢及低合金钢时，主要考虑铁的氧化。

焊条电弧焊时，药皮中的高价氧化物（$MnO_2$、$Fe_2O_3$）分解产生的氧和来自电弧周围空气中的氧可与 Fe 或与合金元素直接作用，如：

$$2Fe+O_2=2FeO \tag{1-16}$$

$$Fe+O=FeO \tag{1-17}$$

$$2Mn+O_2=2MnO \tag{1-18}$$

$$2C+O_2=2CO \tag{1-19}$$

产生的 FeO 能溶于液体金属，熔池中的 FeO 还会使其他元素进一步地氧化，如：

$$FeO+C=CO+Fe \tag{1-20}$$

$$FeO+Mn=MnO+Fe \tag{1-21}$$

$$2FeO+Si=SiO_2+2Fe \tag{1-22}$$

$CO_2$、$H_2O$ 在电弧高温下分解产生 $O_2$ 或 O 也起到氧化作用，温度越高，分解度越大，氧化性就越强。由于 $CO_2$ 比 $H_2O$ 更容易分解，在一定的温度下 $CO_2$ 的氧化性比 $H_2O$ 强。

2）熔渣对焊缝金属的氧化。熔渣对焊缝金属的氧化有扩散氧化和置换氧化两种基本方式。

FeO 既可溶于熔渣也可溶于液体金属。熔渣中的 FeO 可以直接由熔渣向焊缝金属扩散而使焊缝增氧的过程叫做扩散氧化。即

$$(FeO)\longrightarrow[FeO] \tag{1-23}$$

式中　(FeO)——熔渣中的 FeO；

[FeO]——焊缝金属中的 FeO。

上述过程是可逆的，在一定温度下达到平衡时，FeO 在熔渣中的浓度与在焊缝金属中的

浓度符合分配定律，即

$$L=\frac{(\mathrm{FeO})}{[\mathrm{FeO}]} \tag{1-24}$$

式中　$L$——分配常数。

分配常数 $L$ 与熔渣的性质和温度有关。因此，在温度一定时，如果熔渣中 FeO 的浓度增加，就会自动向熔池扩散，以保持 $L$ 不变，而使焊缝增氧。在焊接低碳钢时，焊缝金属的含氧量随熔渣中(FeO)的增加而直线上升，如图 1-17 所示。

分配常数 $L$ 与温度有关，温度上升，$L$ 值下降，FeO 由熔渣向熔池扩散，因此在熔滴区和熔池前部[FeO]增加，最终使焊缝增氧。

分配常数 $L$ 还与熔渣的性质有关，在温度相同的条件下，碱性熔渣的 $L$ 值小于酸性熔渣。实验表明，在熔渣中 FeO 含量相同时，碱性渣焊缝中的含氧量比酸性渣大，如图 1-18 所示。形成这一现象的原因除了与分配常数大小有关外，还与 FeO 在熔渣中存在的形式有关。在冶金过程中，只有自由的 FeO 分子才能参加反应，而形成复合盐后就不能再自由扩散到熔池中。在碱性熔渣中，$SiO_2$、$TiO_2$ 等酸性氧化物比较少，FeO 大部分以自由状态存在；在酸性熔渣中，因有较多的酸性氧化物能与 FeO 形成稳定的复合盐，FeO 以分子形式存在的很少，所以扩散到熔池中的 FeO 也比较少。

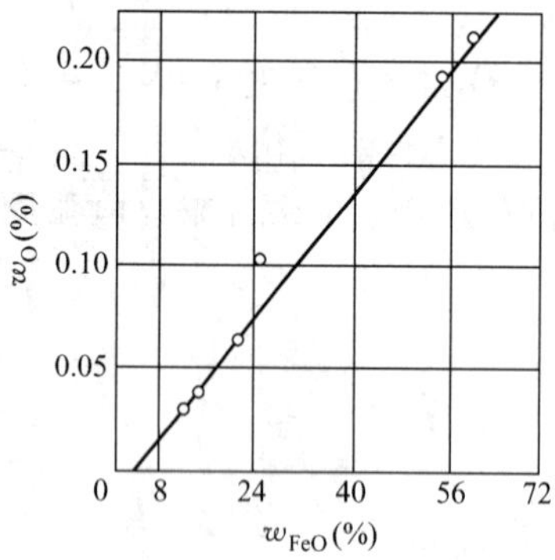


图 1-17　熔渣中 FeO 含量与焊缝中含氧量的关系

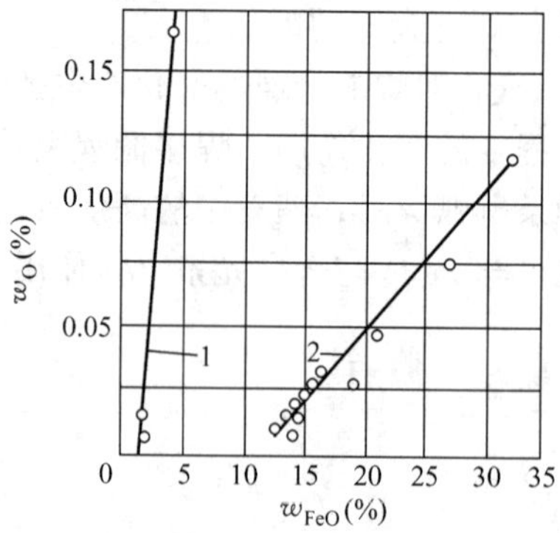


图 1-18　熔渣的性质与焊缝含氧量的关系

1—碱性渣　2—酸性渣

上述分析是以熔渣中 FeO 的含量相同为前提的。而在实际的碱性焊条或焊剂中，一般不使用含有氧化铁的原材料，又加入了较多的脱氧剂，并要求焊前仔细清理母材与焊丝表面的氧化皮和铁锈，保证了用碱性熔渣焊接的焊缝中含氧量大大低于酸性熔渣焊接的焊缝。

焊缝金属与熔渣中易分解的氧化物发生置换反应而被氧化的过程称置换氧化。当熔渣中含有 $SiO_2$、MnO 等氧化物时，易使铁被氧化，反应式如下：

$$2[\mathrm{Fe}]+(\mathrm{SiO_2})=[\mathrm{Si}]+2\mathrm{FeO} \tag{1-25}$$

$$[\mathrm{Fe}]+(\mathrm{MnO})=[\mathrm{Mn}]+\mathrm{FeO} \tag{1-26}$$

反应产物 FeO 按分配定律进入熔渣与熔池，从而使焊缝金属被氧化。因此，高锰高硅焊剂配合低碳钢焊丝在焊接低碳钢和低合金钢时，尽管焊缝中的含氧量增加了，但因有益元素 Si、Mn 的同时增加，因而焊缝的力学性能也有所改善，抗裂能力有所提高，故此种配合仍有实用价值。但是，在焊接中、高合金钢时，这种焊剂与焊丝的配合是不允许使用的，因为焊缝中的增氧与增硅将使其力学性能恶化。

3）焊件表面氧化物对焊缝金属的氧化。焊件表面的铁锈及氧化皮对焊缝金属也有氧化作用。铁锈在高温下分解为：

$$2Fe(OH)_3 = Fe_2O_3 + 3H_2O \tag{1-27}$$

分解产物 $H_2O$ 进入气相后，进一步分解增加了气相的氧化性，而 $Fe_2O_3$ 与液相铁作用：

$$Fe_2O_3 + [Fe] = 3FeO \tag{1-28}$$

氧化铁皮的成分为 $Fe_3O_4$，与铁作用：

$$Fe_3O_4 + [Fe] = 4FeO \tag{1-29}$$

上述两式产生的 FeO 将按分配定律部分进入熔池，从而使焊缝金属氧化。因此，焊前必须清理焊件坡口附近及焊丝表面的氧化皮及铁锈。

3. 氧对焊缝质量的影响

由于气体、熔渣及焊件表面氧化物对焊缝金属的氧化，使焊缝金属的含氧量增加，对焊接质量带来不利的影响，具体影响如下：

（1）降低焊缝金属的力学性能　随着焊缝中含氧量的增加，其强度、塑性、韧性等各项力学性能指标都下降，其中冲击韧度下降最为显著，如图 1-19 所示。

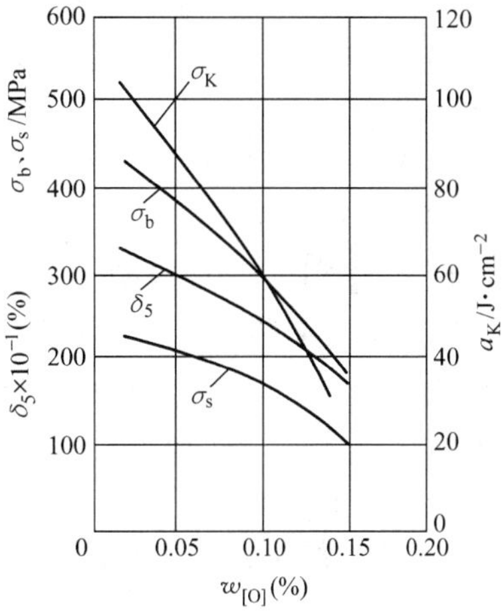


图 1-19　氧对低碳钢焊缝常温力学性能的影响

（2）产生气孔　熔池中的氧与碳反应，生成不溶于金属的 CO，如熔池结晶时 CO 气泡来不及逸出，则在焊缝中形成 CO 气孔。

（3）使焊缝中的有益元素烧损　由于氧几乎可以和各种元素化合，熔池中的氧将使钢中的有益合金元素氧化，从而使焊缝的性能变坏。

（4）降低焊缝金属的其他性能　氧会降低焊缝金属的物理和化学性能，如降低导电性，导磁性和抗腐蚀性等；还会引起焊缝金属的热脆性、冷脆性及时效硬化，并提高脆性转变温度。

（5）产生飞溅　在焊接时，熔滴区产生的 CO，使熔滴爆炸，产生飞溅，影响焊接过程的稳定性。

4. 控制氧的措施

1）严格限制氧的来源。采用不含氧或低氧的焊接材料，如用无氧焊条，无氧焊丝、焊剂等。采用高纯度的惰性保护气体或真空环境下焊接。清除焊件、焊丝表面上的铁锈、氧化皮等污物，烘干焊接材料。

2）控制焊接工艺规范。采用短弧焊，加强保护效果，限制空气与液体金属的接触。

3）脱氧处理。

5. 焊缝金属的脱氧

在正常的焊接条件下，氧主要来自焊条药皮、焊剂原材料及保护气体，因此控制氧的措施除限制其来源外，主要通过冶金反应进行脱氧处理。

脱氧处理是通过在焊接材料中加入某种对氧亲和力较大的元素，使其在焊接过程中夺取气相或氧化物中的氧，从而减少焊缝金属的氧化及含氧量。用于脱氧处理的元素称脱氧剂，脱氧剂的选择原则如下：

1）在焊接温度下，脱氧剂对氧的亲和力应大于被焊金属对氧的亲和力。在焊接低碳钢和低合金钢时，主要要求脱氧剂对氧的亲和力比铁大，从而可夺取 FeO 中的氧使焊缝脱氧。在钢的常用合金元素中，对氧的亲和力比铁大的元素，按亲和力从大到小的顺序为 Al、C、Ti、Si、Mn 等。在其他条件相同时，元素与氧的亲和力越大，脱氧效果应越好。生产中常用它们的铁合金或金属粉。

2）为使脱氧产物能顺利过渡到熔渣中，要求脱氧后的产物应不溶解于液态金属，并且密度比液体金属小，从而易于从熔池中上浮入渣。

3）脱氧产物的熔点低于焊缝金属，或能与熔渣中的其他化合物结合成熔点较低的复合盐。因为在熔池凝固过程中，脱氧产物处于液态，很容易聚集长大并浮到熔渣中，以固态形式存在，就很容易在焊缝中形成夹杂物，而且颗粒越小，形成夹杂物的可能性应越大。

4）脱氧剂本身应对焊缝金属的使用性能及焊接工艺性能无有害作用，且其中硫、磷等杂质含量低。

焊缝金属的脱氧主要有两个途径：脱氧剂脱氧和扩散脱氧。脱氧剂脱氧按脱氧时间又分为先期脱氧和沉淀脱氧。

（1）先期脱氧　焊条药皮或药芯中的高价氧化物或碳酸盐在焊接高温作用下分解出氧和二氧化碳，而药皮或药芯中的脱氧剂便与其氧化反应，结果使气相的氧化性减弱，这种在药皮或药芯加热阶段发生的脱氧反应，称为先期脱氧。先期脱氧的目的是尽早控制电弧气氛中的氧化性，减少金属的氧化，主要发生在焊条端部反应区，脱氧过程与脱氧产物一般不和熔滴金属发生直接关系。

1）酸性焊条的先期脱氧。焊条药皮中的碳酸盐受热分解出 $CO_2$，其反应如下：

$$CaCO_3 = CaO + CO_2 \tag{1-30}$$

$$MgCO_3 = MgO + CO_2 \tag{1-31}$$

药皮中主要加入锰铁作先期脱氧剂进行脱氧，脱氧反应是

$$CO_2 + Mn = MnO + CO \tag{1-32}$$

因酸性焊条熔渣中含有较多的 $SiO_2$ 和 $TiO_2$，它们可与 MnO 复合生成稳定的($MnO \cdot SiO_2$)和($MnO \cdot TiO_2$)而进入渣中，减少了 MnO 浓度，使式(1-32)易向右进行，脱氧效果好。

2）碱性焊条的先期脱氧。药皮中含有大量的大理石，在加热时放出 $CO_2$ 气体。

$$CaCO_3 = CaO + CO_2$$

药皮中主要依靠硅铁和钛铁作为先期脱氧剂，脱氧反应如下：

$$2CO_2 + Si = SiO_2 + 2CO \tag{1-33}$$

$$2CO_2 + Ti = TiO_2 + 2CO \tag{1-34}$$

脱氧产物 $SiO_2$ 和 $TiO_2$ 可与碱性渣中的 CaO 等碱性氧化物反应化合成稳定化合物($CaO \cdot SiO_2$)和($CaO \cdot TiO_2$)，减少了 $SiO_2$ 和 $TiO_2$ 的浓度，有利于式(1-33)和(1-34)向右进行，脱氧效果较好。

由于药皮加热阶段温度低，反应时间短，故先期脱氧是不完全的，需进一步脱氧。

（2）沉淀脱氧　沉淀脱氧是利用溶解在熔滴和熔池中的脱氧剂与[FeO]和[O]直接反应，把铁还原，脱氧产物进入熔渣而清除，沉淀脱氧是置换氧化的逆反应。沉淀脱氧的对象主要是液体金属中的[FeO]。

1）酸性焊条的沉淀脱氧。酸性焊条采用锰铁作为脱氧剂，其脱氧反应是：

$$[FeO]+[Mn]=[Fe]+(MnO) \quad (1\text{-}35)$$

脱氧产物 MnO 为碱性氧化物，易与渣中酸性氧化物（$SiO_2$、$TiO_2$）结合成稳定的复合盐。因此，锰在酸性熔渣中的脱氧效果较好。在酸性焊条（如 E4303 型）药皮中主要以锰做脱氧剂。

2）碱性焊条的沉淀脱氧。碱性焊条主要利用硅铁、钛铁对熔池中的[FeO]进行脱氧，其脱氧反应是：

$$[Si]+2[FeO]=2[Fe]+(SiO_2) \quad (1\text{-}36)$$

$$[Ti]+2[FeO]=2[Fe]+(TiO_2) \quad (1\text{-}37)$$

脱氧产物（$SiO_2$、$TiO_2$）为酸性氧化物，易与渣中 CaO 等碱性氧化物形成复合盐，使 $SiO_2$ 和 $TiO_2$ 浓度减小，有利于脱氧反应的进行。因此，硅在碱性熔渣中的脱氧效果较好。

总之，在选用脱氧剂时还应考虑脱氧产物与熔渣酸碱性的关系，即要求脱氧产物的酸碱性与熔渣酸碱性相反。

对于钢来说，当采用硅或锰单独脱氧时，其脱氧产物 $SiO_2$ 和 MnO 的熔点分别为 1713℃ 和 1585℃，都比铁的熔点高，如果不能形成熔点较低的复合盐，则形成夹杂物的可能就比较大。而同时采用硅锰联合脱氧，其脱氧产物相互作用能结合成熔点较低、密度较小的复合物进入熔渣，有利于消除夹杂物。因此，焊接低碳钢时常采用硅锰联合脱氧。

碳虽然与氧的亲和力很大，但一般不专门选作脱氧剂，因为其脱氧产物 CO 受热膨胀会发生爆炸，飞溅大，同时还会产生 CO 气孔。但焊丝、药皮中的碳在焊接中能起到脱氧作用。

铝和钛对氧的亲和力很大，它们在药皮反应区就被氧化，很难进到熔池中起沉淀脱氧作用，主要的作用是先期脱氧。铝虽然与氧会发生强烈的氧化反应，脱氧能力强，但产生的 $Al_2O_3$ 熔点高，不易上浮，易形成夹渣，同时还会产生飞溅、气孔等缺陷，故一般不宜单独作为脱氧剂。

**小知识** 硅锰联合脱氧的效果与[Mn/Si]比值有很大关系，该比值过大或过小，均可能造成锰、硅单独脱氧的条件，使脱氧效果下降。为使反应生成物均能形成熔点较低的复合物，并考虑到锰对氧的亲和力低于硅，因而锰占的比例应比硅大。实践证明，当[Mn]/[Si]值在 3～7 时，其脱氧产物为颗粒大、熔点较低的 $MnO_2 \cdot SiO_2$（1270℃），脱氧效果较好。[Mn]/[Si]值过大或过小，都不是完全的联合脱氧。$CO_2$ 气体保护电弧焊时，采用 H08Mn2SiA 焊丝，其 $w_{Mn}=1.8\%\sim2.10\%$，$w_{Si}=0.65\%\sim0.95\%$，就是典型的硅锰联合脱氧。

（3）扩散脱氧　利用 FeO 既溶于溶池，又溶于熔渣的特点，使熔池中的 FeO 按照分配定律扩散到熔渣中去，从而降低焊缝金属含氧量的过程称为扩散脱氧。它是扩散氧化的逆过程，即

$$[FeO] \longrightarrow (FeO) \quad (1\text{-}38)$$

在一定的温度条件下要使扩散脱氧过程顺利进行，关键是要不断减少熔渣中自由氧化铁分子的浓度。酸性焊条熔渣中含有大量的 $SiO_2$ 和 $TiO_2$ 等酸性氧化物，它们易与渣中 FeO 形成复合物（$FeO \cdot SiO_2$）和（$FeO \cdot TiO_2$），降低渣中 FeO 分子的浓度，使熔池中的[FeO]向熔

渣扩散，扩散脱氧效果较好。碱性焊条熔渣中含有大量的碱性氧化物，而 FeO 也是碱性氧化物，故渣中 FeO 分子浓度也较大，不利于扩散脱氧。由于焊接时，熔池的冷却速度比较快，冶金作用时间短，而扩散脱氧过程需要的时间较长，故扩散脱氧进行得不充分，其脱氧效果往往是有限的。

焊缝金属的脱氧过程是由先期脱氧、沉淀脱氧和扩散脱氧几种方式构成，贯穿于焊接化学冶金的全过程。一般来说，上述三种脱氧形式是共存的，只是不同条件下各自的脱氧程度不同而已。在实际生产中，焊缝的含氧量不仅取决于脱氧方式，更与熔渣的具体组成有关。碱性熔渣中 FeO 虽然大部分以自由分子状态存在，但由于严格控制了原材料中 FeO 的来源，并加入了较多的脱氧剂，从而保证了焊缝的含氧量最低。如用低氢型焊条焊接的焊缝中 $w_O$ 仅为 0.03%；而用钛钙型焊条焊接时，焊缝中 $w_O$ 为 0.07% 左右。

## 能力知识点 4　对焊缝金属中硫、磷的控制

1. 硫、磷的来源

硫、磷是钢焊缝中的有害杂质。焊缝中的硫磷主要来自于母材、焊丝、焊条、药皮或焊剂等。实验表明，母材中几乎全部的硫，焊芯中 70%～80% 的硫以及药皮或焊剂中 50% 的硫将进入焊缝中。

2. 焊缝中硫、磷的危害

硫在钢焊缝中通常以 FeS 和 MnS 的形式存在。MnS 几乎不溶于液态铁中，在焊接冶金过程中可进入熔渣而降低焊缝的含硫量，少量 MnS 残存于焊缝中，因其熔点较高，且以微小质点弥散分布，对钢焊缝的力学性能无明显的影响。以 FeS 形式存在的硫危害较大，高温时 FeS 可与液态 Fe 无限互溶；而在固态铁中，FeS 的溶解度很低，所以在熔池一次结晶时很容易形成偏析，并与铁或氧化铁形成（FeS + Fe）或（FeS + FeO）低熔点共晶体，通常，（FeS + Fe）共晶体熔点为 985℃，（FeS + FeO）共晶体熔点为 940℃，这些低熔点共晶体在结晶后期分布在晶界上，在焊接应力作用下形成结晶裂纹，同时还会降低焊缝金属的冲击韧度和耐蚀性。在焊接含镍的合金钢时，硫与镍还会形成熔点更低（644℃）的（NiS + Ni）共晶体，使结晶裂纹的敏感性增大。因此，要求低碳钢焊缝中 $w_S \leqslant 0.035\%$，合金钢焊缝中 $w_S \leqslant 0.025\%$。

磷在低碳钢和大多数的低合金钢中是有害的。在液态铁中，磷主要以 $Fe_2P$ 和 $Fe_3P$ 形式存在，它们可以与铁形成低熔点共晶体 $Fe_3P$ + Fe（熔点为 1050℃）。磷加入铁中，扩大了固相线与液相线之间的距离，所以含磷的铁合金在从液态转变为固态的过程中，含磷较高（熔点较低）的铁液将聚集在枝晶之间，造成偏析，减弱了晶间结合力。因此，磷将降低钢的冲击韧度，特别是低温冲击韧度。在焊接含镍的合金钢时，磷还会形成熔点更低的（$Ni_3P$ + Ni）共晶体（熔点 880℃），而导致焊缝中产生结晶裂

**小知识**　磷的有益作用

磷在钢中除有害作用外，也有一定的有益作用，如它可以提高钢在大气与海水中的耐蚀性，改善钢的切削加工性能，增加金属的流动性改善铸造性能等。在某些耐蚀钢、易切削钢、铸铁和铜合金中，磷是作为合金元素而加入的。

纹。在焊接时，应对焊缝金属中的含磷量严格控制，低碳钢和低合金钢焊缝中要求 $w_P \leqslant 0.045\%$，高合金钢焊缝要求 $w_P \leqslant 0.035\%$。

3. 控制焊缝中硫、磷的措施

（1）限制硫、磷的来源　焊缝中的硫、磷主要来自于母材和焊接材料。母材、焊丝中的硫、磷含量一般较低，药皮，焊剂的原材料，如锰矿、赤铁矿，钛铁矿等含有一定量的硫、磷，对焊缝的含硫量、含磷量影响较大，因此，限制母材、焊丝，尤其是药皮、焊剂中的硫、磷含量是防止硫、磷危害的主要措施。

（2）冶金处理　冶金处理脱硫、脱磷是利用对硫、磷亲和力比铁大的元素将铁还原，而自身与硫、磷生成不溶于液态金属的硫化物、磷化物进入熔渣而去除硫和磷。

1）冶金脱硫处理。冶金脱硫处理的实质是用某种元素(脱硫剂)与溶解在金属中的硫或硫化物作用，生成不溶解在液体金属中的产物，使其进入熔渣，而降低焊缝中的含硫量。

在焊接冶金过程中，常用锰作为脱硫剂，其反应为：

$$[FeS]+[Mn]=[Fe]+(MnS)+Q \tag{1-39}$$

反应产物 MnS 不溶于钢液，大部分进入熔渣。锰的脱硫反应为放热反应，降低温度有利于脱硫进行。

也可采用 MnO、CaO 等碱性氧化物进行脱硫。其脱硫反应为：

$$[FeS]+(MnO)=(MnS)+(FeO) \tag{1-40}$$

$$[FeS]+(CaO)=(CaS)+(FeO) \tag{1-41}$$

产物 MnS、CaS 不溶于钢液而进入溶渣，增加渣中 MnO、CaO 的含量，减少 FeO 的含量有利于脱硫反应的进行，因此碱性熔渣的脱硫能力明显高于酸性熔渣，碱度越高，脱硫效果越好。在实际焊接条件下，熔渣的碱度都不很高，加之熔池冷却速度很快，脱硫效果受到限制，因此限制硫的来源是控制焊缝中含硫量的主要措施。

2）冶金脱磷处理。冶金脱磷处理分两步进行：首先，将磷氧化成 $P_2O_5$；然后 $P_2O_5$ 与渣中碱性氧化物复合成稳定的磷酸盐而进入熔渣，其反应式为：

$$2[Fe_3P]+5(FeO)=P_2O_5+11[Fe] \tag{1-42}$$

$$2[Fe_2P]+5(FeO)=P_2O_5+9[Fe] \tag{1-43}$$

$$P_2O_5+3(CaO)=\{(CaO)_3\cdot P_2O_5\} \tag{1-44}$$

$$P_2O_5+4(CaO)=\{(CaO)_4\cdot P_2O_5\} \tag{1-45}$$

由上式可知：增加渣中 CaO、FeO 的含量，可提高脱磷效果。碱性焊条熔渣中含有较多的 CaO，有利于脱磷，但碱性渣中 FeO 含量较低，因而脱磷效果并不理想。酸性焊条熔渣中虽含有一定的 FeO，有利于磷的氧化，但 CaO 的含量极少，故酸性焊条的脱磷效果比碱性焊条差。

总之，焊接过程中的脱磷、脱硫都较困难，而脱磷比脱硫更难，要控制焊缝中的硫、磷含量，主要是要严格控制焊接原材料中的硫、磷含量。

## 能力知识点5　焊缝金属的合金化

实际生产中，除了对有害元素进行控制外，为了补偿合金元素的氧化、蒸发损失，防止焊接缺陷，或是满足产品对某些特殊性能的要求(如表面耐磨、耐蚀性)，还需要通过焊接材料向焊缝过渡一定的合金元素，因此，焊缝金属的合金化就是指通过焊接材料向焊缝金属过渡一定合金元素的过程，又称合金过渡。

1. 合金化的目的

1）补偿焊接过程中由于蒸发、氧化等原因造成的合金元素的损失。

2）消除焊接工艺缺陷，改善焊缝的组织与性能。例如在焊接低碳钢时，为消除因硫引起的结晶裂纹，需向焊缝中加入锰；在焊接某些结构钢时，向焊缝中过渡 Ti、Al、B、Mo 等元素，以细化晶粒，提高焊缝金属的塑性和韧性。

3）获得具有特殊性能的堆焊金属。为使工件表面获得耐磨、耐热、红硬、耐蚀等特殊要求的性能，生产中常用堆焊的方法过渡 Cr、Mo、W、Mn 等合金元素。

2. 合金化的方式

焊缝金属的合金化可以通过采用合金焊丝(焊芯)、将合金元素加入药芯焊丝的药芯或焊条的药皮或焊剂中等方法实现。目前在生产中，常用的焊缝金属合金化的方式主要有以下几种：

(1) 采用合金焊丝(焊芯)　把所需要的合金元素加入焊丝(焊芯)，配合碱性药皮或低氧、无氧焊剂进行焊接，使合金元素随熔滴过渡到焊缝金属中。这种方法的优点是合金元素的过渡效果好，焊缝金属成分均匀，质量稳定，且制造工艺比较简单。

(2) 采用药芯焊丝或药芯焊条　药芯焊丝的结构各式各样。药芯中合金成分的配比可以任意调整，可以得到任意成分的堆焊熔敷金属，合金元素损失少，但不易制造，成本较高。

(3) 采用合金药皮或陶质焊剂　将所需合金元素以纯金属或铁合金的方式加入到药皮或焊剂中，再配合普通焊丝使用。此法的优点是制造容易、简单方便、成本低，但合金元素氧化损失大，合金利用率低。

(4) 采用合金粉末　将需要过渡的合金元素按比例制成一定粒度的粉末，将合金粉末输送到焊接区或撒在焊件表面，在热源作用下与母材熔合成合金化的焊缝金属。此法的优点是合金成分比例调配方便，合金损失少，但焊缝成分的均匀性差。

(5) 采用还原反应　在药皮或焊剂中加入金属氧化物，如氧化锰、二氧化硅等。焊接时通过熔渣与液态金属的还原反应，使硅锰合金元素被还原，从而提高焊缝中的硅锰合金含量。此法合金化效果有限，且易增加焊缝的含氧量。

不同的合金化方式，其效果不同，其中以采用合金焊丝(焊芯)的效果最好。

3. 合金元素的过渡系数及影响因素

在焊缝金属合金化的过程中，由于氧化、蒸发和残留在熔渣中等损失，加入在焊接材料中的合金元素不可能全部过渡到熔敷金属中去。为了说明合金元素利用率的高低，常用合金过渡系数来表示。合金元素的过渡系数是指焊接材料中的合金元素过渡到焊缝金属中的数量在其原始含量中所占的百分比。其表达式为：

$$\eta_x = \frac{[x]_d}{[x]_0} \times 100\% \qquad (1\text{-}46)$$

式中　$\eta_x$——合金元素 $x$ 的过渡系数；

$[x]_d$——熔敷金属中元素 $x$ 的实际含量，即由焊接材料过渡到焊缝中的合金元素 $x$ 的含量；

$[x]_0$——元素 $x$ 在焊接材料中的原始含量，应为合金元素 $x$ 在焊丝与药皮（或焊剂）中原始含量之和。

合金元素的过渡系数可以通过实验测定。当 $\eta_x$ 值已知时，可根据焊条中合金元素的原始含量与熔合比来预测焊缝的成分，也可以根据预期的焊缝成分预先计算出焊接材料需要加入的合金元素数量，然后通过试验加以修正。

合金元素的过渡系数大，表示合金元素的利用率高。影响合金元素过渡系数的因素有很多，主要有合金元素对氧的亲和力、合金元素的物理性能、焊接区介质的氧化性及合金元素的粒度等。合金元素与氧的亲和力越大，越易烧损，其过渡系数越小。物理性能中对过渡系数影响最大的是合金元素的沸点，合金元素的沸点越低，饱和蒸气压越高，越易蒸发，其过渡系数也越小。介质的氧化性越大，合金元素氧化越多，过渡系数越小，故高合金钢要求在弱氧化性介质或惰性气体中进行焊接。增加合金元素的粒度，其表面积减小，氧化损失减小，过渡系数提高。

**小知识**　合金元素对氧的亲和力

合金元素对氧的亲和力越强，过渡系数越小。在1800℃左右，元素对氧的亲和力从大到小按以下顺序排列：

Al-Zr-Mg-C-B-Ti-Si-V-Mn-Nb-Cr-Fe-Mo-W-P-S-Co-Ni-Cu

一般情况下，合金元素的过渡系数由小到大的顺序与之相同。在各种合金元素中，Ni 和 Cu 对氧的亲和力最小，在多数情况下可认为其 $\eta \approx 1$。

这里要说明的是在焊条药皮中的合金剂和脱氧剂两者常无明显的区分。同一种合金元素，有时既起脱氧剂的作用，又起合金剂的作用，如 E4303 焊条药皮中的锰铁，虽然主要作用是作脱氧剂，但也有少部分作为合金剂渗入焊缝，改善焊缝的性能。

## 【综 合 训 练】

### 一、理论部分

（一）名词解释

1. 扫散氢　2. 残余氢　3. 氢脆
4. 白点　5. 脱氢处理　6. 时效脆化
7. 扩散氧化　8. 置换氧化　9. 脱氧处理
10. 先期脱氧　11. 沉淀脱氧　12. 扩散脱氧
13. 合金化　14. 过渡系数

（二）填空题

1. 熔渣对焊缝金属的氧化有__________和__________两种基本方式。

2. 分配常数 $L$ 与__________和__________有关。

3. 焊缝金属的脱氧主要有脱氧剂脱氧和__________两个途径。脱氧剂脱氧按脱氧时间又分为__________和__________。

4. 冶金脱磷处理分两步进行：第一步将磷氧化成__________；第二步 $P_2O_5$ 与渣中__________复合成稳定的磷酸盐而进入熔渣。

（三）选择题（将正确答案的选项字母填入每题前的括号内）

（　　）1. ________不是钢焊条电弧焊时氢的来源。

A. 铁锈中结晶水　　B. 工件和焊丝表面的油污

C. 焊条药皮和埋弧焊剂中的水分　　D. 母材和焊丝中的氢

（　　）2. ________不是钢焊条电弧焊时氢的危害。

A. 产生气孔　　B. 产生白点　　C. 引起氢脆　　D. 引起热裂纹

（　　）3. ________几乎是熔焊时氮的唯一来源。

A. 母材中的氮　　B. 焊条药皮中的氮化物

C. 焊剂中的氮化物　　D. 空气中的氮气

（　　）4. ________不是钢焊缝金属中氧的主要来源。

A. 锈中的氧化物和结晶水　　B. $CO_2$ 气体保护焊时的 $CO_2$ 气

C. 焊条药皮和埋弧焊剂中的水分　　D. 母材和焊丝中的氧

（　　）5. 氧在焊缝金属中的存在形式主要是________。

A. FeO 夹杂物　　B. $SiO_2$ 夹杂物

C. MnO 夹杂物　　D. 溶解在焊缝金属中

（　　）6. 焊接时硫的主要危害是产生________缺陷。

A. 气孔　　B. 飞溅　　C. 热裂纹　　D. 冷裂纹

（　　）7. 在焊接过程中________元素是种较好的脱硫剂。

A. 碳　　B. 硅　　C. 锰　　D. 铝

（　　）8. 酸性焊条不能在药皮中加入大量铁合金使焊缝金属合金化，是由于焊条熔渣的________。

A. 还原性强　　B. 氧化性强　　C. 脱硫磷效果差　　D. 粘度太小

（四）简答题

1. 氢对焊接质量有何影响？控制焊接接头含氢量的措施有哪些？

2. 氮对焊接质量有哪些影响？其控制措施有哪些？

3. 焊接区的氧来自何处？焊缝金属中氧的存在对焊接质量有何影响？

4. 脱氧剂的选择应遵循哪些原则？

5. 焊缝中硫、磷的存在对焊接质量有何危害？脱硫、脱磷的措施有哪些？

6. 焊缝金属合金化的目的有哪些？合金化的方式有哪几种？影响合金元素过渡系数的因素主要有哪些？

## 二、实践部分

1. 训练目标

1）理解 H、N、O、S、P 等有害元素对焊缝金属的作用及其控制措施。

2）了解焊缝金属合金化的目的、合金化方式及影响合金过渡系数的因素。

2. 训练准备

1）人员准备：分组进行，每组由 8 ~ 10 人组成。

2）资料准备：实训指导书。

3. 训练地点

实验室或实训场地。

4. 训练办法

1）让学生进行焊条电弧焊、埋弧焊、气体保护焊等焊接操作，以使学生观察H、N、O、S、P等有害元素对焊缝金属的作用，并能提出相应的控制措施。

2）让学生进行焊条电弧焊、埋弧焊、气体保护焊等焊接操作，并通过采用合金焊丝（焊芯）、将合金元素加入药芯焊丝的药芯、加入焊条药皮或焊剂等方法进行焊缝金属合金化，以使学生了解焊缝金属合金化的目的、合金化方式及影响合金过渡系数的因素。

## 综合知识模块五 焊缝金属的组织和性能

在化学成分一定的条件下，焊缝金属的性能取决于组织，而焊缝金属的组织则与其结晶过程和固态相变有关。通常，把焊缝金属由液态转变为固态的凝固过程称为焊缝金属的一次结晶。熔池凝固以后，焊缝金属从高温冷却到室温还会发生固态相变，焊缝金属的固态相变过程称为焊缝金属的二次结晶。焊接过程中的许多缺陷，如气孔、结晶裂纹、夹渣等都产生于焊缝的结晶过程之中。

### 能力知识点1 焊缝金属的一次结晶

焊缝金属的一次结晶过程也应服从于金属结晶的普通规律，即实际结晶温度总是低于理论结晶温度，其结晶过程是在有一定过冷度的条件下才能进行。此外，焊缝金属的结晶过程也是由晶核的形成和晶核的长大两个基本过程组成。但是焊接热循环的特殊条件，对焊缝金属的结晶过程产生明显的影响，因此，讨论焊缝金属的结晶规律时必须结合焊接热循环的特点和具体的焊接工艺条件。

**想一想** 金属结晶的普通规律有哪些？

1. 焊缝金属一次结晶的特点

与铸锭金属结晶相比，焊缝金属一次结晶具有如下特点：

1）熔池体积很小，冷却速度大。熔池的体积最大不过几十立方厘米，液态金属质量不超过100g。由于熔池体积小，周围又被冷金属包围，故熔池的冷却速度很大，平均冷却速度约为4～100℃/s，比铸锭大几百甚至上万倍。

2）温度不均匀。熔池中部处于热源中心，电弧焊时温度可达2000℃，而边缘则是过冷的液体金属，温度略低于母材的熔点（对于一般的钢来说为1500℃左右），因此熔池的温度梯度大，温度分布不均匀。

3）熔池是在运动状态下结晶。熔池随热源的移动，使熔化和结晶过程同时进行，即熔池的前半部是熔化过程，后半部是结晶过程。同时随着焊条的连续进给，熔池中不断有新的金属补充和搅拌进来。另外，由于熔池内部气体的外逸、焊条摆动、气体的吹力等产生的搅拌作用使熔池处于运动状态下结晶。熔池的运动，有利于气体、夹杂物的排除，也有利于得到致密性良好的焊缝。

4）以熔化的母材为基础进行结晶。与铸锭不同，焊缝与母材之间不存在空气隙，熔池边缘母材的原始结晶状态对焊缝结晶过程与组织有明显的影响。

2. 焊缝金属一次结晶的过程

焊缝金属一次结晶的过程也是由晶核的形成和晶核的长大两个过程组成。焊接熔池中形成的晶核有两种，自发晶核和非自发晶核。熔池中的结晶主要以非自发晶核为主。熔池开始结晶的非自发晶核有两种，一种是合金元素或杂质的悬浮质点，这种晶核一般情况下所起的作用不大；另一种是主要的，就是依附在熔合区附近加热到半熔化状态母材金属的晶粒表面形成晶核，结晶就是从这里开始，即熔池的结晶是以母材半熔化状态的晶粒的表面为晶核而长大的。也就是说，焊缝金属的一次结晶是从母材半熔化状态的晶粒开始，朝着散热反方向以柱状晶的形式向熔池中心生长，如图 1-20 所示。因此，焊缝实际上是母材晶粒的延伸，二者之间不存在界面，从而使焊缝与母材具有共同的晶粒而形成一个整体。这种依附于母材半熔化状态晶粒开始长大的结晶方式，叫做联生结晶(或交互结晶)。联生结晶是熔焊最重要、最本质的特征，它决定了熔焊具有密封性好、强度高等一系列优点。

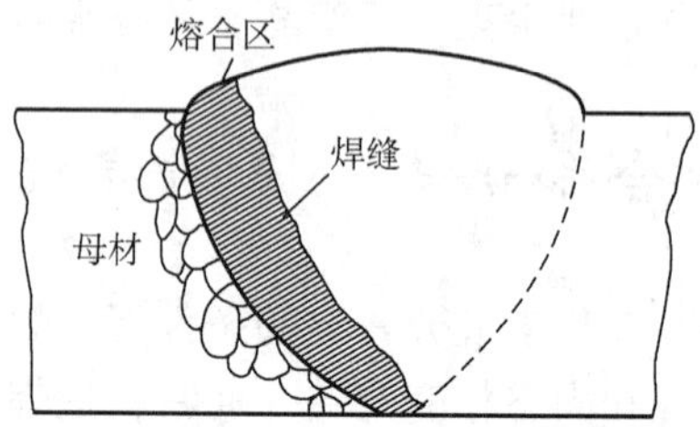

图 1-20　母材半熔化晶粒长大的柱状晶

焊接熔池的一次结晶过程如图 1-21 所示。焊接熔池中的晶体总是朝着与散热方向相反的方向长大。当晶体的长大方向与散热最快的反方向一致时，此方向的晶体长大最快。由于熔池最快的散热方向是垂直于熔合线的方向指向金属内部，所以晶体的成长方向总是垂直于熔合线指向熔池中心，因而形成了柱状结晶。当柱状晶体不断地长大至互相接触时，焊接熔池的一次结晶宣告结束。

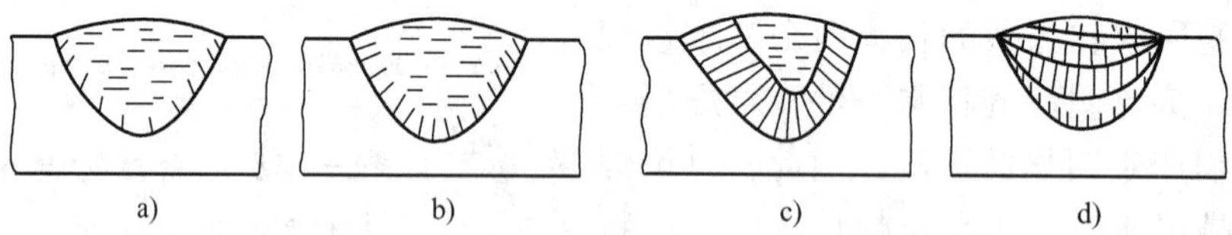

图 1-21　焊接熔池的一次结晶过程

a）开始结晶　b）晶体长大　c）柱状结晶　d）结晶结束

焊缝金属的一次结晶从熔合线附近开始形核，以联生结晶的形式呈柱状向熔池中心长大，得到柱状晶组织，最终形成焊缝。由于熔池体积小，冷却速度高，一般电弧焊条件下焊缝中见不到等轴晶粒。

## 能力知识点 2　焊缝金属的固态相变

一次结晶后，熔池液态金属转变为固态焊缝。焊接熔池结晶后得到的组织叫做一次组织。对大多数的钢焊缝来说，一次组织是奥氏体。高温的焊缝固态金属冷却到室温还要经过一系列固态相变，即二次结晶。一般情况下，焊缝的二次结晶组织即为室温组织。二次结晶组织对焊缝的性能起决定性作用；而二次结晶组织主要取决于焊缝金属的化学成分和冷却速度。

对于低碳钢焊缝来说，由于含碳量低，二次结晶组织一般为铁素体 + 珠光体。其中铁素体首先沿着原奥氏体柱状晶晶界析出，可以勾画出一次组织的轮廓。当焊缝在高温停留时间较长而在固态相变的温度下冷却速度又比较高时，铁素体可能从奥氏体晶粒内部按一定方向析出，以长短不一的针状或片状直接插入珠光体晶粒中，而形成魏氏体组织。魏氏体组织的塑性和韧性比正常的铁素体 + 珠光体要低些。低碳钢焊缝中铁素体与珠光体的比例与平衡状态亦有较大区别，冷却速度越快，珠光体所占比例越大，组织越细，硬度也随之上升。如当焊缝的冷却速度为 10℃/s 时，珠光体在焊缝中所占的体积百分数为 35%，硬度为 185HV；而当冷却速度为 110℃/s 时，珠光体在焊缝中所占的体积百分数上升为 62%，硬度为 228HV。因此，当焊缝与母材的成分完全相同时，焊缝的强度、硬度均高于母材。为保证焊缝与母材的力学性能相匹配，要求焊缝中的含碳量低于母材。

低合金钢焊缝的固态相变比较复杂，不仅可能发生铁素体和珠光体转变，有些钢中还会发生贝氏体或马氏体转变。当母材强度不高时（如 Q295、Q345），焊缝中的碳和合金元素均接近于低碳钢，焊缝的二次结晶组织通常为铁素体 + 珠光体。而当母材是热处理强化钢时，焊缝中合金元素的种类及数量较多，淬透性也相应提高，这时一般不会发生珠光体转变，随着冷却速度不同，二次结晶组织可以是铁素体 + 贝氏体、铁素体 + 马氏体或单一的马氏体。一般焊接用高强度钢，含碳量都比较低（$w_C \leqslant 0.18\%$），得到的低碳马氏体或下贝氏体都有较高的韧性。而当冷却速度很慢时，析出较多的粗大铁素体反而使焊缝性能下降。

## 能力知识点 3 焊缝金属的偏析

在熔池结晶过程中，由于冷却速度很快，已凝固的焊缝金属中化学成分来不及扩散，因此，合金元素的分布是不均匀的，这种现象称为偏析。偏析是焊缝金属结晶中常见的缺陷，对焊缝质量影响很大，这不仅因化学成分不均匀而导致性能改变，同时也是产生裂纹、气孔、夹杂物等焊接缺陷的主要原因之一。

根据焊接过程的特点，焊缝中的偏析主要有枝晶偏析、区域偏析和层状偏析三种。

1. 枝晶偏析

枝晶偏析发生于晶粒内部，偏析范围很小，又叫做显微偏析。焊缝中形成枝晶偏析的原因与铸锭基本相同，都是因为树枝晶在长大过程中先后析出的组分不同，而又来不及扩散的结果。在焊接条件下，熔池冷却速度比铸锭高的多，形成枝晶偏析的可能性更大。冷却后柱状晶中心晶轴部分合金元素的含量低于平均含量，而在晶界处出现浓度最大值，如图 1-22 所示。二者的差值越大，表明偏析程度越严重。

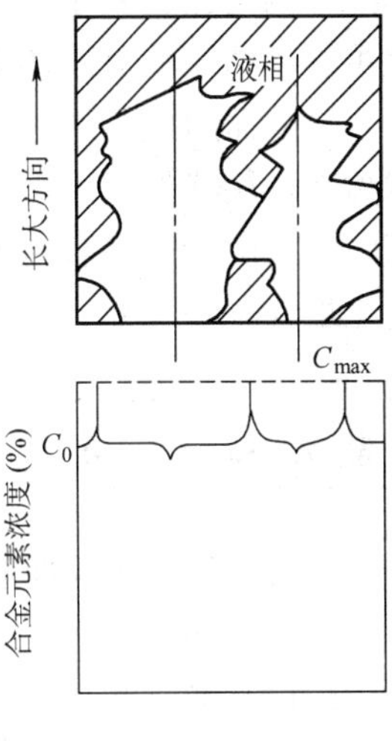


图 1-22 枝晶偏析示意图

影响枝晶偏析的主要因素是金属的化学成分。金属的化学成分不同，其结晶区间大小就不同。一般情况下，合金元素的含量越高，结晶区间越大，就越容易产生枝晶偏析。对于低碳钢而言，其结晶区间不大，枝晶偏析并不严重；而高碳钢、合金钢焊接时，因其结晶区间大，枝晶偏析很严重，常会引起热裂纹等焊接缺陷，所以，高碳钢、合金钢等焊接后常进行扩散及细化晶粒的热处理来消除枝晶偏析。

2. 区域偏析

区域偏析是指在整个焊缝范围内化学成分不均匀的现象。熔池结晶时，由于柱状晶体的不断长大和推移把杂质推向熔池中心，使熔池中心的杂质比其他部位多，从而造成在整个焊缝截面上杂质成分明显不均匀。由于偏析的范围比较大，区域偏析又叫做宏观偏析。

杂质的集中使焊缝的性能下降，特别是当焊缝成形系数（*B*/*H*）比较小时（图 1-23a），杂质集中在焊缝中心，在横向拉应力作用下就会造成焊缝沿纵向开裂；而当焊缝成形系数（*B*/*H*）比较大时（图 1-23b），杂质偏聚于焊缝上部，这种焊缝具有较强的抗裂能力。因此，在焊接对裂纹比较敏感的材料时，选择焊接参数应考虑对焊缝成形系数的要求。

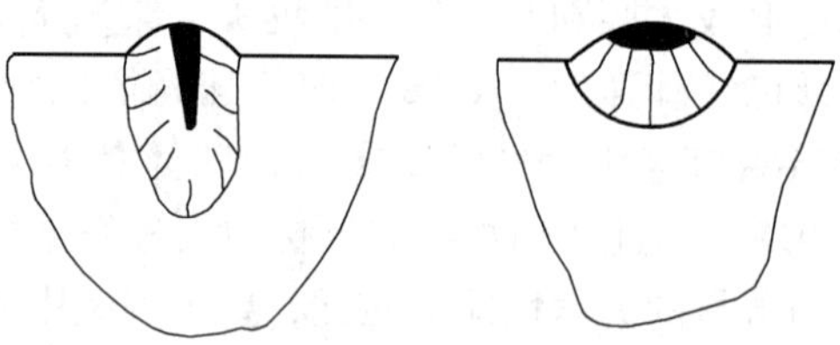

a)　　　　b)

图 1-23　焊缝成形系数对区域偏析的影响

a）成形系数小　b）成形系数大

另外，焊缝末端的弧坑处，因熔池杂质的聚集和断弧点搅拌不够强烈等综合作用的结果，使弧坑处有较多的杂质，出现严重的弧坑偏析现象，这也是一种区域偏析。弧坑偏析易在弧坑处引起裂纹，称弧坑裂纹，又称火口裂纹。

3. 层状偏析

焊接过程中焊接熔池始终处于气流和熔滴金属的脉动作用下，所以无论是金属的流动或热量的供应和传递，都具有脉动性。同时，结晶潜热的释出，造成结晶过程周期性的停顿。这些都使晶体的生长速度出现周期性的增加和减小，晶体长大速度的变化可引起结晶前沿液体金属中杂质浓度的变化，从而形成周期性的偏析现象，即层状偏析。层状偏析不仅造成焊缝性能不均匀，而且由于一些有害元素的聚集，易于产生裂纹和层状分布的气孔。图 1-24 所示为层状偏析所造成的气孔。

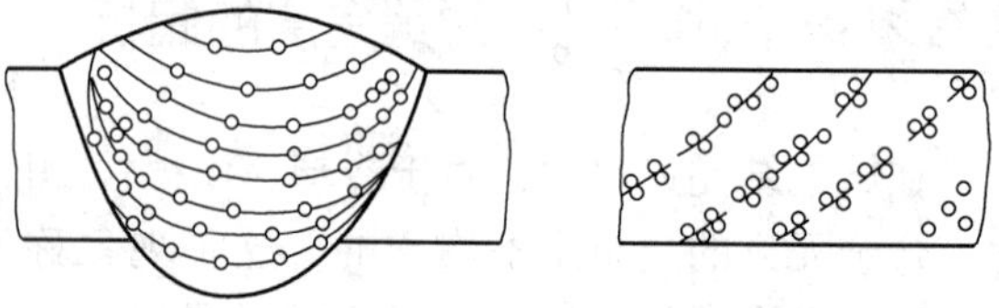

a)　　　　b)

图 1-24　层状偏析所造成的气孔

a）焊缝横断面　b）焊缝纵断面

## 能力知识点 4　改善焊缝金属性能的途径

改善焊缝金属的性能可以从调整成分与组织两方面入手，常用的途径有以下几种：

1. 变质处理

焊接时通过焊接材料（焊条、焊丝或焊剂）向金属熔池中加入少量合金元素，这些元素一部分固溶于基体组织（如铁素体）起固溶强化作用；另一部分则以难熔质点（大多为碳化物或氮化物）的形式形成结晶核心，增加晶核数量使晶粒细化，从而较大幅度的提高焊缝金属的强度和韧性，有效改善焊缝金属的力学性能。目前常用的合金元素有钛、钒、铌、钼及稀土元素等。

> **小知识**　变质处理是指在液态金属结晶时，人为向金属或合金液中加入某些微细的高熔点固态质点（变质剂），以起到外来晶核的作用，从而使结晶的晶核数目增多，达到细化晶粒的目的。

2. 振动结晶

振动结晶是通过不同途径使熔池产生一定频率的振动，打乱柱状晶的方向并对熔池产生强烈的搅拌作用，从而使晶粒细化，消除气孔并改善焊缝金属的性能。常用的振动方法有机械振动、超声波振动和电磁振动。

机械振动的频率不超过100Hz，振幅在1mm左右，对钢焊缝来说效果不明显。超声波振动的频率可达1000～2000Hz，振幅约为$10^{-4}$mm，效果优于机械振动。电磁振动是利用强磁场使熔池产生强烈的搅拌，效果更为显著。振动结晶虽试验研究多年，但因受设备条件的限制，广泛用于生产尚有一定困难。

3. 锤击坡口或焊道表面

锤击坡口表面或多层焊层间金属可使金属表面的晶粒破碎，熔池以打碎的晶粒为基面形核、长大，从而使后层焊缝凝固时晶粒细化，并改善焊缝金属的组织与性能。此外，逐层锤击焊缝表面，还可以起到减少或消除残余应力的作用。锤击焊缝的方向及顺序如图1-25所示。

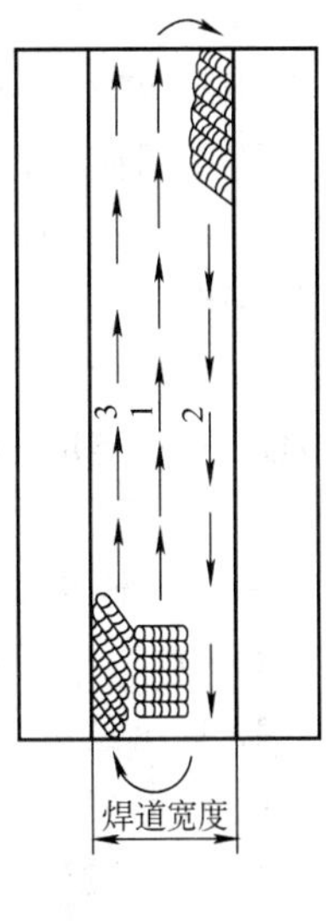

图1-25　锤击焊缝的方向及顺序

4. 预热和焊后热处理

预热可降低焊接接头区域的温差，减小焊接热影响区的淬硬倾向。预热也有利于焊缝中氢的逸出，降低焊缝中的含氢量，防止冷裂纹的产生。

要求严格的焊接结构，焊后需进行热处理。焊后热处理是指焊后为改善焊接接头的组织与性能或消除残余应力而进行的热处理。按热处理工艺不同，焊后热处理可分别起到改善组织、性能、消除残余应力和消除扩散氢的作用。焊后热处理的方法主要有高温回火、消除应力退火、正火和调质处理。具体的选用应根据母材的成分、焊接材料、产品的技术条件及焊接方法而定。有些产品(如大型的或在工地上装焊的结构)进行整体热处理有困难，也可采用局部热处理。

5. 多层焊

多层焊一方面由于每层焊缝变小而改善了凝固结晶条件，更主要的是后一层焊缝的热量对前一层焊缝具有附加热处理(相当于正火或回火)的作用，前一层焊缝对后一层焊缝有预热作用，从而改善焊缝金属的组织与性能。

6. 调整焊接参数

实践证明，当功率$q$不变时，增大焊速$v$可使焊缝晶粒细化；而当热输入$E$不变而同时提高$q$和$v$，也可使焊缝晶粒细化。此外，为了减少熔池过热，在埋弧焊时可向熔池中送进附加的冷焊丝，或在坡口面预置碎焊丝。

7. 跟踪回火

跟踪回火就是在焊完每道焊缝后用气焊火焰在焊缝表面跟踪加热。加热温度为900～1000℃，可对焊缝表层下3～10mm深度范围内不同深度的金属起到不同的热处理作用。以焊条电弧焊为例，每一层焊缝的厚度平均为3mm，跟踪回火对表层下不同深度金属的热作用分别为：最上层加热温度为900～1000℃，相当于正火处理；中间深度为3～

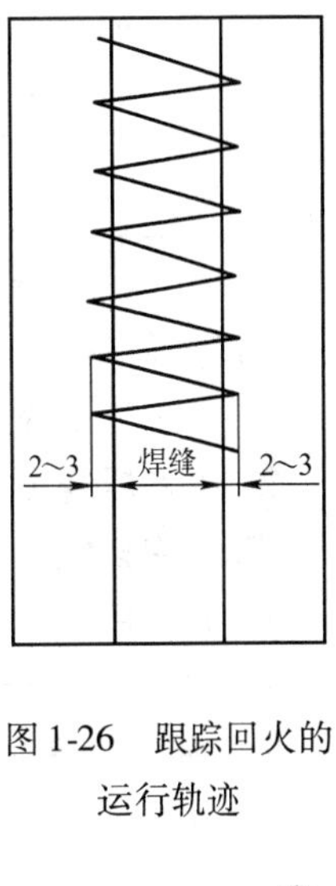

图1-26　跟踪回火的运行轨迹

6mm 的一层加热温度为 750℃左右，相当于高温退火；最下层(深度为 6 ~9mm)，则相当于进行 600℃左右的回火处理。这样，除了表面一层外，每层焊道都相当于进行了一次焊后正火及不同次数的回火，组织与性能将有明显改变。

跟踪回火使用中性焰，将焰心对准焊道作“Z”形运动，火焰横向摆动的宽度大于焊缝宽度 2 ~3mm，如图 1-26 所示。对于大型结构或补焊件，采用跟踪回火还可以显著提高熔合区的韧性。

## 【综 合 训 练】

### 一、理论部分

（一）名词解释

1. 联生结晶　　2. 固态相变(二次结晶)　　3. 偏析

4. 枝晶偏析　　5. 区域偏析

（二）填空题

1. 焊缝金属的一次结晶从熔合线附近开始形核，以________的形式呈柱状向熔池中心长大，得到________组织，最终形成焊缝。

2. 根据焊接过程特点，焊缝中的偏析主要有________、________和________三种。

（三）选择题(将正确答案的选项字母填入每题前的括号内)

（　）1. ________不是焊接熔池一次结晶的特点。

A. 熔池体积小，冷却速度快　　B. 熔池液态金属温度高

C. 熔池是在运动状态下结晶　　D. 熔池各处同时开始结晶

（　）2. ________是焊缝一次结晶的组织特征。

A. 等轴晶　　B. 粒状晶　　C. 絮状晶　　D. 柱状晶

（　）3. 合金元素含量较少的普通低合金钢焊缝，在一般冷却速度下二次结晶后的组织为________。

A. 铁素体加少量马氏体　　B. 铁素体加少量魏氏组织

C. 铁素体加少量粒状贝氏体　　D. 铁素体加少量珠光体

（　）4. 二次结晶组织直接影响焊缝金属的力学性能，低碳马氏体具有________的强度和________的塑性、韧性。

A. 较低；好　　B. 较高；较差　　C. 高；差　　D. 相当高；较良好

（四）简答题

1. 焊缝金属的一次结晶具有哪些特点？

2. 改善焊缝金属组织和性能的途径有哪些？

### 二、实践部分

1. 训练目标

1）了解焊缝金属的一次结晶、二次结晶及偏析的产生。

2）熟悉改善焊缝金属组织与性能的途径。

2. 训练准备

1）人员准备：分组进行，每组由 8～10 人组成。

2）资料准备：实训指导书。

3. 训练地点

实验室或实训场地。

4. 训练办法

1）让学生进行焊条电弧焊的焊接练习，以使学生观察并了解焊缝金属的一次结晶、二次结晶及偏析的产生。

2）在焊条电弧焊操作练习中，通过采用变质处理、锤击焊道表面、焊后热处理、调整焊接参数、多层焊、跟踪回火等措施，改善和调整焊缝金属的组织和性能。

## 综合知识模块六 熔合区和焊接热影响区

熔焊时，焊缝在热源的作用下要发生从熔化到固态相变等一系列变化，而且焊缝两侧未熔化的母材也要经历一定的热循环而发生组织的转变。焊接过程中，母材受热的影响（但未熔化）而发生金相组织和力学性能变化的区域，叫焊接热影响区（简写 HAZ）。一般认为，焊接接头由焊缝、熔合区和焊接热影响区三部分组成。实践表明，焊接质量不仅决定于焊缝，同时还决定于熔合区和焊接热影响区。

### 能力知识点 1 熔合区的组织和性能

熔合区又称熔合线，是焊缝向热影响区的过渡区，位于焊缝与母材交界处，最高加热温度在固、液相线之间。高温时，区内既有液态金属，又有未完全熔化的母材，是固液两相并存的半熔化区。熔合区实际上是一个具有一定宽度的区域，但该区范围很窄，甚至在显微镜下有时也很难分辨。被焊金属的固液相温度差越大，温度梯度越小，熔合区越宽。

焊接时，熔合区部分金属被熔化，通过扩散方式使液态金属与母材金属结合在一起。因此，该区化学成分一般不同于焊缝，也不同于母材金属。当焊接材料和母材都为成分相近的低碳钢时，该区化学成分无明显变化，但靠近母材的一侧为过热组织，晶粒粗大、塑性和韧性较低。当焊缝金属与母材的化学成分、线膨胀系数和组织状态相差较大时，会导致碳及合金元素的再分配，同时产生较大的热应力和严重的淬硬组织。所以熔合区是产生裂纹、发生局部脆性破坏的危险区，是焊接接头中的薄弱环节。

### 能力知识点 2 焊接热影响区加热时的组织转变

对一定的材料来说，焊接热影响区在加热时的组织转变，主要取决于热影响区各点所经历的焊接热循环。根据热处理知识，钢在加热时的组织转变主要取决于最高加热温度和冷却速度。在焊接热源作用下，焊接热影响区各点的最高加热温度与冷却速度取决于该点到焊缝中心的距离。在近缝区，最高加热温度可达到固相线温度或晶粒粗化的温度，而沿远离焊缝的方向最高加热温度逐渐降低，最后低于相变开始的温度 $Ac_1$。各点经历的热循环不同，组织与性能变化也不一样。

1. 焊接热影响区的加热特点(与热处理相比)

(1) 加热温度高　热影响区的加热温度一般略高于 $Ac_3$，而靠近熔合线附近的最高加热温度接近金属的熔点，与热处理加热温度相差很大。

(2) 加热速度快　由于焊接热源强烈集中，加热速度比热处理要大几十倍到几百倍。

(3) 高温停留时间短　根据焊接热循环的特点，热影响区在 $Ac_3$ 以上的停留时间很短。如焊条电弧焊约为 4～20s，埋弧焊约 30～100s，而热处理可按需要任意控制保温时间。

(4) 自然条件下连续冷却　焊接过程中，热影响区一般都在自然条件下连续冷却。

(5) 局部加热　焊接加热一般只集中于焊接区，且随热源的移动，被加热区也随之移动。因此，造成焊接影响区的组织不均匀和应力状态复杂。

2. 焊接热影响区加热时组织转变的特点

(1) 使相变温度升高　钢加热温度超过 $A_1$ 时将发生珠光体、铁素体向奥氏体转变，其转变过程是一个扩散重结晶过程，需要一定时间。在快速加热条件下，相变过程来不及在理论相变温度完成，从而使相变温度提高。加热速度越快，相变温度升高得越多。当钢中含有碳化物形成元素时，随加热速度提高，相变温度升高更明显。

(2) 影响奥氏体均质化程度　奥氏体均质化过程是属于扩散过程，焊接热影响区加热速度快、相变温度以上停留时间短都不利于扩散，使奥氏体均质化程度下降。

## 能力知识点 3　焊接热影响区冷却时的组织转变

焊接热影响区在焊接条件下的热过程与热处理条件下有显著不同，其冷却时的组织转变也有很大差异。现以 45 钢和 40Cr 钢为例，说明两种不同冷却过程的组织转变特点。

图 1-27 中两种情况的冷却曲线 1、2、3 彼此具有各自相同的冷却速度。在同样冷却速度条件下，其组织不同，见表 1-6。由表 1-6 可知，45 钢在相同冷却速度下，焊接热影响区淬硬倾向比热处理条件下大。这是因为一方面 45 钢不含碳化物合金元素，不存在碳化物的溶解过程，另一方面热影响区组织的粗化，增加了奥氏体的稳定性。相反，40Cr 钢在同样冷却速度下，焊接热影响区淬硬倾向比热处理时小，这是因为焊接加热速度快，高温停留时间短，碳化物合金元素铬不能充分溶解于奥氏体中，削弱了奥氏体在冷却过程中的稳定性，易先析出珠光体和中间组织，从而降低了淬硬倾向。

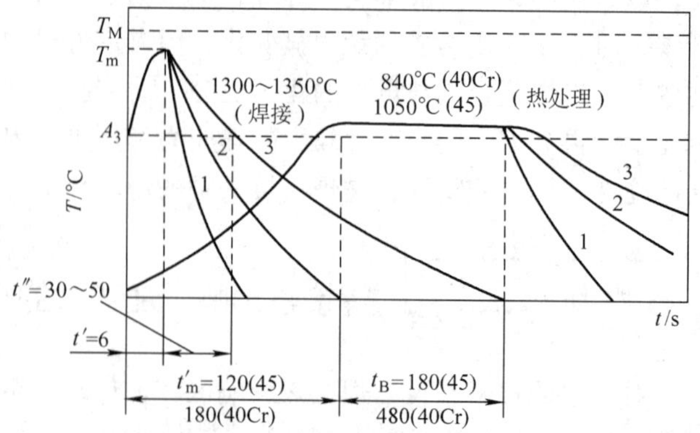


图 1-27　焊接和热处理时加热及冷却过程的示意图
$T_M$—金属熔点　$T_m$—峰值温度
$t'_m$—热处理加热时间　$t_B$—热处理保温时间

**表 1-6　焊接及热处理条件下的组织百分比**

| 钢种 | 冷却速度/(℃/s) | 组织(%) | | | 钢种 | 冷却速度/(℃/s) | 组织(%) | | |
|---|---|---|---|---|---|---|---|---|---|
| | | 铁素体 | 马氏体 | 珠光体及中间组织② | | | 铁素体 | 马氏体 | 珠光体及中间组织② |
| 45 | 4 | 5(10)① | 0(0) | 95(90) | 40Cr | 4 | 1(0) | 75(95) | 24(5) |
| | 18 | 1(3) | 90(27) | 9(70) | | 14 | 0(0) | 90(98) | 10(2) |
| | 30 | 1(1) | 92(69) | 7(30) | | 22 | 0(0) | 95(100) | 5(0) |
| | 60 | 0(0) | 98(98) | 2(2) | | 36 | 0(0) | 100(100) | 0(0) |

① 有(　)号者为热处理的百分比。

② 中间组织包括贝氏体、索氏体和托氏体。

## 能力知识点 4　焊接热影响区的组织与性能

母材的成分不同，焊接热影响区各点经受的热循环不同，焊后发生组织和性能的变化也不相同。

1. 不易淬火钢热影响区的组织和性能

不易淬火钢有低碳钢和低合金高强钢(Q345、Q390)等，其热影响区从里至外可分过热区、正火区、部分相变区和再结晶区等四个区域，如图 1-28 所示。下面以低碳钢为例来说明该类钢在焊接时，其热影响区内各区域的组织和性能。

(1) 过热区　过热区紧邻熔合区，加热温度范围为 1100～1490℃。由于温度高，奥氏体晶粒严重长大，冷却后获得晶粒粗大的过热组织，有时，还会出现魏氏组织。因此，该区塑性和韧性都很低，其韧性比母材金属低 20%～30%，是热影响区中的薄弱环节。

(2) 正火区　加热温度范围为 900～1100℃。加热时该区的铁素体和珠光体全部转变为奥氏体。由于温度不高，晶粒长大较慢，空冷后得到均匀细小的铁素体和珠光体，相当于热处理中的正火组织。该区也称相变重结晶区或细晶区，其性能既具有较高的强度，又有较好的塑性和韧性。力学性能略高于母材，是热影响区中综合力学性能最好的区域。

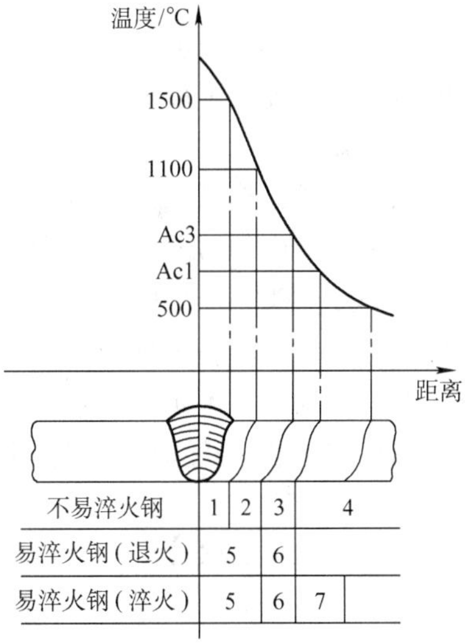


图 1-28　热影响区划分示意图
1—过热区　2—正火区　3—部分相变区　4—再结晶区　5—淬火区　6—部分淬火区　7—回火区

(3) 部分相变区　加热温度在 $Ac_1$～$Ac_3$ 之间，对低碳钢为 750～900℃。该区母材中的珠光体和部分铁素体转变为晶粒比较细小的奥氏体，但仍留部分铁素体。冷却时，奥氏体转变为细小的铁素体和珠光体，而未溶入奥氏体的铁素体不会发生转变，晶粒长大粗化，变成粗大铁素体，最后得到晶粒大小极不均匀的组织，其力学性能也不均匀。该区又称不完全重结晶区。

（4）再结晶区　加热温度在450～750℃。当母材焊前事先经过冷加工变形，在此温度区域内就发生再结晶，晶粒细化，加工硬化现象消除，塑性有所提高；当母材焊前未经塑性变形，则本区不会出现。

2. 易淬火钢热影响区的组织和性能

易淬火钢包括中碳钢、低碳调质高强钢、中碳调质高强钢、耐热钢和低温钢等，其热影响区的组织分布与母材焊前的热处理状态有关。如果母材焊前是退火或正火状态，则焊后热影响区的组织分为完全淬火区和不完全淬火区；如果母材焊前是调质状态，则热影响区的组织还要多一个回火区，如图1-28所示。

（1）完全淬火区　加热温度超过 $Ac_3$ 以上的区域。由于钢种的淬硬倾向大，故焊后得到淬火组织——马氏体。靠近焊缝附近得到粗大马氏体，远离焊缝地方得到细小马氏体。当冷却速度较慢或含碳量较低时，会有马氏体和托氏体同时存在。用较大线能量焊接时，还会出现贝氏体，从而形成以马氏体为主的共存混合组织。该区由于产生马氏体组织，故其强度、硬度升高，塑性和韧性下降，易产生冷裂纹。

（2）不完全淬火区　加热温度在 $Ac_1$～$Ac_3$ 之间的区域。由于焊接时的快速加热，母材中的铁素体很少溶解，而珠光体、贝氏体、托氏体等转变为奥氏体，在随后的快速冷却中，奥氏体转变为马氏体，原铁素体保持不变，只是有不同程度的长大，最后形成马氏体和铁素体组织，故称为不完全淬火区。该区的组织和性能不均匀，塑性和韧性下降。

（3）回火区　加热温度低于 $Ac_1$ 的区域。由于回火温度不同，所得组织也不同。回火温度越低，则淬火金属的回火程度越低，相应获得回火托氏体、回火马氏体等组织，其强度也逐渐下降。

综上所述，热影响区的组织是不均匀的，性能必然也不均匀。其中熔合区和过热区往往成为整个接头中的薄弱环节。焊接热影响区除了组织变化而引起的性能变化外，热影响区的宽度对焊接接头中产生的应力和变形也有较大影响。一般来说，热影响区越窄，焊接接头中内应力越大，越容易出现裂纹；热影响区越宽，变形越大。因此，在焊接生产工艺过程中，应在接头中的应力不足以产生裂纹的前提下，尽量减少热影响区的宽度。热影响区的宽度大小与焊接方法、焊接参数、焊件大小与厚度、金属材料热物理性质和接头形式等有关。

## 【综 合 训 练】

### 一、理论部分

（一）名词解释

1. 焊接热影响区　　2. 熔合区

（二）填空题

1. 一般认为，焊接接头由__________、__________和__________三部分组成。实践表明，焊接质量不仅决定于__________，同时还决定于__________和__________。

2. 被焊金属的固液相温度差__________，温度梯度__________，熔合区越宽。

3. 不易淬火钢有低碳钢和低合金高强钢（Q345、Q390）等，其热影响区从里至外可分__________、__________、__________和__________等四个区域。

4. 不易淬火钢的正火区加热时，该区的铁素体和珠光体全部转变为__________。由于温度不高，晶粒长大较慢，空冷后得到均匀细小的__________，相当于热处理中的__________组织。

5. 易淬火钢热影响区的组织分布与母材焊前的热处理状态有关。如果母材焊前是退火或正火状态，则焊后热影响区的组织分为__________和__________区；如果母材焊前是调质状态，则热影响区的组织还要多一个__________。

（三）判断题(正确的划"√",错误的划"×")

(　　)1. 焊接热影响区的性能变化决定于化学成分和组织的变化。

(　　)2. 焊接热影响区的组织变化决定于焊接热循环。

(　　)3. 易淬火钢焊接热影响区中部分淬火区的组织为细小的马氏体和粗大的铁素体。

(　　)4. 低碳钢焊接接头中性能最差的是熔合区和热影响区中的粗晶区。

(　　)5. 焊接材料只影响焊缝金属化学成分和性能，而不影响焊接热影响区的性能。

（四）选择题(将正确答案的选项字母填入每题前的括号内)

(　　)1. 在不易淬火钢的热影响区中，薄弱区域是__________。

A. 过热区　B. 部分重结晶区　C. 正火区　D. 再结晶区

(　　)2. 不易淬火钢的热影响区中综合力学性能最好的区域是__________。

A. 正火区　B. 部分重结晶区　C. 过热区　D. 再结晶区

(　　)3. 低碳钢的过热区组织为粗大的__________。

A. 铁素体　B. 珠光体　C. 奥氏体　D. 魏氏组织

(　　)4. __________不是热轧低碳钢焊接热影响区的组成部分。

A. 过热区　B. 正火区　C. 部分相变区　D. 再结晶区

(　　)5. __________不是调质状态的调质钢焊接热影响区的组成部分。

A. 淬火区　B. 部分淬火区　C. 回火软化区　D. 退火区

(　　)6. 低碳钢焊接接头中性能最差的是__________。

A. 焊缝区　B. 母材　C. 部分相变区　D. 熔合区和过热区

**二、实践部分**

1. 训练目标

1）了解焊接热影响区在加热和冷却时的组织转变特点。

2）熟悉焊接接头中熔合区和焊接热影响区的组织和性能。

2. 训练准备

1）人员准备：分组进行，每组由8～10人组成。

2）资料准备：实训指导书。

3. 训练地点

实验室或实训场地。

4. 训练办法

1）让学生进行焊条电弧焊的焊接练习，以使学生观察并了解焊接接头中熔合区和焊接热影响区的热循环特点。

2）在焊条电弧焊操作练习中，通过对低碳钢等不易淬火钢和中碳钢等易淬火钢分别进行焊接练习，比较这两类钢在焊接时其热影响区组织和性能变化特点。

# 综合知识模块七　焊接接头组织和性能的调整与改善

焊接接头是母材金属或母材金属和填充金属在高温热源的作用下，经过加热和冷却过程而形成不同组织和性能的不均匀体。焊接接头是焊缝、熔合区及焊接热影响区的总称。

## 能力知识点1　焊接接头的特点

由于焊接接头各部位距离焊接热源中心的距离不同，其温度分布也不相同，所以焊接接头各部位在组织和性能上存在着很大差异。焊缝金属基本上是一种铸造组织，化学成分与母材金属不同。近缝区金属受焊接热循环的影响，其组织和力学性能都发生了不同程度的变化，特别是熔合区更为明显，这说明了焊接接头具有金属组织和力学性能极不均匀的特点。焊接接头还会产生各种焊接缺陷，存在残余应力和应力集中，这些因素对焊接接头的组织与性能也有很大影响。

## 能力知识点2　影响焊接接头组织和性能的因素

影响焊接接头组织与性能的主要因素有：焊接材料、焊接方法、焊接规范与线能量、操作方法、焊接工艺及焊后热处理等。

1. 焊接材料

焊接材料对焊缝的化学成分和力学性能起着决定性的作用。因此，焊接材料的选择应以母材金属的化学成分和力学性能要求为前提，结合结构和接头的刚性、母材金属材料的焊接性等来进行。

2. 焊接方法

不同焊接方法有其不同特点，因而对焊接接头的组织与性能的影响也不同。常用的焊接方法有：气焊、焊条电弧焊、埋弧焊、$CO_2$ 气体保护焊和钨极氩弧焊等。

（1）气焊　气焊的热源温度较低，加热速度慢，对熔池的保护差，故合金元素烧损较大，焊缝金属易产生过热组织，热影响区较宽，因此，焊接接头性能较差。

（2）焊条电弧焊　焊条电弧焊采用气渣联合保护，焊接线能量不大，故合金元素烧损较少，热影响区较窄，焊接接头性能较好。

（3）埋弧焊　埋弧焊采用渣保护，焊接线能量较焊条电弧焊大，故合金元素烧损较多，焊缝金属组织也较粗大，焊接接头性能较好。

（4）$CO_2$ 气体保护焊　$CO_2$ 气体保护焊采用氧化性气体 $CO_2$ 进行保护，对合金元素烧损较多，故需采用含硅、锰较多的焊丝进行焊接。$CO_2$ 气体对热影响区有冷却作用，故热影响区窄，焊接接头性能好，尤其是接头的抗裂性能好。

（5）手工钨极氩弧焊　采用氩气保护，合金元素基本无烧损，焊缝结晶组织较细，热影响区窄，接头性能好，尤其是单面焊双面成型好。

在选择焊接方法时，应根据对焊接接头组织和性能的影响及其他要求综合考虑。

3. 焊接规范与线能量

焊接线能量综合体现了焊接规范对接头性能的影响。

当采用小电流、快速焊时，可减少热影响区的宽度，减小晶粒长大倾向，消除过热组织的危害，提高焊缝的塑性和韧性。

当采用大电流、慢速焊时，则熔池大而深，焊缝金属得到粗大柱状晶，区域偏析严重，接头过热区宽，晶粒长大严重，接头的塑性和韧性差。但对某些焊接接头，线能量大些有利于焊缝中氢的逸出，减少裂纹倾向。所以，对每种焊接方法都存在一个最佳的焊接规范或线能量。

4. 操作方法

操作方法上区分有单道焊和多层多道焊。

（1）单道大功率慢速焊　此法焊接线能量大，操作时在坡口两侧的高温停留时间长，热影响区加宽，接头晶粒粗化，塑性和韧性降低，同时易在焊缝中心产生偏析，导致热裂纹。焊接性好的材料焊接时可采用此法，以提高生产率。

（2）多层多道、小电流、快速小摆动焊法　此法线能量小，后焊焊道对前一焊道焊缝及热影响区起热处理作用，因此，焊接热影响区窄，晶粒较细，综合力学性能好。此法普遍用在焊接性较差的材料焊接上。

## 能力知识点3　焊接接头组织和性能的调整与改善

由于焊接接头主要是由焊缝及焊接热影响区等组成，因此在调整与改善焊接接头的组织和性能时，应主要从改善焊缝金属组织和性能及改善焊接热影响区的组织和性能两方面着手。有关改善焊缝金属组织和性能的途径在本单元综合知识模块五中已作详细介绍，本单元只对调整和改善焊接热影响区组织和性能的途径作详细介绍。

由于焊接热影响区不参与化学冶金反应，焊后化学成分不会变化，不能像焊缝那样通过调整成分来改善性能。因此，改善热影响区的组织和性能要从选材和调整热过程入手，常用的措施有以下几个：

1. 采用高韧性母材

为了保证焊接热影响区焊后具有足够的韧性，近年来发展了一系列低碳微量多元素强化钢种，这些钢在焊接热影响区可获得韧性较高的组织——针状铁素体、下贝氏体或低碳马氏体，同时还有弥散分布的强化质点。

随着冶金技术的迅速发展，采用炉内精练、炉外提纯等一系列工艺，可使钢中的杂质（S、P、N、O等）含量极低，加之微量元素的强化作用，而得到高纯度、细晶粒的高强度钢，这些钢具有很高的韧性，热影响区的韧性相应也有明显的提高。

采用新钢种和先进的冶金技术，为扩大焊接技术的应用开辟了广阔的前景。但在母材选用上，必须注重合理性。也就是说，钢材的质量与价格应与产品的重要性及工作条件相匹配，而不是一味追求高质量。

2. 焊后热处理

焊后热处理（如正火或正火加回火）可以改善组织，有效提高性能，是重要产品制造中常用的一种工艺方法。但对大型的、复杂的或在工地装配的结构，即使采用局部热处理也很困难，因此焊后热处理的应用很有局限性。

3. 合理制定焊接工艺

通过正确选择预热温度、合理控制焊接参数及后热等，也可改善热影响区的性能。具体的数据，则因钢的成分不同而不同。

## 【综 合 训 练】

### 一、理论部分

（一）填空题

1. 焊接接头具有金属组织和力学性能__________的特点。

2. 影响焊接接头组织与性能的主要因素有__________、__________、__________、__________、焊接工艺及焊后热处理等。

3. __________综合体现了焊接规范对接头性能的影响。当采用小电流、快速焊时，可__________热影响区的宽度，__________晶粒长大倾向，消除过热组织的危害，__________焊缝的塑性和韧性。

（二）选择题(将正确答案的选项字母填入每题前的括号内)

(　　)1. __________不是影响焊接接头性能的因素。

A. 焊后热处理　　B. 焊接工艺方法

C. 焊接参数　　D. 焊接位置

(　　)2. 在下述四种焊接方法中，热影响区较宽的是__________。

A. 焊条电弧焊　　B. 埋弧自动焊

C. 手工钨极氩弧焊　　D. 气焊

(　　)3. 焊缝和热影响区性能最差的是__________。

A. 气焊　　B. 焊条电弧焊

C. 埋弧自动焊　　D. 手工钨极氩弧焊

(　　)4. 焊缝和热影响区性能最好的是__________。

A. 气焊　　B. 焊条电弧焊

C. 埋弧自动焊　　D. 手工钨极氩弧焊

（三）简答题

1. 影响焊接接头组织和性能的因素有哪些?

2. 调整与改善焊接热影响区组织和性能的途径有哪些?

### 二、实践部分

## 【实验】 焊接接头金相组织观察

1. 实验目标

1）掌握焊接接头显微试样的制备方法。

2）了解焊接接头的组织特点。

3）了解低碳钢热影响区的组织分布。

2. 实验准备

1）人员准备：分组进行，每组由 8 ~ 10 人组成。

2）资料准备：实验指导书。

3）器材准备：金相显微镜、台式砂轮机、抛光机、普通手工钢锯或砂轮切割机、电吹风机、低碳钢焊接试板、抛光液、各号金相砂纸、1% ~ 5% 硝酸酒精溶液、酒精、脱脂棉等。

3. 实验地点

实验室。

4. 实验步骤

（1）试样的截取　焊接接头显微试样应包括焊缝、热影响区和母材三个部分，当试样很大或很长时，热影响区每边留出 5 ~ 10mm 就可以了。截取试样如图 1-29 所示。试样的截取方法可用普通手工钢锯或砂轮切割机截取。为防止试样因过热而引起的组织变化，截取时要采取冷却措施。用砂轮切割机取样时，需用水冷却，使试样不致过热而改变组织，试样的尺寸一般为 10mm × 15mm 或 15mm × 20mm，厚度为 10 ~ 20mm。

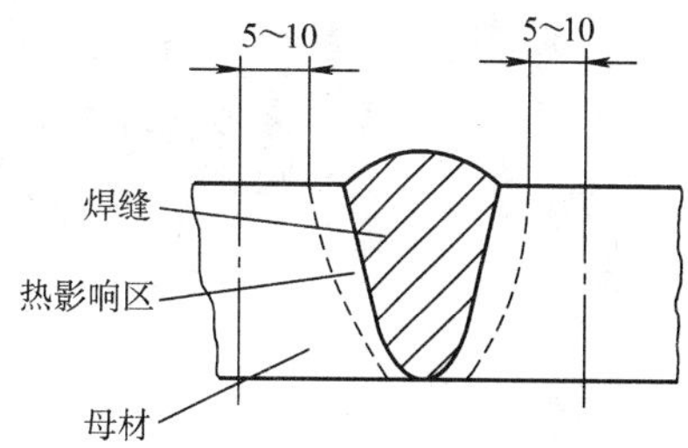


图 1-29　截取试样示意图

（2）试样的磨制　试样的磨制分为粗磨、细磨、抛光三步。

1）粗磨。是在砂轮上打磨。注意不要用力过大，时间不宜过长，以免试件受热发生组织变化，随时用水冷却。试样的棱角边缘，应倒角倒边。

2）细磨。是在一系列不同型号金相砂纸上进行磨光，也可在预磨机上进行。细磨从 01 号砂纸开始，依次 02 号、03 号……06 号进行细磨，每换一号砂纸，应把试样的研磨方向旋转 90°。

3）抛光。其目的是去除细磨后仍留有的极细磨痕。抛光在抛光机上进行，抛光时注意压力不宜过重，速度适中，抛光布的温度也适中。

（3）试样显微组织的显示　显示焊接接头金相组织的方法有化学试剂显示法、电解浸蚀剂显示法两种。低碳钢试样一般采用化学试剂显示。用 1%~5% 硝酸酒精溶液对试样表面进行浸蚀，浸蚀时间约 5 ~ 40s。浸蚀后用清水冲洗，并用酒精淋洗，最后用电吹风机吹干。

5. 焊接接头显微组织观察与分析

制好的试样放在金相显微镜下观察，分析低碳钢焊接接头各区域的显微组织类型、形态、尺寸和分布，画出组织示意图，有条件的可对金相组织进行拍照，比较焊接接头显微组织与低碳钢金相显微组织的不同点。

# 第二单元　焊 接 材 料

【学习目标】 通过本单元的学习，理解焊条的组成及焊芯、药皮的作用；了解焊条、焊丝、焊剂等焊接材料的分类；理解焊条、焊丝、焊剂的型号及牌号；了解焊条的工艺性能、冶金性能；掌握焊条的选用及使用方法；能正确选配焊丝、焊剂、焊接用气体等各种焊接材料；了解焊条、焊剂的发展现状；了解钨极、气焊熔剂、碳棒等其他焊接材料，以拓宽知识面。

## 综合知识模块一　焊条

### 能力知识点1　焊条的组成及作用

焊条是指涂有药皮的供焊条电弧焊用的熔化电极。焊条由焊芯和药皮两部分组成，如图2-1所示。焊条端部未涂药皮的焊芯部分长约10～35mm，供焊钳夹持并有利于导电，是焊条的夹持端。在焊条前端药皮有45°左右倾角，将焊芯金属露出，便于引弧。

1. 焊芯

焊条中被药皮包覆的金属芯称为焊芯。为了保证焊缝的质量，焊芯是由炼钢厂专门冶炼的焊接用钢盘条经过拨丝、切断等工序制成。焊接时，焊芯可起以下几方面作用：

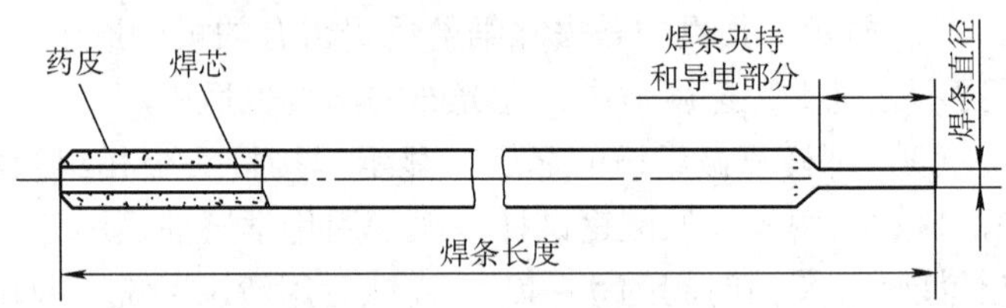

图2-1　焊条的组成

1）作为电极，在焊接回路中用来传导焊接电流，并与工件形成电弧，从而电能转变为热能。

2）作为焊接填充材料，与熔化的母材金属熔合后共同组成焊缝金属，约占整个焊缝金属的50%～70%。

3）添加合金元素。当焊芯材料是合金钢时，即可通过焊芯熔化，向焊缝过渡合金元素。

焊芯的牌号前用“焊”字注明，以示焊接用钢丝，代号是“H”，即汉语拼音“焊”字的第一个字母，其后的牌号表示法与钢号表示方法一样。质量不同的焊芯在最后标以一定符号以示区别：A表示高级优质钢，其S、P的质量分数不超过0.03%；E表示特级优质钢，其S、P的质量分数不超过0.02%。

碳素结构钢焊芯的牌号及化学成分见表2-1。

**表2-1 碳素结构钢焊芯的牌号及化学成分**

| 牌号 | 化学成分(质量分数,%) | | | | | | | | |
|---|---|---|---|---|---|---|---|---|---|
| | C | Mn | Si | Cr | Ni | Cu | 其他 | S | P |
| | | | | | | | | ≤ | |
| H08A | ≤0.10 | 0.35~0.55 | ≤0.03 | ≤0.20 | ≤0.30 | ≤0.20 | | 0.030 | 0.030 |
| H08E | ≤0.10 | 0.35~0.55 | ≤0.03 | ≤0.20 | ≤0.30 | ≤0.20 | | 0.020 | 0.020 |
| H08C | ≤0.10 | 0.35~0.55 | ≤0.03 | ≤0.10 | ≤0.10 | ≤0.20 | | 0.015 | 0.015 |
| H08MnA | ≤0.10 | 0.80~1.10 | ≤0.07 | ≤0.20 | ≤0.30 | ≤0.20 | | 0.030 | 0.030 |
| H15A | 0.11~0.18 | 0.35~0.65 | ≤0.03 | ≤0.20 | ≤0.30 | ≤0.20 | | 0.030 | 0.030 |
| H15Mn | 0.11~0.18 | 0.80~1.10 | ≤0.03 | ≤0.20 | ≤0.30 | ≤0.20 | | 0.035 | 0.035 |

由于焊芯的化学成分将直接影响焊缝质量，因此，应对其各化学元素的含量有一定的限制，以保证焊缝的性能不低于母材。通常，焊芯中的含碳量，应在保证焊缝与母材等强度的条件下越低越好，因为在焊接时，随焊芯含碳量的增加，会使焊缝产生气孔和裂纹的倾向加大，同时会增加飞溅，破坏焊接过程的稳定性。

锰是有益元素，可以脱氧、脱硫，需要保持一定含量。硅虽然可以脱氧，但在焊接过程中极易生成$SiO_2$，会在焊缝中形成硅酸盐夹杂物，甚至会引起裂纹，因此，焊芯中的硅越少越好。

铬、镍对于低碳钢焊芯来说属于杂质，是从冶炼原材料中混入的，含量在规定范围以内对焊接质量不会有明显影响。硫、磷是有害元素，在焊芯中应严格控制；焊芯钢种的质量等级越高，对硫、磷控制越严。

对于其他钢种的焊芯，也应严格按照国家标准控制其各种化学成分的含量。

焊条的直径以焊芯的直径来表示。焊芯直径有$\phi$1.6mm、$\phi$2.0mm、$\phi$2.5mm、$\phi$3.2mm、$\phi$4.0mm、$\phi$5.0mm、$\phi$6.0mm等几种，其中以直径$\phi$2.5~$\phi$5.0mm应用最广，焊芯长度常在250~450mm之间。

2. 药皮

药皮又称为涂料，是指压涂在焊芯表面上的涂料层。

**想一想** 焊芯表面如果没有药皮，将对焊接有何影响?

(1) 药皮的作用 焊条药皮在焊接过程中起到以下作用：

1) 提高电弧的稳定性。当采用没有药皮的焊芯用直流电源焊接时，也能引燃电弧，但电弧十分不稳定。如果用交流电源时，就根本不能引燃电弧。当涂有焊条药皮后，药皮中含有钾和钠等成分的"稳弧剂"，能提高电弧的稳定性，使焊条在交流电和直流电的情况下都能进行正常的焊接，保证焊条容易引弧、稳定燃烧以及熄弧后的再引弧。

2) 机械保护作用。当药皮中加入一定量的"造气剂"，在焊接时便会产生一种保护性气体，使熔池金属与外界空气隔离，从而防止空气侵入；药皮熔化后形成熔渣覆盖在焊缝表面从而保护焊缝金属，而且也可使焊缝金属缓慢地冷却，有利于焊缝中气体的逸出，减少产生气孔的可能性。因此，焊条电弧焊是一种属于气渣联合保护的焊接方法。

3）冶金处理作用。焊接过程中，由于空气、药皮、焊芯中的氧和氧化物以及氮、氢、硫等杂质的存在，致使焊缝金属的质量降低。因此，在药皮中需要加入一定量的合金元素，以去除有害杂质（如氧、氢、硫、磷等），并添加有益合金元素，从而得到满意的力学性能。

4）改善焊接工艺性能。焊条药皮中含有合适的造渣、稀渣成分，焊接时可获得流动性良好的熔渣，以便得到成形美观的焊缝。而且，药皮的熔化比焊芯稍慢一些，焊接时形成一个套筒，有利于熔滴过渡，减少由于飞溅造成的金属损失，并有利于各种空间位置的焊接。如果在药皮中加入较多的铁粉，使其在焊接过程中过渡到焊缝中，可明显提高熔敷效率，从而提高焊接生产率。

（2）药皮的组成物　焊条药皮的组成物按在焊条制造和焊接过程中的作用不同可分为稳弧剂、造气剂、造渣剂、脱氧剂、合金剂、稀渣剂、粘结剂、成形剂等八种。焊条药皮组成物的种类、主要原料名称和作用见表2-2。

**表2-2　焊条药皮组成物的种类、主要原料名称和作用**

| 种　类 | 主要原料名称 | 作　用 |
| --- | --- | --- |
| 稳弧剂 | 碳酸钾、碳酸钠、水玻璃、钾长石、纤维素、钛酸钾、金红石、还原钛铁矿、淀粉、铝粉和镁粉等 | 可改善焊条的引弧性能并提高电弧的稳定性 |
| 造气剂 | 大理石、白云石、菱苦土、淀粉、木粉、纤维素和树脂等 | 焊接时能产生一定量的气体，隔绝空气，起到保护焊接熔池和熔滴金属的作用 |
| 造渣剂 | 大理石、白云石、菱苦土、氟石、石英、长石、白泥、白土、云母、钛白粉、金红石、还原钛铁矿等 | 焊接时形成具有一定物理-化学性能的熔渣，对液体金属起保护作用和冶金作用 |
| 脱氧剂 | 锰铁、钛铁、硅铁等铁合金 | 焊接时对熔化的金属起脱氧作用 |
| 合金剂 | 硅铁、锰铁、钼铁、钒铁、铬粉、镍粉、钨粉和硼铁等 | 焊接时对熔化金属起合金化作用，可补偿焊接过程中的合金烧损和向焊缝过渡合金元素，保证焊缝的化学成分、力学性能和耐蚀性等 |
| 稀渣剂 | 氟石、冰晶粉和钛铁矿等 | 改善熔渣的流动性，包括熔渣的熔点、粘度和表面张力等物理性能 |
| 粘结剂 | 钠水玻璃、钾水玻璃、钾钠水玻璃等 | 将药皮牢固的粘结在焊条芯上，并使药皮具有一定强度 |
| 成形剂 | 钛白粉、白泥、云母、糊精及木粉等 | 使药皮具有一定塑性、弹性和流动性，以便于挤压，并使药皮表面光滑而不开裂 |

应该指出，各种药皮原材料的作用往往不是单一的，而是同时起到几种作用。各种药皮原材料的作用见表2-3。在选用药皮原材料时，一般以主要作用为依据，同时还必须注意某些药皮原材料的副作用，如氧化、增氢、增硫和增磷等。

表 2-3　各种药皮原材料的作用

| 材料 | 主 要 成 分 | 造气 | 造渣 | 脱氧 | 合金化 | 稳弧 | 粘结 | 成形 | 增氢 | 增硫 | 增磷 | 氧化 |
|---|---|---|---|---|---|---|---|---|---|---|---|---|
| 金红石 | $TiO_2$ | | A | | | B | | | | | | |
| 钛白粉 | $TiO_2$ | | A | | | B | | A | | | | |
| 钛铁矿 | $TiO_2$，FeO | | A | | | B | | | | | | B |
| 赤铁矿 | $Fe_2O_3$ | | A | | | B | | | | B | B | B |
| 锰　矿 | $MnO_2$ | | A | | | | | | | | B | B |
| 大理石 | $CaCO_3$ | A | A | | | B | | | | | | B |
| 菱苦土 | $MgCO_3$ | A | A | | | B | | | | | | B |
| 白云石 | $CaCO_3+MgCO_3$ | A | A | | | B | | | | | | B |
| 硅　砂 | $SiO_2$ | | A | | | | | | | | | |
| 长　石 | $SiO_2$，$Al_2O_3$，$K_2O+Na_2O$ | | A | | | B | | | | | | |
| 白　泥 | $SiO_2$，$Al_2O_3$，$H_2O$ | | A | | | | | A | B | | | |
| 云　母 | $SiO_2$，$Al_2O_3$，$H_2O$，$K_2O$ | | A | | | B | | A | B | | | |
| 滑　石 | $SiO_2$，$Al_2O_3$，MgO | | A | | | | | B | | | | |
| 氟　石 | $CaF_2$ | | A | | | | | | | | | |
| 碳酸钠 | $Na_2CO_3$ | | B | | | B | | A | | | | |
| 碳酸钾 | $K_2CO_3$ | | B | | | A | | | | | | |
| 锰　铁 | Mn，Fe | | B | A | A | | | | | | | |
| 硅　铁 | Si，Fe | | B | A | A | | | | | | | |
| 钛　铁 | Ti，Fe | | B | A | B | | | | | | | |
| 铝　粉 | Al | | B | A | | | | | | | | |
| 钼　铁 | Mo，Fe | | B | B | A | | | | | | | |
| 木　粉 | | A | | B | | B | | B | B | | | |
| 淀　粉 | | A | | B | | B | | B | B | | | |
| 糊　精 | | A | | B | | B | | B | B | | | |
| 水玻璃 | $K_2O$，$Na_2O$，$SiO_2$ | | B | | | A | A | | | | | |

注：A——主要作用；B——附带作用。

（3）药皮的类型　根据药皮材料中主要成分不同，将其划分为各种类型。常用的焊条药皮有 8 种类型，其特点如下：

1）钛钙型。药皮中含有质量分数 30% 以上的氧化钛和 20% 以下的钙或镁的碳酸盐。熔渣流动性良好，脱渣容易，电弧稳定，熔深适中，飞溅小，焊波整齐。这种药皮焊条适合于全位置焊接，焊接电流为交流或直流正、反接。

2）低氢钠型和低氢钾型。低氢钠型焊条药皮主要以碱性氧化物为主，并以钠水玻璃为粘结剂的焊条。其熔渣流动性好，焊接工艺性能一般、焊波较粗、角焊缝略凸、熔深适中，脱渣性较好，焊接时要求焊条干燥，并采用短弧焊。这类药皮焊条适合于全位置焊接。焊接电流为直流反接。低氢钾型焊条药皮的组成与低氢钠型相似，但添加了稳弧剂，如钾水玻璃等，所以电弧稳定，其他工艺性能与低氢钠型焊条相似，焊接电流为交流或直流反接。这两种类型药皮焊条的熔敷金属都具有良好的抗裂性能和力学性能。

3）钛铁矿型。药皮中钛铁矿的质量分数≥30%，熔渣流动性好，熔深较大，渣覆盖良好，脱渣容易，飞溅一般，焊波整齐。这类药皮焊条适于全位置焊接，焊接电流为交流或直流正、反接。

4）高纤维素钠型和高纤维素钾型。高纤维素钠型焊条药皮中含有质量分数大于15%的纤维素有机物，并以钠水玻璃为粘结剂的焊条。焊接时有机物在电弧区分解产生大量的气体，保护熔敷金属。电弧吹力大，熔深较大，熔化速度快，熔渣少，易脱渣，飞溅一般，通常限制采用大电流焊接。这类药皮焊条适于全位置焊接，焊接电流为直流反接。高纤维素钾型焊条药皮是在与高纤维钠型焊条药皮相似的基础上添加了少量的钙与钾的化合物，电弧稳定，这类药皮焊条焊接电流为交流或直流反接，适用于全位置焊接。

5）高钛钠型和高钛钾型。高钛钠型焊条药皮是以氧化钛为主要成分并以钠水玻璃为粘结剂的焊条，其电弧稳定、再引弧容易、熔深较浅、熔渣覆盖良好、脱渣容易、焊波整齐、适于全位置焊接。焊接电流为交流或直流正接，但熔敷金属的塑性及抗裂性较差。高钛钾型焊条药皮是在与高钛钠型焊条药皮相似的基础上采用钾水玻璃作粘结剂，电弧比高钛钠型稳定，工艺性能、焊缝成形也比高钛钠型好，这类药皮焊条适用于全位置焊接，焊接电流为交流或直流正、反接。

6）氧化铁型。药皮中含有较多的氧化铁及较多的脱氧剂锰铁。这类药皮焊条的电弧吹力大，熔深较大，电弧稳定，再引弧容易，熔化速度快，熔渣覆盖好，脱渣性好，焊缝致密，略带凹度，飞溅稍大。适合于平焊和平角焊的高速焊。焊接电流可为交流或直流正接。

7）石墨型。石墨型焊条药皮中含有较多的石墨，使焊缝金属获得较高的游离碳或碳化物。采用低碳钢芯的石墨型药皮焊条，一般焊接工艺性能较差，飞溅较多，烟雾较大，熔渣极少。这种焊条只适用于平焊操作。采用有色金属芯的石墨药皮焊条，一般焊接工艺性能较好，飞溅极少，熔深较浅，熔渣少，适用于全位置焊接。石墨型药皮焊条引弧容易，药皮强度较差。此外，由于抗裂性较差和焊条尾部容易发红，故施焊时一般采用较小的热输入量。焊接电流为交、直流两用。

8）盐基型。盐基型焊条药皮主要由氯化物和氟化物组成。由于药皮吸潮性较强，焊条使用前必须烘干。焊条的工艺性能较差，并有熔点低，熔化速度快的特点。焊接时要求电弧很短。熔渣具有一定的腐蚀性，要求焊后仔细清除干净。焊接电流为直流反接。

以上为几种主要的药皮类型，其中生产中常用的是钛钙型与低氢钠(钾)型。此外，在上述各种药皮中加入一定比例的铁粉，构成不同类型的铁粉焊条，如铁粉钛钙型、铁粉低氢钠(钾)型药皮等。加入铁粉后，在保留原配方特点的基础上，明显地提高了焊条的熔敷系数，从而大大提高了焊接生产率。

## 能力知识点 2 焊条的分类

常用的焊条分类方法有以下两种：

1. 按焊条用途分类

按照用途不同，焊条可以分为如下十一类：

（1）碳钢焊条　主要用于强度等级较低的低碳钢和低合金钢的焊接。这类焊条现行国家标准为 GB/T 5117—1995《碳钢焊条》。

（2）低合金钢焊条　主要用于低合金结构钢、含合金元素较低的钼和铬钼耐热钢及低温钢的焊接。这类焊条现行国家标准为 GB/T 5118—1995《低合金钢焊条》。

（3）钼和铬钼耐热钢焊条　这类焊条在国家标准中大部分属于低合金钢焊条，小部分属于不锈钢焊条，主要用于焊接珠光体耐热钢。

（4）低温钢焊条　这类焊条大部分属于低合金钢焊条。通常此类焊条的熔敷金属具有不同的低温工作能力，主要用于焊接各种在低温条件下工作的结构。

（5）不锈钢焊条　主要用于各类不锈钢和含合金元素较高的钼和铬钼耐热钢的焊接。其中又可分为铬不锈钢焊条和铬镍不锈钢焊条。这类焊条现行国家标准为 GB/T 983—1995《不锈钢焊条》。

（6）堆焊焊条　主要用于金属表面层的堆焊，其熔敷金属在常温或高温中具有较好的耐磨性和耐蚀性。这类焊条现行国家标准为 GB/T 984—2001《堆焊焊条》。

（7）铸铁焊条　专用于铸铁的焊接或补焊。这类焊条现行国家标准为 GB/T 10044—2006《铸铁焊条及焊丝》。

（8）镍及镍合金焊条　这类焊条用于镍及镍合金的焊接、补焊或堆焊。其中某些焊条可用于铸铁补焊及异种金属的焊接。对应的国家标准为 GB/T 13814—2008《镍及镍合金焊条》。

（9）铜及铜合金焊条　这类焊条用于铜及铜合金的焊接、补焊或堆焊。其中某些焊条可用于铸铁补焊及异种金属的焊接。对应的国家标准为 GB/T 3670—1995《铜及铜合金焊条》。

（10）铝及铝合金焊条　这类焊条用于铝及铝合金的焊接、补焊或堆焊。对应的国家标准为 GB/T 3669—2001《铝及铝合金焊条》。

（11）特殊用途焊条　这类焊条主要用于特殊环境或特殊材料的焊接，如水下焊接、铁锰铝合金焊接及堆焊高硫、滑动摩擦面等。

2. 按熔渣碱度分类

焊条药皮熔化后，按照熔渣的碱度，可将焊条分为酸性焊条和碱性焊条两大类。

（1）酸性焊条　是指在药皮中含有大量酸性氧化物，施焊后熔渣呈酸性的焊条。

（2）碱性焊条　是指在药皮中含有大量碱性氧化物，施焊后熔渣呈碱性的焊条。

**小知识**　E4303 型（J422）焊条为酸性焊条；E5015 型（J507）焊条为碱性焊条。

酸性焊条和碱性焊条的性能比较见表2-4。

**表2-4　酸性焊条和碱性焊条的性能比较**

| | 酸 性 焊 条 | 碱 性 焊 条 |
|---|---|---|
| 工艺性能 | 引弧容易，电弧稳定，飞溅小，焊缝成形美观，脱渣性好，可用交流或直流电源进行焊接，焊接时电流大，宜长弧操作<br>对铁锈、油污和水分的敏感性不大，抗气孔能力强，对焊前清理要求不严；焊条使用前须经75～150℃烘焙1h<br>焊接时烟尘较少 | 含有较多的反电离物质氟石，电弧的稳定性较差，飞溅大，脱渣性差，只能采用直流电源焊接，焊接电流较小，须短弧焊操作，否则易产生气孔<br>对锈、油、水的敏感性大，易出气孔，焊前要求对工件坡口两侧进行严格清理；焊条使用前须经350～400℃烘焙1h<br>焊接时烟尘稍多，药皮中有氟石，有毒烟尘较多 |
| 力学性能 | 合金元素烧损较多，焊缝的常、低温冲击性能一般<br>脱硫效果差，抗裂性能差<br>焊缝中的含氢量高，容易产生“白点”，影响塑性 | 合金元素过渡效果好，塑性和韧性好，特别是焊缝的常、低温冲击性能较好<br>脱氧、脱硫能力强，抗裂性能好<br>由于药皮具有去氢作用。焊接接头含氢量很低，故又称为低氢型焊条 |

通过比较，可以看出，酸性焊条能交直流两用，焊接工艺性能较好，但焊缝的力学性能，特别是冲击韧度较差，故适用于一般低碳钢和强度较低的低合金结构钢的焊接，是目前生产中应用最广的焊条；而碱性焊条形成焊缝的塑性、韧性和抗裂性能均比酸性焊条好，故碱性焊条适用于焊接裂纹倾向大、塑性和韧性要求高的重要结构，如锅炉压力容器、合金结构钢、桥梁船舶等。

## 能力知识点3　焊条的型号与牌号

焊条的型号和牌号都是焊条的代号，它们之间既有区别又有联系，掌握这两种代号的含义，有助于正确选择和标注焊条。

1. 焊条型号

焊条型号是在国家标准或国际权威组织的有关法规中根据焊条指标而明确规定的代号。型号内容所规定的焊条质量标准是生产、使用、管理及研究等有关单位必须遵照执行的。以下着重介绍生产中常用的碳钢、低合金钢和不锈钢三类焊条的型号编制方法。

（1）碳钢焊条的型号　碳钢焊条的型号按GB/T 5117—1995《碳钢焊条》的规定，根据熔敷金属的力学性能、药皮类型、焊接位置和焊接电流种类划分，其编制方法如下：

1）字母“E”表示焊条。

2）前两位数字表示熔敷金属抗拉强度的最小值，单位为kgf/mm$^2$（kgf/mm$^2$为非法定计量单位，1kgf/mm$^2$＝9.8MPa）。

3）第三位数字表示焊条的焊接位置，“0”及“1”表示焊条适用于全位置焊接（平、立、仰、横），“2”表示焊条适用于平焊及平角焊，“4”表示焊条适用于向下立焊，第三位和第四位数字组合时表示焊接电流种类及药皮类型。

4）在第四位数字后附加“R”表示耐吸潮焊条，附加“M”表示耐吸潮和力学性能有特殊规定的焊条，附加“－1”表示冲击性能有特殊规定的焊条。

GB/T 5117—1995 规定的碳钢焊条的型号见表 2-5。其中完整的碳钢焊条型号举例如下：

E　43　1　5

- 5：表示焊条药皮为低氢钠型，采用直流反接焊接
- 1：表示焊条适用于全位置焊接
- 43：表示熔敷金属抗拉强度的最小值为 $43kgf/mm^2$（420MPa）
- E：表示焊条

**表 2-5　GB/T 5117—1995 碳钢焊条的型号**

<table>
<tr><th>焊 条 型 号</th><th>药 皮 类 型</th><th>焊 接 位 置</th><th>电 流 种 类</th></tr>
<tr><td colspan="4">E43 系列——熔敷金属抗拉强度≥420MPa（$43kgf/mm^2$）</td></tr>
<tr><td>E4300</td><td>特殊型</td><td rowspan="5">平、立、仰、横</td><td rowspan="3">交流或直流正、反接</td></tr>
<tr><td>E4301</td><td>钛铁矿型</td></tr>
<tr><td>E4303</td><td>钛钙型</td></tr>
<tr><td>E4310</td><td>高纤维素钠型</td><td>直流反接</td></tr>
<tr><td>E4311</td><td>高纤维素钾型</td><td>交流或直流反接</td></tr>
<tr><td>E4312</td><td>高钛钠型</td><td rowspan="4">平、立、仰、横</td><td>交流或直流正接</td></tr>
<tr><td>E4313</td><td>高钛钾型</td><td>交流或直流正、反接</td></tr>
<tr><td>E4315</td><td>低氢钠型</td><td>直流反接</td></tr>
<tr><td>E4316</td><td>低氢钾型</td><td>交流或直流反接</td></tr>
<tr><td rowspan="2">E4320</td><td rowspan="3">氧化铁型</td><td>平</td><td>交流或直流正、反接</td></tr>
<tr><td>平角焊</td><td>交流或直流正接</td></tr>
<tr><td>E4322</td><td>平</td><td>交流或直流正接</td></tr>
<tr><td>E4323</td><td>铁粉钛钙型</td><td rowspan="2">平、平角焊</td><td rowspan="2">交流或直流正、反接</td></tr>
<tr><td>E4324</td><td>铁粉钛型</td></tr>
<tr><td rowspan="2">E4327</td><td rowspan="2">铁粉氧化铁型</td><td>平</td><td>交流或直流正、反接</td></tr>
<tr><td>平角焊</td><td>交流或直流正接</td></tr>
<tr><td>E4328</td><td>铁粉低氢型</td><td>平、平角焊</td><td>交流或直流反接</td></tr>
<tr><td colspan="4">E50 系列——熔敷金属抗拉强度≥490MPa（$50kgf/mm^2$）</td></tr>
<tr><td>E5001</td><td>钛铁矿型</td><td rowspan="9">平、立、仰、横</td><td rowspan="2">交流或直流正、反接</td></tr>
<tr><td>E5003</td><td>钛钙型</td></tr>
<tr><td>E5010</td><td>高纤维素钠型</td><td>直流反接</td></tr>
<tr><td>E5011</td><td>高纤维素钾型</td><td>交流或直流反接</td></tr>
<tr><td>E5014</td><td>铁粉钛型</td><td>交流或直流正、反接</td></tr>
<tr><td>E5015</td><td>低氢钠型</td><td>直流反接</td></tr>
<tr><td>E5016</td><td>低氢钾型</td><td rowspan="2">交流或直流反接</td></tr>
<tr><td>E5018</td><td>铁粉低氢钾型</td></tr>
<tr><td>E5018M</td><td>铁粉低氢型</td><td>直流反接</td></tr>
<tr><td>E5023</td><td>铁粉钛钙型</td><td>平、平角焊</td><td>交流或直流正、反接</td></tr>
</table>

（续）

| 焊条型号 | 药皮类型 | 焊接位置 | 电流种类 |
|---|---|---|---|
| E50 系列——熔敷金属抗拉强度≥490MPa(50kgf/mm²) | | | |
| E5024 | 铁粉钛型 | 平、平角焊 | 交流或直流正、反接 |
| E5027 | 铁粉氧化铁型 | | 交流或直流正接 |
| E5028 | 铁粉低氢型 | | 交流或直流反接 |
| E5048 | | 平、仰、横、立向下 | |

注：1. 焊接位置栏中文字涵义：平——平焊、立——立焊、仰——仰焊、横——横焊、平角焊——水平角焊、立向下——向下立焊。

2. 焊接位置栏中立和仰系指适用于立焊和仰焊的直径不大于 4.0mm 的 E5014、E××15、E××16、E5018 和 E5018M 型焊条及直径不大于 5.0mm 的其他型号焊条。

3. E4322 型焊条适宜单道焊。

（2）低合金钢焊条的型号　低合金钢焊条的型号按 GB/T 5118—1995《低合金钢焊条》的规定，根据熔敷金属的力学性能、化学成分、药皮类型、焊接位置及电流种类划分，其编制方法如下：

1）字母“E”表示焊条。

2）前两位数字表示熔敷金属抗拉强度的最小值，单位为 kgf/mm²。

3）第三位数字表示焊条的焊接位置，“0”及“1”表示焊条适用于全位置焊接（平焊、立焊、仰焊及横焊），“2”表示焊条适用于平焊及平角焊，第三位和第四位数字组合时表示焊接电流种类及药皮类型。

**想一想**　碳钢和低合金钢焊条中的 E××03、E××13、E××01、E××20、E××10 类焊条是酸性焊条还是碱性焊条？而 E××15、E××16、E××18 类焊条又是酸性焊条还是碱性焊条呢？

4）后缀字母为熔敷金属的化学成分分类代号，并以短划“-”与前面数字分开，若还具有附加化学成分时，附加化学成分直接用元素符号表示，并以短划“-”与前面后缀字母分开。对于 E50××-×、E55××-×、E60××-× 型低氢焊条的熔敷金属化学成分分类后缀字母，或附加化学成分后面加字母“R”时，表示耐吸潮焊条。

GB/T 5118—1995 低合金钢焊条的型号见表 2-6，其中完整的低合钢焊条型号举例如下：

E　50　1　8　-　A1

- A1：表示熔敷金属化学成分分类代号
- 8：表示焊条药皮为铁粉低氢钠型，可采用交流或直流反接焊接
- 1：表示焊条适用于全位置焊接
- 50：表示熔敷金属抗拉强度的最小值为 50kgf/mm²（490MPa）
- E：表示焊条

E　55　1　5　-　B3　-　V　W　B

- B：表示熔敷金属中含有硼元素
- W：表示熔敷金属中含有钨元素
- V：表示熔敷金属中含有钒元素
- B3：表示熔敷金属化学成分分类代号
- 5：表示焊条药皮为低氢钠型，可采用直流反接焊接
- 1：表示焊条适用于全位置焊接
- 55：表示熔敷金属抗拉强度的最小值为 55kgf/mm²（540MPa）
- E：表示焊条

**表 2-6 GB/T 5118—1995 低合金钢焊条的型号**

| 焊条型号 | 药皮类型 | 焊接位置 | 电流种类 |
| --- | --- | --- | --- |
| E50 系列——熔敷金属抗拉强度≥490MPa(50kgf/mm$^2$) | | | |
| E5003-× | 钛钙型 | 平、立、仰、横 | 交流或直流正、反接 |
| E5010-× | 高纤维素钠型 | | 直流反接 |
| E5011-× | 高纤维素钾型 | | 交流或直流反接 |
| E5015-× | 低氢钠型 | | 直流反接 |
| E5016-× | 低氢钾型 | | 交流或直流反接 |
| E5018-× | 铁粉低氢型 | | |
| E5020-× | 高氧化铁型 | 平角焊 | 交流或直流正接 |
| | | 平 | 交流或直流正、反接 |
| E5027-× | 铁粉氧化铁型 | 平角焊 | 交流或直流正接 |
| | | 平 | 交流或直流正、反接 |
| E55 系列——熔敷金属抗拉强度≥540MPa(55kgf/mm$^2$) | | | |
| E5500-× | 特殊型 | 平、立、仰、横 | 交流或直流正、反接 |
| E5503-× | 钛钙型 | | |
| E5510-× | 高纤维素钠型 | | 直流反接 |
| E5511-× | 高纤维素钾型 | | 交流或直流反接 |
| E5513-× | 高钛钾型 | | 交流或直流正、反接 |
| E5515-× | 低氢钠型 | | 直流反接 |
| E5516-× | 低氢钾型 | | 交流或直流反接 |
| E5518-× | 铁粉低氢型 | | |
| E60 系列——熔敷金属抗拉强度≥590MPa(60kgf/mm$^2$) | | | |
| E6000-× | 特殊型 | 平、立、仰、横 | 交流或直流正、反接 |
| E6010-× | 高纤维素钠型 | | 直流反接 |
| E6011-× | 高纤维素钾型 | | 交流或直流反接 |
| E6013-× | 高钛钾型 | | 交流或直流正、反接 |
| E6015-× | 低氢钠型 | | 直流反接 |
| E6016-× | 低氢钾型 | | 交流或直流反接 |
| E6018-× | 铁粉低氢型 | | |
| E70 系列——熔敷金属抗拉强度≥690MPa(70kgf/mm$^2$) | | | |
| E7010-× | 高纤维素钠型 | 平、立、仰、横 | 直流反接 |
| E7011-× | 高纤维素钾型 | | 交流或直流反接 |
| E7013-× | 高钛钾型 | | 交流或直流正、反接 |
| E7015-× | 低氢钠型 | | 直流反接 |
| E7016-× | 低氢钾型 | | 交流或直流反接 |
| E7018-× | 铁粉低氢型 | | |

（续）

| 焊条型号 | 药皮类型 | 焊接位置 | 电流种类 |
|---|---|---|---|
| E75 系列——熔敷金属抗拉强度≥740MPa(75kgf/mm²) | | | |
| E7515-× | 低氢钠型 | 平、立、仰、横 | 直流反接 |
| E7516-× | 低氢钾型 | | 交流或直流反接 |
| E7518-× | 铁粉低氢型 | | |
| E80 系列——熔敷金属抗拉强度≥780MPa(80kgf/mm²) | | | |
| E8015-× | 低氢钠型 | 平、立、仰、横 | 直流反接 |
| E8016-× | 低氢钾型 | | 交流或直流反接 |
| E8018-× | 铁粉低氢型 | | |
| E85 系列——熔敷金属抗拉强度≥830MPa(85kgf/mm²) | | | |
| E8515-× | 低氢钠型 | 平、立、仰、横 | 直流反接 |
| E8516-× | 低氢钾型 | | 交流或直流反接 |
| E8518-× | 铁粉低氢型 | | |
| E90 系列——熔敷金属抗拉强度≥880MPa(90kgf/mm²) | | | |
| E9015-× | 低氢钠型 | 平、立、仰、横 | 直流反接 |
| E9016-× | 低氢钾型 | | 交流或直流反接 |
| E9018-× | 铁粉低氢型 | | |
| E100 系列——熔敷金属抗拉强度≥980MPa(100kgf/mm²) | | | |
| E10015-× | 低氢钠型 | 平、立、仰、横 | 直流反接 |
| E10016-× | 低氢钾型 | | 交流或直流反接 |
| E10018-× | 铁粉低氢型 | | |

注：1. 后缀字母×代表熔敷金属化学成分分类代号，如 A1、B1、B2 等。

2. 焊接位置栏中文字涵义：平——平焊、立——立焊、仰——仰焊、横——横焊、平角焊——水平角焊。

3. 表中“立”和“仰”是指适用于立焊和仰焊的直径不大于 4.0mm 的 E××15-×、E××16-×及 E××18-×型及直径不大于 5.0mm 的其他型号焊条。

在低合金钢焊条型号中，熔敷金属化学成分的分类见表 2-7。

**表 2-7　熔敷金属化学成分的分类**

| 焊条型号 | 分类 | 焊条型号 | 分类 |
|---|---|---|---|
| E××××-A1 | 碳钼钢焊条 | E××××-C1 | 镍钢焊条 |
| E××××-B1 | 铬钼钢焊条 | E××××-C1L | |
| E××××-B2 | | E××××-C2 | |
| E××××-B2L | | E××××-C2L | |
| E××××-B3 | | E××××-C3 | |
| E××××-B3L | | E××××-NM | 镍钼钢焊条 |
| E××××-B4L | | E××××-G | 所有其他低合金钢焊条 |
| E××××-B5 | | E××××-M | |
| E××××-D1 | 锰钼钢焊条 | E××××-M1 | |
| E××××-D2 | | E××××-W | |
| E××××-D3 | | | |

（3）不锈钢焊条的型号　不锈钢焊条通常用于铬的质量分数大于4%，镍的质量分数小于50%的不锈钢或耐热钢的焊接。

根据GB/T 983—1995《不锈钢焊条》的规定，不锈钢焊条型号的主体是由字母“E”和三位数字及附加字母组成。其中字母“E”表示焊条；“E”后面的三位数字及其附加字母表示熔敷金属化学成分分类代号（具体见GB/T 983—1995）。

在焊条型号主体之后用两位数字15、16、17、25或26表示药皮类型、焊接位置及电流种类，并用短划“-”与焊条型号的主体分开。后缀15表示焊条为碱性药皮，直流反极性焊接；后缀16表示焊条可以是碱性药皮，也可以是钛型或钛钙型药皮，交直流两用；后缀17是药皮类型16的变型，表示焊条为钛酸型药皮（用$SiO_2$代替药皮类型16中的一些$TiO_2$），焊接熔化速度快，抗发红性能优良，可交直流两用。后缀25和26焊条的药皮成分和操作特征与药皮类型15和16的焊条非常类似，药皮类型15和16焊条的说明也适合于药皮类型25和26。不锈钢焊条的药皮类型、焊接电流及焊接位置见表2-8。

其中完整的不锈钢焊条型号举例如下：

E　308　L　-　16

- 16——表示焊条为碱性药皮，适用于全位置焊，采用交流或直流反极性焊接
- L——表示超低碳
- 308——表示熔敷金属化学成分分类代号
- E——表示焊条

E　410　NiMo　-　26

- 26——表示焊条为碱性或其他类型药皮，适用于平焊和横焊位置，采用交流或直流反极性焊接
- NiMo——表示熔敷金属中Ni和Mo的含量有特殊要求
- 410——表示熔敷金属化学成分分类代号
- E——表示焊条

**表2-8　不锈钢焊条的药皮类型、焊接电流及焊接位置**

| 焊条型号 | 药皮类型 | 焊接电流 | 焊接位置 |
|---|---|---|---|
| E×××(×)-15 | 碱性低氢型 | 直流反接 | 全位置 |
| E×××(×)-25 | | | 平焊、横焊 |
| E×××(×)-16 | 低氢型、钛型或钛钙型 | 交流或直流反接 | 全位置 |
| E×××(×)-17 | | | |
| E×××(×)-26 | | | 平焊、横焊 |

2. 焊条的牌号

焊条牌号是焊条生产厂家对产品所制定的代号。由于各生产厂家编排规律不尽相同，因而容易造成同一型号的焊条出现不同生产厂家的若干牌号。为了管理方便，改变混乱现象，我国焊条制造厂实行了统一牌号制度，在《焊接材料产品样本》中规定焊条牌号的编制方法、各牌号焊条的特点、用途、重要的使用性能及使用注意事项。

需要说明的是，《焊接材料产品样本》并不是国家标准，近年来由于各种焊条的国家标准已参照国际标准作了较大的修改，因此造成了《焊接材料产品样本》中部分牌号与国家标

准中的型号的对应关系非常勉强。但焊条牌号因沿用已久，已为广大用户、厂家及焊工所熟悉，故未作修改。

焊条型号是国家标准规定的代号，焊条牌号是焊条行业统一的代号。有关焊条牌号与焊条型号的相互对应关系见表2-9。在《焊接材料产品样本》中，规定焊条牌号由代表焊条用途的字母和三位数字组成。前两位数字表示各大类中的若干小类（结构钢焊条表示焊缝金属抗拉强度的最小值），最后一位数字表示药皮类型及焊接电源。焊条牌号中第三位数字的含义见表2-10。

**表2-9　焊条国家标准型号与行业统一牌号的相互对应关系**

| 国　标 | | | 行业统一牌号 | | | |
|---|---|---|---|---|---|---|
| 型号（按化学成分分类） | | | 牌号（按用途分类） | | | |
| 国家标准号 | 名　称 | 代号 | 类别 | 名　称 | 代号 | |
| | | | | | 字母 | 汉字 |
| GB/T 5117—1995 | 碳钢焊条 | E | 一 | 结构钢焊条 | J | 结 |
| GB/T 5118—1995 | 低合金钢焊条 | E | 一 | 结构钢焊条 | J | 结 |
| | | | 二 | 钼和铬钼耐热钢焊条 | R | 热 |
| | | | 三 | 低温钢焊条 | W | 温 |
| GB/T 983—1995 | 不锈钢焊条 | E | 四 | 不锈钢焊条 | G | 铬 |
| | | | | | A | 奥 |
| GB/T 984—2001 | 堆焊焊条 | ED | 五 | 堆焊焊条 | D | 堆 |
| GB/T 10044—2006 | 铸铁焊条 | EZ | 六 | 铸铁焊条 | Z | 铸 |
| GB/T 13814—2008 | 镍及镍合金焊条 | ENi | 七 | 镍及镍合金焊条 | Ni | 镍 |
| GB/T 3670—1995 | 铜及铜合金焊条 | TCu | 八 | 铜及铜合金焊条 | T | 铜 |
| GB/T 3669—2001 | 铝及铝合金焊条 | TAL | 九 | 铝及铝合金焊条 | L | 铝 |
| | | | 十 | 特殊用途焊条 | TS | 特 |

**表2-10　焊条牌号中第三位数字的含义**

| 焊条牌号 | 药皮类型 | 焊接电源种类 | 焊条牌号 | 药皮类型 | 焊接电源种类 |
|---|---|---|---|---|---|
| □××0 | 不属已规定的类型 | 不规定 | □××5 | 纤维素型 | 直流或交流 |
| □××1 | 氧化钛型 | 直流或交流 | □××6 | 低氢钾型 | 直流或交流 |
| □××2 | 钛钙型 | 直流或交流 | □××7 | 低氢钠型 | 直流 |
| □××3 | 钛铁矿型 | 直流或交流 | □××8 | 石墨型 | 直流或交流 |
| □××4 | 氧化铁型 | 直流或交流 | □××9 | 盐基型 | 直流 |

随着焊条类别的不同，焊条牌号中各位置数字的含义也不尽相同，以下分别介绍结构钢、不锈钢、钼和铬钼耐热钢、低温钢等四种钢焊条的牌号。

（1）结构钢焊条的牌号（包括碳钢和低合金高强钢焊条）　牌号前加“J”（或“结”字）表示结构钢焊条。牌号前两位数字，表示焊缝金属抗拉强度等级。焊缝金属抗拉强度等级如表2-11所示。牌号第三位数字，表示药皮类型和焊接电源种类，药皮中含有多量铁粉、焊条效率为105%以上，在牌号末尾加注“Fe”字；焊条效率在125%以上时在Fe字后面再加两位数字，如J506Fe13等。结构钢焊条有特殊性能和用途的，则在牌号后面加注起主要作用的化学元素符号或主要用途的拼音字母，详见表2-12。

**表2-11　焊缝金属抗拉强度等级**

| 焊条牌号 | 焊缝金属抗拉强度等级 | | 焊条牌号 | 焊缝金属抗拉强度等级 | |
|---|---|---|---|---|---|
| | MPa | kgf/mm² | | MPa | kgf/mm² |
| J42× | 420 | 43 | J75× | 740 | 75 |
| J50× | 490 | 50 | J80× | 780 | 80 |
| J55× | 540 | 55 | J85× | 830 | 85 |
| J60× | 590 | 60 | J90× | 880 | 90 |
| J70× | 690 | 70 | J10× | 980 | 100 |

**表2-12　焊条牌号后缀符号的含义**

| 符号 | 含　义 | 符号 | 含　义 |
|---|---|---|---|
| G | 高韧性 | LMA | 低吸潮 |
| X | 向下立焊 | G | 具有较高的低温冲击韧度(只有J506G) |
| GM | 盖面 | RH | 高韧性超低氢 |
| Z | 重力 | R | 压力容器用 |
| D | 底层焊 | GH | 具有较高的低温冲击韧度、低氢 |
| H | 超低氢 | XG | 管子用立向下焊 |
| DF | 低尘 | GR | 高韧性压力容器用 |

其中完整的结构钢焊条牌号举例如下：

J　50　7　CuP

- CuP——用于焊接铜磷钢，有抗大气和耐海水腐蚀的特殊用途
- 7——低氢钠型药皮，直流电源
- 50——熔敷金属抗拉强度不低于490MPa(50kgf/mm²)
- J——结构钢焊条

J　42　1　X

- X——向下立焊专用焊条
- 1——氧化钛型药皮，交直流电源
- 42——熔敷金属抗拉强度不低于420MPa(43kgf/mm²)
- J——结构钢焊条

(2) 不锈钢焊条的牌号　牌号前加“G”(或“铬”字)或“A”(或“奥”字)，分别表示铬不锈钢焊条或奥氏体铬镍不锈钢焊条。牌号第一位数字，表示熔敷金属主要化学成分组成等级，见表2-13。

表 2-13　不锈钢焊条熔敷金属主要化学成分组成等级

| 焊条牌号 | 熔敷金属主要化学成分组成等级 | 焊条牌号 | 熔敷金属主要化学成分组成等级 |
|---|---|---|---|
| G2×× | $w_{Cr}$约为13% | A4×× | $w_{Cr}$约为26%，$w_{Ni}$约为21% |
| G3×× | $w_{Cr}$约为17% | A5×× | $w_{Cr}$约为16%，$w_{Ni}$约为25% |
| A0×× | $w_C \leqslant 0.04\%$（超低碳） | A6×× | $w_{Cr}$约为16%，$w_{Ni}$约为35% |
| A1×× | $w_{Cr}$约为19%，$w_{Ni}$约为10% | A7×× | 铬锰氮不锈钢 |
| A2×× | $w_{Cr}$约为18%，$w_{Ni}$约为12% | A8×× | $w_{Cr}$约为18%，$w_{Ni}$约为18% |
| A3×× | $w_{Cr}$约为23%，$w_{Ni}$约为13% | A9×× | $w_{Cr}$约为20%，$w_{Ni}$约为34% |

牌号第二位数字表示同一熔敷金属主要化学成分组成等级中的不同牌号。对同一组成等级焊条，可有10牌号，按0、1、2、……9顺序排列，以区别镍铬之外的其他成分。牌号第三位数字，表示药皮类型和焊接电源种类，见表2-10。

其中完整的不锈钢焊条牌号举例如下：

G　2　0　2

- 2——钛钙型药皮，交直流两用
- 0——牌号分类编号为0
- 2——熔敷金属主要化学成分等级为$w_{Cr}$约13%
- G——铬不锈钢焊条

A　0　2　2

- 2——钛钙型药皮，交直流两用
- 2——牌号分类编号为2
- 0——熔敷金属主要化学成分等级为$w_C \leqslant 0.04\%$（超低碳）
- A——奥氏体不锈钢焊条

（3）钼和铬钼耐热钢焊条的牌号　牌号前加“R”（或“热”字），表示钼和铬钼耐热钢焊条。牌号第一位数字，表示熔敷金属主要化学成分组成等级，见表2-14。牌号第二位数字，表示同一熔敷金属主要化学成分组成等级中的不同牌号，对于同一组成等级的焊条，可有十个牌号，按0、1、2、……9顺序编排，以区别铬钼之外的其他成分的不同。牌号第三位数字，表示药皮类型和焊接电源种类，见表2-10。

其中完整的钼和铬钼耐热钢焊条牌号举例如下：

R　3　4　7

- 7——低氢钠型药皮，直流电源
- 4——牌号分类编号为4
- 3——熔敷金属主要化学成分等级为$w_{Cr}$约1%，$w_{Mo}$约0.5%
- R——耐热钢焊条

（4）低温钢焊条的牌号　牌号前加“W”（或“温”字），表示低温钢焊条，牌号前两位数字，表示低温钢焊接工作温度等级，参见表2-15。牌号第三位数字，表示药皮类型和焊接电源种类，见表2-10。

表 2-14 耐热钢焊条熔敷金属主要化学成分组成等级

| 焊条牌号 | 熔敷金属主要化学成分组成等级 | 焊条牌号 | 熔敷金属主要化学成分组成等级 |
|---|---|---|---|
| R1×× | $w_{Mo}$约 0.5% | R5×× | $w_{Cr}$约 5%，$w_{Mo}$约 0.5% |
| R2×× | $w_{Cr}$约 0.5%，$w_{Mo}$约 0.5% | R6×× | $w_{Cr}$约 7%，$w_{Mo}$约 1% |
| R3×× | $w_{Cr}$1%~2%，$w_{Mo}$0.5%~1% | R7×× | $w_{Cr}$约 9%，$w_{Mo}$约 1% |
| R4×× | $w_{Cr}$约 2.5%，$w_{Mo}$约 1% | R8×× | $w_{Cr}$约 1%，$w_{Mo}$约 1% |

其中完整的低温钢焊条牌号举例如下：

W 70 7

- 7 —— 低氢钠型药皮，直流电源
- 70 —— 工作温度等级为 -70℃
- W —— 低温钢焊条

表 2-15 低温钢焊条工作温度等级

| 焊条牌号 | 工作温度等级/℃ | 焊条牌号 | 工作温度等级/℃ |
|---|---|---|---|
| W60× | -60 | W10× | -100 |
| W70× | -70 | W19× | -196 |
| W90× | -90 | W25× | -253 |

## 能力知识点 4 焊条的工艺性能

焊条的工艺性能是指焊条在施焊时的性能，衡量焊条质量的重要标志之一。焊条的工艺性能包括焊接电弧的稳定性、焊缝成形性、对各种焊接位置的适应性、脱渣性、飞溅、焊条的熔化速度、药皮发红及焊条发尘量等。

1. 稳弧性

稳弧性就是焊条在焊接过程中保持电弧持续而稳定燃烧的能力，它对焊接过程的顺利进行与焊缝质量都有重要影响。焊条本身对电弧稳定性的主要影响因素是药皮的组成。焊条药皮中加入少量的低电离电位元素的物质，可使焊接电弧容易引燃并稳定燃烧。

**资料卡** 药皮中含有低电离电位元素的物质，有效电离电压越低，电弧燃烧就越稳定。药皮中某些元素的电离势如下表。

| 元素 | K | Na | Ba | Ca | Ti | Mn | Fe | Si | C | H | O | F | $CO_2$ |
|---|---|---|---|---|---|---|---|---|---|---|---|---|---|
| 电离势 | 4.32 | 5.12 | 5.16 | 6.08 | 6.81 | 7.40 | 7.83 | 7.94 | 11.22 | 13.53 | 13.56 | 18.6 | 14.3 |

碱性焊条 J507，低氢型药皮，电弧稳定性不好，这是由于药皮中含氟石较多，$CaF_2$ 中的氟电离势高 18.6V，与电子亲和力大，夺取电弧中的电子，形成负离子，恶化电弧的稳定性。J506 加入了低电离势物质 K、Na，可用交、直流两用，但 K、Na 与 F 的亲和力大，且 KF、NaF 有毒。

酸性焊条因药皮成分 $SiO_2$、$TiO_2$、CaO、云母、长石中含 $K_2O$、$Na_2O$ 等低电离电位物质，因而用交、直流电源焊接时电弧都能稳定燃烧。

2. 焊缝成形性

良好的焊缝成形应该是表面波纹细致、美观、几何形状正确、焊缝余高适中，焊缝与母材间过渡平滑、无咬边等缺陷。焊缝的成形性与操作技术有关，取决于熔渣熔点、粘度与表面张力，还与熔滴过渡有关。熔渣的熔点和粘度太高或太低，表面张力过大，都会使焊缝成形变坏。低氢型焊条粗滴短路过渡，焊缝成形不美观；J423、J424 以短路过渡为主，J421、J422 以喷射过渡为主，焊缝成形美观。

3. 对各种位置焊接的适应性

实际生产中常需要进行平焊、横焊、立焊、仰焊等各种位置焊接。一般焊条均可进行平焊，但不是所有焊条都可立、仰、横焊。立、仰、横焊的主要困难是重力的作用使熔池金属和熔渣下淌，并妨碍熔滴过渡而不易形成正常的焊缝。

为了解决上述困难，除了正确选择焊接参数、掌握操作要领外，还应从焊条药皮配方上采取一定措施。首先是适当提高电弧气流的吹力，把熔滴推进熔池，并阻止液体金属和熔渣下淌；其次是熔渣应具有合适的熔点和粘度，使之能在较高的温度和较短时间内迅速凝固；再次熔渣最好是短渣，还应具有适当的表面张力，阻止熔滴下淌。

**小知识** 长渣是指粘度与表面张力随时间变化而发生缓慢变化，所需凝固时间长的渣。

短渣是粘度与表面张力随时间变化而发生快速变化，所需凝固时间短的渣。

调整药皮的熔点和厚度，使焊接时焊条端部的套筒长度适当，从而可提高电弧气流的吹力。为保证足够的气体，药皮中应加入一定量的造气物质。熔渣的熔点与粘度要通过药皮的组成来调节。

近年来，我国的焊条生产单位通过调整熔点和粘度、提高药皮中造气剂的含量等措施，成功地研制了立向下焊条、管接头全位置下行焊条等专用焊条，其中立向下焊条已列入国家标准。

4. 脱渣性

脱渣性是指焊后熔渣从焊缝表面清除的难易程度。脱渣性差会造成生产率低下（尤其是多层焊时）和夹渣缺陷。

影响脱渣性的因素有熔渣的膨胀系数、氧化性、疏松度和表面张力等，其中熔渣的膨胀系数是影响脱渣性的主要因素。焊缝金属与熔渣的膨胀系数相差越大，收缩不同产生内应力越大，脱渣性越好。钛型焊条熔渣与低碳钢焊缝的膨胀系数相差最大，脱渣性较好；而低氢型焊条熔渣与焊缝金属膨胀系数相差最小，脱渣性较差。

熔渣的氧化性越强，会使焊缝表面氧化，生成一层以 FeO 为主的氧化膜。FeO 的晶格是体心立方晶格，要搭建在焊缝金属的 α-Fe 晶格上，氧化膜牢固的“粘”在焊缝金属表面；

而熔渣中其他具有体心立方晶格的 $Al_2O_3$、$Cr_2O_3$ 等尖晶石化合物，又与 FeO 晶格搭建；这样，FeO 膜相当于“胶粘剂”，连接焊缝金属与熔渣，使脱渣性变坏，因此，加强熔渣的脱氧能力，则有助于改善脱渣性。

熔渣的疏松度和脆性对角焊缝和深坡口的底层焊缝的脱渣有明显影响，结构致密而且结实的焊渣在上述情况下脱渣就比较困难，如钛型焊条在平板堆焊或薄板对接焊时，脱渣性很好，但在深坡口焊缝中脱渣就比较困难，其主要原因是焊渣比较致密的缘故。

5. 飞溅

飞溅是指在熔焊过程中液体金属颗粒向周围飞散的现象。飞溅太多会影响焊接过程的稳定性，增加金属的损失等。

影响飞溅大小的因素很多，熔渣粘度增大，焊接电流过大，药皮中水分过多，电弧过长，焊条偏心等都能引起飞溅增加。此外，在用直流电源时极性选择不当飞溅也会增大，如低氢钠焊条焊接时正接比反接飞溅大；交流焊比直流焊时飞溅大。熔滴过渡形态、电弧的稳定性对飞溅也有很大影响。钛钙型焊条电弧燃烧稳定，熔滴以细颗粒过渡为主，飞溅较小。低氢钠型焊条电弧稳定性差，熔滴以大颗粒过渡为主，飞溅较大。

6. 焊条的熔化速度

焊接过程中，焊条的熔化速度反映着焊接生产率的高低，也是工艺性能方面的一个重要指标。焊条的熔化速度可用熔化系数来表示。

影响焊条熔化速度的因素主要有焊条药皮的组成及厚度、电弧电压、焊接电流、焊芯成分及直径等，其中焊条药皮的组成对焊条的熔化速度影响最明显。药皮成分中含有进行放热反应的物质时，会加速焊条熔化，即焊条的熔化系数提高。铁粉焊条(即药皮中加入较多铁粉的焊条)由于加入铁粉导致药皮导电、导热性提高，且允许使用较大的电流，熔化系数提高，也就提高了焊接生产率，使工艺性能也得到改善。

7. 药皮发红

药皮发红指焊条焊到后半段时，由于焊条药皮温升过高而导致发红、开裂或脱落的现象，这将使药皮失掉保护作用，引起焊条工艺性能恶化，严重的将影响焊接质量，这个问题在不锈钢焊条的应用中显得更为突出。经研究测试发现，通过提高电弧能量来提高焊条熔化系数，缩短熔化时间等，可以减少焊芯的电阻热并降低焊条药皮表面的温度，从而解决药皮发红问题。目前，国内有人从熔滴过渡形式对熔化系数的影响着手，调整了药皮成分，使熔滴由短路过渡为主变成以细颗粒过渡为主，使熔化系数提高了 10% 以上，缩短了熔化时间，基本解决了药皮发红问题。

8. 焊条发尘量

在电弧高温作用下，焊条端部、熔滴和熔池表面的液体金属及熔渣被激烈蒸发，产生的蒸汽排出电弧区外即迅速被氧化或冷却，变成细小颗粒漂浮于空气中，而形成焊接烟尘。

焊接烟尘的毒性分为两种，一种是细微的蒸发锰产生的毒性，称为锰中毒；另一种是氟中毒，即当药皮中含有大量氟石时，在焊接过程中会有 HF 气体析出，这种毒气作用较快，亦有人认为，不仅是 HF，NaF、KF 更易使人中毒致病。

焊接烟尘污染环境并影响焊工健康。为了改善焊接工作环境的卫生状况，许多国家先后制定了工业卫生的有关标准。我国在现行的国家标准 GB 9448—1999《焊接与切割安全》中规定，锰及其化合物（换算成$MnO_2$），最高容许浓度0.2mg/m$^3$，氟化氢及其他氟化物（换算成氟）最高容许浓度为1mg/m$^3$，其他粉尘最高容许浓度为10mg/m$^3$。目前，国内外都在积极研究降尘减毒的措施。

为了便于对各种焊条工艺性能进行比较，现将几种常用药皮类型焊条的工艺性能简要归纳于表2-16。

**表2-16　常用药皮类型焊条的工艺性能比较**

| 焊条牌号<br>焊条型号 | J××1<br>E××13 | J××2<br>E××03 | J××3<br>E××01 | J××4<br>E××20 | J××5<br>E××11 | J××6<br>E××16 | J××7<br>E××15 |
|---|---|---|---|---|---|---|---|
| 药皮主要成分（质量分数） | $TiO_2$45%～60%、硅酸盐、锰铁、有机物 | $TiO_2$30%～45%、硅酸盐、锰铁 | 钛铁矿>30%、硅酸盐、锰铁、有机物 | 氧化铁>30%、硅酸盐、锰铁、有机物 | 有机物>15%、$TiO_2$、硅酸盐 | 碳酸盐物>30%、氟石、铁合金、稳弧剂 | 碳酸盐物>30%、氟石、铁合金、不加稳弧剂 |
| 熔渣特性 | 酸性、短渣 | 酸性、短渣 | 酸性、较短渣 | 酸性、长渣 | 酸性、短渣 | 碱性、短渣 | 碱性、短渣 |
| 电弧稳定性 | 柔和、稳定 | 稳定 | 稳定 | 稳定 | 稳定 | 较差、交、直 | 较差、交、直 |
| 电弧吹力 | — | — | 稍大 | 稍大 | 大 | 稍大 | 稍大 |
| 飞溅 | 少 | 少 | 中 | 中 | 多 | 较多 | 较多 |
| 焊缝外观 | 纹细、美 | 美 | 美 | 美 | 粗 | 稍粗 | 稍粗 |
| 熔深 | 小 | 中 | 中 | 稍大 | 大 | 中 | 中 |
| 咬边 | 小 | 小 | 中 | 大 | 大 | 小 | 小 |
| 焊脚形状 | 凸 | 平 | 平、稍凸 | 平 | 平 | 平或凹 | 平或凹 |
| 脱渣性 | 好 | 好 | 好 | 好 | 好 | 较差 | 较差 |
| 熔化系数 | 中 | 中 | 稍大 | 大 | 大 | 中 | 中 |
| 尘害 | 少 | 少 | 稍多 | 多 | 少 | 多 | 多 |
| 平焊 | 易 | 易 | 易 | 易 | 易 | 易 | 易 |
| 向上立焊 | 易 | 易 | 易 | 不可 | 极易 | 易 | 易 |
| 向下立焊 | 易 | 易 | 困难 | 不可 | 易 | 易 | 易 |
| 仰焊 | 稍易 | 稍易 | 易 | 不可 | 极易 | 稍难 | 稍难 |

## 能力知识点5　焊条的冶金性能

焊条的冶金性能主要是指氧化、脱氧、脱硫、脱磷、去氢、合金化、抗气孔及裂纹的能力等，它最终反映在焊缝金属的化学成分、力学性能和焊接缺陷的形成等方面，只有焊条具有良好的冶金性能，才可能获得性能良好的焊缝。

现以当前生产中应用最广泛的钛钙型和低氢型两类焊条为例，对两类焊条的冶金性能进行分析。

1. 钛钙型焊条

钛钙型焊条的代表型号为 E4303（J422）。焊接时属于气渣联合保护。药皮材料主要以钛白粉、金红石、钛铁矿和各种硅酸盐为造渣剂，以锰铁为脱氧剂。渣系为 $TiO_2$-$SiO_2$-CaO，熔渣碱度为 0.76，为酸性焊条。

（1）氧化和脱氧 焊接前，药皮中含 FeO 为 7.3%，焊后熔渣中 FeO 含量增到 13.6%，这表明 E4303 焊条的熔渣氧化性较强，这主要是由于铁的氧化引起。焊接时铁的氧化有下列四种方式：

1）氧直接使铁氧化。

$$[Fe] + O = FeO$$

2）电弧气氛中 $CO_2$ 使铁氧化。

$$[Fe] + CO_2 = [FeO] + CO$$

3）水蒸气使铁氧化。

$$[Fe] + H_2O_{气} = [FeO] + H_2$$

4）渣中 $SiO_2$ 等氧化物使 Fe 氧化。

$$(SiO_2) + 2[Fe] = [Si] + 2FeO$$

焊接时以锰铁为脱氧剂，脱氧方式有下列三种方式：

1）锰脱氧。焊前药皮中含锰 10.6%，不含 MnO，但焊后熔渣中含 13.7% 的 MnO，其原因为锰在药皮加热阶段进行先期脱氧。

$$Mn + \frac{1}{2}O_2 \longrightarrow MnO$$

而在熔池、熔滴阶段进行了沉淀脱氧。

$$[Mn] + [FeO] \longrightarrow [Fe] + (MnO)$$

最后，锰脱氧的结果是使熔渣中增加了 MnO 含量。

2）硅脱氧。焊接前焊芯含硅量为 0.02%，焊后熔敷金属中含硅量为 0.1%，这是由于硅脱氧引起的。

$$[Si] + 2[FeO] \Leftrightarrow 2[Fe] + (SiO_2)$$

由于硅在熔池后期脱氧生成 $SiO_2$ 来不及转移到渣中，而夹杂到焊缝中，致使含硅量有所增加。

3）碳的氧化与脱氧。焊接时，碳从 0.077% 减少到 0.072%，说明焊芯中的碳没有完全过渡到焊缝中去，有一小部分被氧化。

$$[C] + [O] \longrightarrow CO$$

经上述分析，E4303（J422）焊条的熔渣氧化性较强，因而焊缝中含氧量比母材和焊丝高。

（2）脱硫、脱磷和去氢 E4303（J422）焊条焊接时，S 从焊芯的 0.017% 增到熔敷金属中的 0.019%，P 从焊芯的 0.019% 增到熔敷金属中的 0.035%。这是由于熔渣中 CaO、MnO 量少，$TiO_2$、$SiO_2$ 含量较高，难以进行脱 P、S 反应，故应严格限制原材料含 S、P 含量。焊接后，熔敷金属中扩散氢为 20～30mL/100g，含量较高。

（3）合金化　硅的过渡系数大，因为脱氧反应使焊缝增硅；锰的过渡系数小，由于熔渣酸度大，氧化性强，锰铁主要是脱氧、脱硫，合金化则必需另外加入所需合金元素。

（4）气孔敏感性和裂纹敏感性　由于药皮中加入大量造渣、造气剂，焊后产生相当数量的熔渣和气体，具有较强的隔绝空气能力，所以含氮量不多；熔渣氧化性较强、CO气体较多，它的沸腾有利于氢气和氮气逸出，故钛钙型焊条气孔敏感性较小，对焊前清理要求要低些。由于熔敷金属S、P和扩散氢（20～30mL/100g）含量都比较高，故钛钙型焊条的抗冷、热裂纹的能力不如低氢型焊条。因此，钛钙型焊条不适用于母材中碳、硫偏高的场合。

钛钙型焊条的冶金性能特点决定了它的应用范围，即适用于焊接低碳钢或强度不高的低合金钢。而由于熔渣的氧化性较强及抗裂能力差，不适合焊接合金元素含量较多或强度等级较高的合金钢。

2. 低氢型焊条

低氢型焊条是目前应用最广泛的碱性焊条，其代表型号为E5015（J507）。药皮材料以大理石（$CaCO_3$）和氟石（$CaF_2$）为主，以Ti、Mn、Si为脱氧剂。渣系为$CaO$-$CaF_2$-$SiO_2$，熔渣碱度高达1.89，为碱性焊条。

（1）氧化和脱氧　低氢型焊条焊接时，由于药皮中加入了较多的脱氧剂进行了先期脱氧和沉淀脱氧，使熔敷金属中氧的质量分数仅为0.030%，故熔渣的氧化性要比其他焊条小得多。由于CaO为强碱性氧化物，焊接时主要是钛、硅、锰联合脱氧。焊接后，熔敷金属中锰和硅的增加，是脱氧剂进入脱氧反应后，部分留在熔滴或熔池中的结果，因此不会造成熔渣或熔敷金属中增氧，可见此焊条具有较强的脱氧能力，对提高焊缝金属的力学性能非常有利，同时在焊接合金钢时，也可以减少合金元素的氧化损失。

（2）脱硫、脱磷和去氢　由于低氢型焊条熔渣中有较多的CaO，熔池中有较多的Mn，故其脱硫能力较强，焊接后S由0.02%降到0.011%，低于焊芯；但脱磷效果较差，P由0.01%增到0.021%。焊条药皮中，由于严格控制了氢的来源，大理石分解后产生大量$CO_2$，并加入适当的$CaF_2$，熔敷金属中的扩散氢很低，可以保证国家标准中[H]＜8mL/100g的要求。

（3）合金化　硅的过渡系数大，锰的过渡系数也大，由于熔渣碱度大，有利于过渡形成碱性氧化物的锰。

（4）气孔敏感性和裂纹敏感性　由于没有CO气体的沸腾，不利于氢气和氮气及CO气体的逸出，低氢型焊条熔渣对液体金属的润湿性较差，保护效果不好，对氮气孔较敏感，故低氢型焊条的气孔敏感性较大，要求焊前对母材焊接区进行仔细清理，焊条须在较高温度（350～400℃）下进行焙烘。另外由于含硫、扩散氢量较少，故低氢型焊条抗热裂纹和冷裂纹的能力比较强。

低氢型焊条有优越的冶金性能，其力学性能比钛钙型焊条好，尤其韧性好，硫、磷、氧、氢量少，因此主要用于焊接合金钢或焊接质量要求高的结构，但其工艺性能较钛钙型焊条差，主要是稳弧性、脱渣性差，烟尘大。

生产中几种常用焊条的冶金性能见表2-17。

**表 2-17 几种常用焊条的冶金性能**

| 焊条牌号 | 所属渣系 | 冶金性能 | | | | | | | |
|---|---|---|---|---|---|---|---|---|---|
| | | 焊缝金属中主要合金元素的质量分数(%) | | | 焊缝中气体及杂质含量 | | | | |
| | | C | Si | Mn | 氮的质量分数(%) | 氧的质量分数(%) | 氢(mL/100g) | 硫的质量分数(%) | 磷的质量分数(%) |
| J421 | 钛型<br>$TiO_2$-$SiO_2$-CaO-$Al_2O_3$ | 0.07~0.10 | 0.15~0.20 | 0.25~0.35 | 0.025~0.03 | 0.06~0.08 | 25~30 | 0.018~0.030 | 0.02~0.032 |
| J422 | 钛钙型<br>$TiO_2$-CaO-$SiO_2$ | 0.07~0.08 | 0.10~0.15 | 0.35~0.5 | 0.024~0.03 | 0.06~0.1 | 25~30 | 0.15~0.025 | 0.02~0.030 |
| J423 | 钛铁矿型<br>$TiO_2$FeO-MnO-$SiO_2$ | 0.07~0.10 | <0.10 | 0.4~0.50 | 0.025~0.03 | 0.08~0.11 | 24~30 | 0.016~0.028 | 0.22~0.035 |
| J424 | 氧化铁型<br>FeO-MnO-$SiO_2$ | 0.08~0.10 | 0.10 | 0.52~0.8 | 0.02~0.025 | 0.10~0.12 | 26~30 | 0.018~0.025 | 0.030~0.05 |
| J425 | 纤维素型 | 0.08~0.10 | 0.06~0.10 | 0.25~0.40 | 0.01~0.02 | 0.06~0.09 | 30~40 | 0.016~0.022 | 0.025~0.035 |
| J426 | 低氢碱型<br>CaO-$CaF_2$-$SiO_2$ | 0.07~0.10 | 0.35~0.45 | 0.7~1.10 | 0.01~0.022 | 0.25~0.035 | 8~10 | 0.015~0.025 | 0.025~0.028 |
| J427 | 低氢碱型<br>CaO-$CaF_2$-$SiO_2$ | 0.07~0.10 | 0.35~0.45 | 0.7~1.1 | 0.007~0.02 | 0.025~0.035 | 6~8 | 0.012~0.025 | 0.020~0.025 |

（续）

| 焊条牌号 | 所属渣系 | 冶金性能 | | | | | | | | | | |
|---|---|---|---|---|---|---|---|---|---|---|---|---|
| | | 焊缝金属力学性能 | | | | | Mn/S | Mn/Si | 氧化物硅酸盐夹杂总含量(%) | 抗热裂性 | 抗气孔性 | 备注 |
| | | $\sigma_b$/MPa | $\delta_0$(%) | $\psi$(%) | $\alpha_k$/(J/cm$^2$) | $\alpha$(°) | | | | | | |
| J421 | 钛型 $TiO_2$-$SiO_2$-CaO-$Al_2O_3$ | 450～500 | 20～28 | 60～65 | 80～120 | 120～150 | 8～12 | 1.5～1.8 | 0.109～0.131 | 较差 | 一般：大电流或焊接含硅含硫较高的钢时，气孔敏感性强。对铁锈水分不太敏感 | |
| J422 | 钛钙型 $TiO_2$-CaO-$SiO_2$ | 450～500 | 22～30 | 60～70 | 100～160 | 180 | 13～16 | 2.5～3.0 | 0.109～0.131 | 尚好 | 一般：同J421，药皮氧化性强。易出现CO气孔；脱氧性增强，易出现H气孔 | |
| J423 | 钛铁矿型 $TiO_2$-FeO-MnO-$SiO_2$ | 430～490 | 20～30 | 60～68 | 10～160 | 180 | 12～18 | 4～5 | 0.134～0.203 | 尚好 | 一般：与J422差不多 | |
| J424 | 氧化铁型 FeO-MnO-$SiO_2$ | 440～480 | 25～30 | 60～68 | 90～130 | 180 | 14～28 | 6～8 | 0.134～0.203 | 较好 | 较好：对铁锈、水分不敏感 | |
| J425 | 纤维素型 | 440～450 | 20～28 | 60～65 | 80～120 | 120～150 | 8～14 | 3.5～4.0 | 0.10 | 较差 | 一般：氢白点敏感性强，对铁锈、水分等不太敏感 | |
| J426 | 低氢碱型 CaO-$CaF_2$-$SiO_2$ | 480～550 | 22～30 | 68～72 | 180～300 | 180 | 30～38 | 2～2.5 | 0.028～0.090 | 良好 | 一般：对铁锈、水分很敏感。有铁锈时，易产生CO气孔；有水锈时，易出现H气孔。长弧焊时易出现气孔 | 直流正接或交流电源时易出现气孔 |
| J427 | 低氢碱型 CaO-$CaF_2$-$SiO_2$ | 480～550 | 24～35 | 70～75 | 200～320 | 180 | 30～38 | 2～2.5 | 0.028～0.090 | 良好 | 一般：同J426 | 直流正接时易出现气孔 |

## 能力知识点6 焊条的选用、储存保管及使用

焊条的选用须在确保焊接结构安全、可行的前提下，根据被焊材料的化学成分、力学性能、板厚及接头形式、焊接结构特点、受力状态、结构使用条件对焊缝性能的要求、焊接施工条件和技术经济效益等综合考查后，有针对性地选用焊条，必要时还需进行焊接性试验。

1. 焊条的选用原则

焊条在选用时，应遵循下列原则：

（1）等强度原则　即选用与母材同强度等级的焊条。如焊接低碳钢、低合金钢构件时，一般选用与工件母材的强度等级相同的焊条。

（2）同成分原则　即按母材化学成分选用相应成分的焊条。对于耐热钢和不锈钢的焊接应选用与工件化学成分相同或相近的焊条。

（3）抗裂纹原则　焊接刚度大、形状复杂、使用中承受动载荷的结构时，应选用抗裂性好的碱性焊条，如母材碳、硫、磷质量分数较高时，宜选用抗裂性好的碱性焊条。

（4）抗气孔原则　焊接受焊接工艺条件限制时，应选用抗气孔能力强的酸性焊条。

（5）低成本原则　在满足使用要求的前提下，尽量选用工艺性能好、低成本、高效率的焊条。

2. 同种钢材焊接时焊条选用要点

（1）考虑焊缝金属力学性能和化学成分　对于普通结构钢，通常要求焊缝金属与母材等强度，应选用熔敷金属抗拉强度等于或稍高于母材的焊条。对于合金结构钢，有时还要求合金成分与母材相同或接近。在焊接结构刚性大、接头应力高、焊缝易产生裂纹的不利情况下，应考虑选用比母材强度低的焊条。当母材中碳、硫、磷等元素的含量偏高时，焊缝中容易产生裂纹，应选用抗裂性能好的碱性低氢型焊条。

（2）考虑焊接构件使用性能和工作条件　对承受动载荷和冲击载荷的焊件，除满足强度要求外，主要应保证焊缝金属具有较高的冲击韧度和塑性，可选用塑、韧性指标较高的低氢型焊条。接触腐蚀性介质的焊件，应根据介质的性质及腐蚀特征选用不锈钢类焊条或其他耐腐蚀焊条。在高温、低温、耐磨或其他特殊条件下工作的焊接件，应选用相应的耐热钢、低温钢、堆焊或其他特殊用途焊条。在没有直流焊机的地方，不宜选用限用直流电源的焊条，而应选用交直流两用的焊条。某些钢材（如珠光体耐热钢）需焊后需进行热处理，但受设备条件限制（或本身结构限制）不能进行热处理时，应改用非母体金属材料焊条（如奥氏体不锈钢焊条），可不必焊后热处理。

（3）考虑焊接结构特点及受力条件　对结构形状复杂、刚性大的厚大焊接件，由于焊接过程中产生很大的内应力，易使焊缝产生裂纹，应选用抗裂性能好的碱性低氢型焊条；对受力不大、焊接部位难以清理干净的焊件，应选用对铁锈、氧化皮、油污不敏感的酸性焊条；对受条件限制不能翻转的焊件，应选用适于全位置焊接的焊条。

（4）考虑施工条件和经济效益　在满足产品使用性能要求的情况下，应选用工艺性好的酸性焊条；在狭小或通风条件差的场合，应选用酸性焊条或低尘焊条；对焊接工作量大的结构，有条件时应尽量采用高效率焊条，如铁粉焊条、高效率重力焊条等，或选用底层焊条、立向下焊条之类的专用焊条，以提高焊接生产率；在密闭容器内焊接时，应采用低尘、

低毒焊条；在使用性能相同的情况下，应尽量选择价格较低的酸性焊条，而不用碱性焊条，在酸性焊条中又以钛型、钛钙型为贵，根据我国矿产资源情况，应大力推广钛铁矿型焊条。

3. 异种钢焊接时焊条选用要点

（1）强度级别不同的碳钢 + 低合金钢或低合金钢 + 低合金高强钢　一般要求焊缝金属或接头的强度不低于两种被焊金属的最低强度，选用的焊条强度应能保证焊缝及接头的强度不低于强度较低侧母材的强度，同时焊缝金属的塑性和冲击韧度应不低于强度较高而塑性较差侧母材的性能。因此，可按两者之中强度级别较低的钢材选用焊条。但是，为了防止焊接裂纹，应按强度级别较高、焊接性较差的钢种确定焊接工艺，包括焊接规范、预热温度及焊后热处理等。

（2）低合金钢 + 奥氏体不锈钢　应按照对熔敷金属化学成分限定的数值来选用焊条，一般选用铬、镍含量较高的、塑性、抗裂性较好的 Cr25-Ni13 型奥氏体钢焊条，以避免因产生脆性淬硬组织而导致的裂纹，但应按焊接性较差的不锈钢确定焊接工艺及规范。

（3）不锈复合钢板　应考虑对基层、覆层、过渡层的焊接选用三种不同性能的焊条。对基层（碳钢或低合金钢）的焊接，选用相应强度等级的结构钢焊条；覆层直接与腐蚀介质接触，应选用相应成分的奥氏体不锈钢焊条。关键是过渡层（即覆层与基层交界面）的焊接，必须考虑基体材料的稀释作用，应选用铬、镍含量较高、塑性和抗裂性好的 Cr25-Ni13 型奥氏体钢焊条。

4. 焊条的储存保管

焊条的储存与保管是否合理，对焊条质量有明显的影响。每个焊工、保管员和技术人员都应该知道焊条的储存和保管规则。在 JB/T 3223—1996《焊接材料质量管理规程》中对此作出了详尽而明确的规定。

1）焊条必须在干燥通风良好的室内仓库存放，库房内不允许放置有害气体和腐蚀性介质。

2）焊条应放在架子上，架子离地面高度不小于 300mm，距离墙壁应不小于 300mm 存放，架下应放置干燥剂，严防焊条受潮。

3）焊条堆放时，应按品种、品牌、规格、批次、入库时间分类、分牌号堆放，并应有明确标志，避免混乱。

4）焊条出库时，应做到先入库先使用。每次焊条的出库量不能超过两天的用量，已经出库的焊条，必须要保管好。

5）焊条储存库内应放置温度计和湿度计。放置低氢型焊条的仓库内温度不得低于 5℃，相对湿度应低于 60%。

6）在一般情况下焊条由塑料袋和纸盒包装，为了防止受潮，在焊条使用前，不能随意拆开，尽量作到现用现拆，有可能的话，焊完后剩余的焊条再密封起来。

5. 焊条的使用

（1）焊条使用前的检验　使用前应首先检查焊条有无制造厂的质量合格证，凡无合格证或对其质量有怀疑时，应按批抽查检验，合格者方可使用。存放多年的焊条应进行工艺性能试验，待检验合格后才能使用。如发现焊条内部有锈迹，须经试验合格后才能使用。焊条受潮严重，已发现药皮脱落者，一般应予以报废。

（2）焊条使用前的烘干　焊条使用前一般应按说明书规定的烘焙温度进行烘干。焊条烘干的目的是除去受潮药皮中的水分，以便减少熔池及焊缝中的氢，防止产生气孔和冷裂纹。烘干焊条要严格按照规定的工艺参数进行。烘干温度过高时，药皮中某些成分会发生分解，降低机械保护的效果；烘干温度过低或烘干时间不够时，受潮药皮的水分去除不彻底，仍会产生气孔和延迟裂纹。

酸性焊条根据受潮情况，在70～150℃以上烘干1～2h。若存储时间短且包装完好，用于一般结构钢，使用前也可不烘干。

> **小知识**　简单识别焊条受潮的方法
>
> 从不同位置取出几根焊条，用两手的拇指和食指之间将焊条支撑轻轻摇动，如果焊条是干燥的就会产生硬而脆的金属声，如果焊条受潮，声音发钝。在使用焊条前可作这种试验，以防止误用受潮焊条。
>
> 焊条的“过期”
>
> 所谓“过期”并不是指存放时间超过某一时间界限，而是指质量发生了程度不同的变化（变质）。各种类型的焊条存放时间较长，有时在焊条表面发现有白色结晶（发毛），这通常是由水玻璃引起的，这些结晶不是有害的，它意味着焊条由于存放时间很长而受潮的表现。

碱性低氢型焊条在使用前必须烘干，以降低焊条的含氢量，防止气孔、裂纹等缺陷产生，一般在350～400℃烘干1～2h；对含氢量有特殊要求的，烘干温度应提高到400～500℃。烘干温度应缓慢升高，不可将焊条在高温炉中突然放入或突然冷却，以免药皮干裂。经烘干的碱性焊条最好放入另一个温度控制在100～150℃低温烘干箱中存放，并随用随取。低氢型焊条一般在常温下放置超过4h，应重新烘干。其重复烘干次数不宜超过3次。

烘干焊条时，每层焊条不能堆放太厚（一般1～3层），以免焊条烘干时受热不均、潮气不易排除。烘干时要做好记录。

露天操作时，隔夜必须将焊条妥善保管，不允许露天存放。应该将焊条在低温箱中恒温存放，否则次日使用前必须重新烘干。

## 能力知识点7　焊条的发展现状

焊条的发展已有一百多年历史。1891年俄罗斯的斯拉维亚夫发明了无药皮的金属电极焊，1907年瑞典工程师奥斯卡·杰尔贝格发明了药皮焊条。2001年中国的焊条产量达到了100万t，居世界第一。目前我国焊条生产企业大约有500余家，其中具备完善的生产条件、检测手段和合理的质量保证体系的约300家，具备一定生产条件，缺乏检测手段的近200家。全行业的生产能力约150万t，2003年焊条产量120万t。

电焊条生产企业分布于除西藏外的各个地区，经济类型有国有、集体、私营、合资、独资、股份制。焊条的生产集中于几个大的焊材生产企业，如天津金桥焊材公司、天津大桥集团公司、四川大西洋集团公司等。品种主要以结构钢焊条为主，还有耐热钢焊条、不锈钢焊条、堆焊焊条、镍基焊条、铸铁焊条及其他特殊用途焊条。

目前，国内外各种新型焊条、专用焊条发展很快，正向高质量、高效率、低尘、低毒方面发展。以瑞典为代表的欧美各国，着重制订焊接卫生标准，按照焊条的发尘、发烟量进行分级，并研制了低尘低毒的新型焊条。日本重点研究降尘、降毒的方法。

随着科学技术的发展，无论对焊条品种和焊条产量方面都提出了越来越高的要求，为适应这种需求，焊条产品开发应向优质高效、低成本、低污染的方向发展。近年来，我国对焊条的发展也进行了大量的研究工作，今后焊条的研发将围绕以下几个方面来开展：

1）优质高效焊条。包括立向下全位置焊条、铁粉焊条、重力焊条、高纤维焊条、打底层或过渡层焊条等，目前所用的大都靠进口。

2）低氢低合金钢焊条。这类焊条的种类较多，除J506、J507外，还有600MPa以上的高强度系列、低温钢系列、耐热钢系列（特别是高抗蠕变，要求交直流两用的9Cr-1Mo钢焊条）。

3）不锈钢焊条。国内曾对发红问题、抗气孔性、抗裂性及工艺性能等进行了大量研究，效果较好，但与国外相比仍有较大差距。我国约需各类不锈钢焊条7000~8000t。

## 【综 合 训 练】

### 一、理论部分

（一）填空题

1. 焊条由__________和__________两部分组成。

2. 焊芯的主要作用是__________、__________和__________。

3. 焊条按熔渣的碱度分为__________和__________。

4. J507R表示最低熔敷金属抗拉强度为__________MPa，__________药皮，__________电源，__________焊条。

5. A132表示熔敷金属含铬量__________，含镍量__________，牌号分类编号为3，__________药皮，__________焊条。

6. R307焊条是__________焊条；W707焊条是__________焊条。

7. E4315中E表示__________，43表示__________，1表示__________；15表示__________。

8. E5018A1中E表示__________，50表示__________，1表示__________；18表示__________，A1表示__________。

9. E308-15中E表示__________，308表示__________，15表示__________。

10. 酸性焊条的烘干温度为__________，碱性焊条的烘干温度为__________，烘干的焊条应放在__________保温箱（筒）内，随取随用。

（二）判断题（正确的划"√"，错误的划"×"）

（　）1. 焊条的直径是以药皮直径来表示的。

（　）2. 焊芯的作用只是传导电流。

（　）3. 焊条药皮中稳弧剂的作用是改善焊条的引弧性能和提高焊接电弧的稳定性。

（　）4. 稳弧剂的主要作用是改善焊条引弧性能和提高焊接电弧的稳定性。常用的稳弧剂有钛铁矿、金红石、长石、大理石和萤石等。

（　）5. 由于焊条药皮中金红石的反电离作用，低氢焊条在交流电源焊接时，电弧不能稳定燃烧。

（　）6. 纤维素型焊条中含有大量的有机物质，属于造气保护。

(　　)7. 碱性焊条只能采用直流电源焊接，酸性焊条不可采用直流电源焊接。

(　　)8. 碱性焊条的工艺性能差，引弧困难，电弧稳定性差，且飞溅大，故只能用于一般结构的焊接。

(　　)9. 锰具有较强的脱氧效果，酸性焊条中常用锰铁作为脱氧剂。

(　　)10. 酸性熔渣往往没有碱性熔渣脱氧效果好。

(　　)11. 低氢型焊条药皮属于 $CaO$-$SiO_2$-$CaF_2$ 为主的渣系，呈现强碱性。

(　　)12. 碱性焊条抗气孔的能力比酸性焊条强。

(　　)13. 酸性焊条药皮中的氧化性较强，所以不适用于焊接合金元素较多的材料。

(　　)14. 碱性焊条使用前需经烘干方可使用，酸性焊条不必烘干。

(　　)15. 存放一年以上的焊条发放前应重新做各种试验，符合要求后才能发放。

(　　)16. 碱性焊条的烘干温度应该比酸性焊条高。

(　　)17. 焊条吸水性强的原因，主要是由于粘结剂水玻璃中的钾钠氧化物所为。

(　　)18. 珠光体耐热钢与低合金结构钢焊接时，应该根据珠光体耐热钢的化学成分来选择相应的焊接材料。

(　　)19. 1Cr18Ni9Ti 奥氏体不锈钢和 Q235-A 低碳素钢焊接时，应选用 A302(A307)焊条。

(　　)20. E308-15 焊条是不锈钢焊条，其牌号是 J427。

(　　)21. E4315 型号的焊条，对应的牌号是 J427。

(　　)22. E5516-G 型号的焊条，对应的牌号是 J556。

(　　)23. 牌号是 R107 的低合金耐热钢焊条，其对应的型号是 E5515-B1。

(　　)24. 牌号是 A102 的不锈钢焊条，其对应的型号是 E310-16。

(　　)25. 不锈钢焊条型号中，字母“E”后面的数字表示熔敷金属化学成分分类代号。

(三) 选择题(将正确答案的选项字母填入每题前的括号内)

(　　)1. 焊芯牌号末尾注有“A”的，表示焊芯含硫、磷质量分数不超过________。

A. 0.3%　　B. 0.05%　　C. 0.04%　　D. 0.03%

(　　)2. 下列选项中，________不是焊条药皮的组成物。

A. 稳弧剂　　B. 造气剂　　C. 造渣剂　　D. 脱氮剂

(　　)3. 焊接 Q345 钢时应选用下列焊条中的________焊条。

A. E4303　　B. E6015　　C. E5015　　D. E7015

(　　)4. 低氢型焊条一般在常温下超过________，应重新烘干。其重复烘干次数不宜超过________次。

A. 2h，3　　B. 4h，3　　C. 8h，4　　D. 10h，5

(　　)5. 酸性焊条的熔渣由于________，所以不能用在药皮中加入大量铁合金的方法，使焊缝金属合金化。

A. 还原性强　　B. 氧化性强　　C. 脱硫磷效果差　　D. 粘度太小

(　　)6. 低合金钢焊条型号 E5515-G 中，数字后的后缀字母“G”表示________。

A. 熔敷金属抗拉强度最小值　　B. 焊条适用的焊接位置

C. 焊条药皮类型及焊接电流种类　　D. 熔敷金属的化学成分分类

(　　)7. 不锈钢焊条型号 E308L-16 中，短划“-”后面的“16”表示________。

A. 适用于全位置焊接，采用直流反接

B. 适用于平焊，采用交流或直流反接

C. 适用于平焊，采用直流反接

D. 适用于全位置焊接，采用交流或直流反接

(　　)8. 焊条药皮的________可以使熔化金属与外界空气隔离，防止空气侵入。

A. 稳弧剂　　B. 造气剂　　C. 脱氧剂　　D. 合金剂

(　　)9. 碱性焊条中的萤氟石($CaF_2$)焊接时直接与氢发生反应产生大量的________，可以降低产生氢气孔的影响。

A. HF　　B. $HF_2$　　C. $H_2F$　　D. $H_2F_2$

(　　)10. 当熔渣中的________和 $CaF_2$ 时存在时，可以最有效地消除氢气孔。

A. $TiO_2$　　B. FeO　　C. $SiO_2$　　D. $P_2O_5$

(　　)11. 在低氢焊条药皮是加入称稳弧剂________，就可以解决交流电源焊接稳弧性问题。

A. 石英砂　　B. 锰铁　　C. 碳酸钾　　D. 大理石

(　　)12. 在焊接过程中对焊件不预热的条件下，用 E4303(J422)焊条，可以焊接________。

A. Q295(09Mn2)　　B. Q345(16Mn)　　C. Q390(16MnNb)　　D. Q420(15MnVN)

(　　)13. 在焊接过程中在不预热的条件下，用 E5003(J502)焊条，可以焊接______。

A. Q295(09Mn2)　　B. Q345(16Mn)　　C. Q390(16MnNb)　　D. Q420(15MnVN)

(　　)14. 一般情况下，焊件不预热的条件下或预热 100～150℃，用 E5016(J506)焊条，可以焊接________。

A. Q295(09Mn2)　　B. Q345(16Mn)　　C. Q390(16MnNb)　　D. Q420(15MnVN)

(　　)15. Q345(16Mn)钢焊条电弧焊时，可采用________焊条。

A. E4303(J422)　E5015(J507)　　B. E4303(J422)　E4314(J421)

C. E5016(J506)　E4303(J422)　　D. E5003(J502)　E5016(J506)　E5015(J507)

(　　)16. Q390(15MnV 和 15MnTi)钢焊条电弧焊时，对于厚度不大，坡口不深的结构，可采用________焊条。

A. E4303(J422)　　B. E5001(J503)

C. E5001(J503)　E4303(J422)　　D. E5001(J503)　E5003(J502)　E5015(J507)

(　　)17. E5015-G 焊条药皮类型是________。

A. 低氢钾型　　B. 铁粉低氢型　　C. 低氢钠型　　D. 铁粉氧化铁型

(　　)18. E5015 焊条熔敷金属的抗拉强度大于或等于________。

A. 450MPa　　B. 460MPa　　C. 490MPa　　D. 500MPa

(　　)19. 焊接 18MnMoNb 钢应选用焊条________。

A. E4303(J422)　　B. E5003(J502)　　C. E5015(J507)　　D. E6015(J607)

(　　)20. 用焊条电弧焊焊接 Q420(15MnVN)钢，应选用的焊条是________。

A. E4315(J427)　　B. E5015(J507)　　C. E6015(J607)　　D. E7015(707)

(　　)21. 用焊条电弧焊焊接 15CrMoV 钢，应选用的焊条是________。

A. E5015-A1(R107) B. E5515-B1(R207)
C. E5515-B2-V(R317) D. E5515-B2-VNb(R337)

( )22. 在焊条药皮中加入铁粉的目的是________。
A. 防止气孔 B. 防止裂纹 C. 加强脱氧 D. 提高熔化系数

( )23. 低碳钢焊条电弧焊时，低氢钠型焊条 E4315(J427)的脱渣性________。
A. 最好 B. 最差 C. 较差 D. 较好

( )24. A102 牌号焊条的新型号是________。
A. E0-19-10-16 B. E308-16
C. E316L D. E308-15

( )25. 1Cr18Ni9Ti 不锈钢焊条电弧焊时，选用的焊条牌号是________。
A. A102 B. A022 C. A132 D. A302

( )26. 碱性焊条脱氧能力比酸性焊条________。
A. 强 B. 弱 C. 稍弱 D. 相同

( )27. 碱性焊条抗氢气孔能力比酸性焊条________。
A. 强 B. 弱 C. 稍弱 D. 相同

( )28. E4303、E5003 属于________种药皮类型的焊条。
A. 钛钙型 B. 钛铁矿型 C. 低氢钠型 D. 低氢钾型

( )29. E4315、E5015 属于________种药皮类型的焊条。
A. 钛钙型 B. 钛铁矿型 C. 低氢钠型 D. 低氢钾型

( )30. E4316、E5016 属于________种药皮类型的焊条。
A. 钛钙型 B. 钛铁矿型 C. 低氢钠型 D. 低氢钾型

( )31. E4316、E5016 焊条焊接时焊接电流为________。
A. 交流或直流正接、反接 B. 直流正接
C. 交流或直流反接 D. 交流或直流正接

( )32. 为了保证低合金钢焊缝与母材有相同的耐热、腐蚀等性能，应选用________相同的焊条。
A. 抗拉强度 B. 屈服点 C. 成分 D. 塑性

( )33. 选用不锈钢焊条时，主要应遵守与母材________的原则。
A. 等强度 B. 等冲击韧度 C. 等成分 D. 等塑性

( )34. 常用来焊接 1Cr18Ni9Ti 不锈钢的 A137 不锈钢焊条，根据 GB/T 983—1995 的规定，新型号为________。
A. E308-15 B. E309-15 C. E347-15 D. E410-15

( )35. 不锈钢焊条型号中数字后的字母“L”表示________。
A. 碳含量较低 B. 碳含量较高 C. 硅含量较高 D. 硫、磷含量较低

( )36. 珠光体耐热钢焊条电弧焊时，选择焊条是根据母材的________。
A. 力学性能 B. 高温强度 C. 高温抗氧化性能 D. 化学成分

( )37. 焊条牌号 R317 是________。
A. 碳钢焊条 B. 结构钢焊条
C. 奥氏体不锈钢焊条 D. 珠光体耐热钢焊条

(　　)38. 焊接00Cr19Ni10的焊条应选用________。
A. A002　　B. A102　　C. A132　　D. A407

(　　)39. 焊接0Cr18Ni9的焊条应选用________。
A. A002　　B. A102　　C. A132　　D. A407

(　　)40. 焊接1Cr18Ni9Ti的焊条应选用________。
A. A002　　B. A102　　C. A132　　D. A407

(四) 简答题

1. 什么是焊条、焊芯、药皮？药皮的作用有哪些？其组成物有哪些？
2. 酸性焊条和碱性焊条各有哪些特点？
3. 简述焊条选用的原则？
4. 简述焊条储存与保管的原则。
5. 简述焊条使用前烘干的注意事项。
6. 解释焊条型号“E5015”表示的意义？使用E5015焊条时应注意什么？

**二、实践部分**

焊条选用及使用

1. 训练目标

1）熟悉焊条选用的基本原则。

2）了解焊条性能与焊芯及药皮成分的关系。

3）正确掌握焊条的使用方法。

2. 训练准备

1）人员准备：分组进行，每组由8~10人组成。

2）资料准备：实训指导书。

3. 训练地点

实验室或实训场地。

4. 训练办法

1）让学生根据被焊母材的化学成分与力学性能指标、焊件的工作条件、施工现场的焊接设备情况等条件来选用焊条。

2）让学生用各种不同类型焊条进行焊接操作，对比各种不同焊条的工艺性能及冶金性能特点。

3）参观焊条保管仓库，正确掌握焊条的储存保管及其使用方法。

## 综合知识模块二　焊丝

焊丝是焊接时作为填充金属或同时用来导电的金属丝，它是埋弧焊、电渣焊、气体保护焊与气焊的主要焊接材料。由于气体保护焊在能耗、生产率、焊接质量等方面都明显优于焊条电弧焊，近年来在很多方面已取代了焊条电弧焊。因此，生产中焊丝的需求量日趋增加，而焊条在焊接材料生产量中所占比例有所下降。

## 能力知识点 1　焊丝的分类

焊丝的分类方法很多，可分别按其适用的焊接方法、被焊材料、焊丝截面形状及结构等不同角度对焊丝进行分类。

（1）按其适用的焊接方法　可分为埋弧自动焊焊丝、电渣焊焊丝、$CO_2$ 焊焊丝、堆焊焊丝、气焊焊丝等。埋弧焊使用的焊丝有实芯焊丝和药芯焊丝两类，生产中普遍使用的是实芯焊丝，药芯焊丝只在某些特殊场合应用。$CO_2$ 气体保护焊目前已较多地采用了药芯焊丝。

（2）按被焊金属材料的不同　可分为碳钢焊丝、低合金钢焊丝、不锈钢焊丝、硬质合金堆焊焊丝、铜及铜合金焊丝、铝及铝合金焊丝、铸铁气焊焊丝等。

（3）按焊丝截面形状及结构　可分为实芯焊丝和药芯焊丝两大类。其中药芯焊丝又可分为气体保护焊丝、自保护焊丝和埋弧焊丝。焊丝的分类如图 2-2 所示。

- 焊丝
  - 实芯焊丝
    - 埋弧焊、电渣焊丝
    - 气体保护焊丝
      - 惰性气体保护焊丝（TIG，MIG）
      - 活性气体保护焊丝（MAG）
    - 自保护焊丝
  - 药芯焊丝
    - 埋弧焊丝
    - 气体保护焊丝（$CO_2$ 焊，$Ar+CO_2$ 焊）
    - 自保护焊丝

图 2-2　焊丝的分类

## 能力知识点 2　焊丝的牌号与型号

1. 实芯焊丝的牌号与型号

（1）实芯焊丝牌号　埋弧焊、电渣焊及气焊等熔焊焊丝的牌号与焊条电弧焊所用焊条焊芯的牌号表示方法相同。

牌号中第一个字母“H”表示焊接用实芯焊丝；H 后面的一位或二位数字表示含碳量；接下来的化学符号及其后面的数字表示该元素大致含量的百分数。当合金元素含量小于 1% 时，该合金元素化学符号后面的数字可省略。在结构钢焊丝牌号尾部标有“A”或“E”时，A 表示硫、磷含量要求低的高级优质钢，E 为硫、磷含量要求特别低的焊丝。

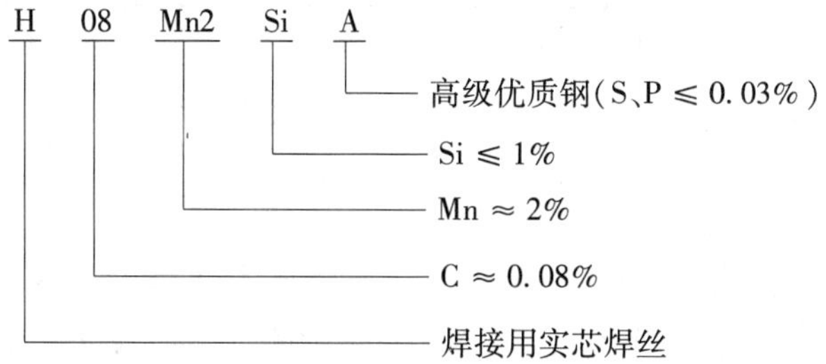


上述编排方法是 GB/T 14957—1994《熔化焊用钢丝》中规定的，其规律与钢号的编排方法基本相同。但随着新国家标准 GB/T 13304—1991《钢分类》的颁布与执行，有些钢号的编排方法已经改变，因此，上述编排方法只适用于大部分焊丝，而不是全部焊丝。焊接用钢丝单列为专用钢，主要是因为焊接工艺特点对填充金属有一些特殊要求。为了防止焊接缺陷并保证焊缝金属的性能，要求焊丝中的碳比相应的母材低，同时对硫、磷的限制更加严格。

（2）实芯焊丝型号　气体保护焊用钢丝的最新国家标准有 GB/T 14958—1994《气体保护焊用钢丝》和 GB/T 8110—1995《气体保护电弧焊用碳钢、低合金钢焊丝》。后者与 GB/T 1591—2008《低合金高强度结构钢》配套，适用于碳钢、低合金钢熔化极气体保护电弧焊用实芯焊丝；推荐用于钨极气体保护电弧焊和等离子弧焊的填充焊丝。

在 GB/T 8110—1995 中，焊丝按化学成分和采用熔化极气体保护电弧焊时熔敷金属的力学性能分类，型号用 ER××-××表示。字母“ER”表示焊丝；ER 后面的两位数字表示熔敷金属的最低抗拉强度；短划“-”后面的字母或数字表示焊丝化学成分分类代号，如还附加其他化学元素时，直接用元素符号表示，并以短划“-”与前面数字分开。

焊丝型号举例如下：

ER　55　-　B2　Mn

Mn——表示焊丝中含有锰元素

B2——表示焊丝化学成分分类代号

55——表示熔敷金属抗拉强度最低值为 $55kgf/mm^2$ 或 540MPa

ER——表示焊丝

2. 药芯焊丝牌号与型号

（1）药芯焊丝牌号　牌号的第一个字母“Y”表示药芯焊丝，第二个字母及第一、第二、第三位数字与焊条牌号编制方法相同，如 YJ×××为结构钢药芯焊丝，YR×××为耐热钢药芯焊丝。牌号“-”后面的数字表示焊接时的保护方法，见表 2-18。药芯焊丝有特殊性能和用途时，在牌号后面加注起主要用途的元素或主要用途的字母（一般不超过两个）。

药芯焊丝牌号举例如下：

Y　J　42　2　-　1

1——焊接时采用气保护

2——钛钙型，交、直流两用

42——熔敷金属 $\sigma_b \geqslant$ 420MPa

J——适用于焊接结构钢

Y——药芯焊丝

**表 2-18　药芯焊丝牌号“-”后面数字的含意**

| 牌　　号 | 焊接时保护方法 | 牌　　号 | 焊接时保护方法 |
|---|---|---|---|
| YJ×××-1 | 气体保护 | YJ×××-3 | 气体保护、自保护两用 |
| YJ×××-2 | 自保护 | YJ×××-4 | 其他保护形式 |

（2）碳钢药芯焊丝型号　碳钢药芯焊丝的型号遵从 GB/T 10045—2001《碳钢药芯焊丝》。碳钢药芯焊丝型号由两部分构成，即焊丝类型的代号加上表示焊缝金属力学性能的一组四位数字构成。

1）碳钢药芯焊丝分为 7 种类型。型号中的英文字母“EF”表示药芯焊丝，代号后面的第一位数字表示主要适用的焊接位置：“0”表示用于平焊和横焊，“1”表示用于全位置焊接；第二位数字或英文字母为分类代号，如表 2-19 所示。

2）短横线后用四位数字表示焊缝金属的力学性能。前两位数字 $X_1X_2$ 表示最小抗拉强度值，其代表的焊缝金属强度系列代号有两种，见表2-20。第三位数字 $X_3$ 为夏比冲击试验，$A_{kv}\geqslant 27J$ 时对应的试验温度代号；第四位数字 $X_4$ 为夏比冲击试验，$A_{kv}\geqslant 47J$ 时对应的试验温度代号；$X_3$ 和 $X_4$ 各有6种代号，见表2-21。

完整的碳钢药芯焊丝型号举例如下：

EF　0　3　-50　4　2

- 2——表示夏比冲击吸收功在0℃时不小于47J
- 4——表示夏比冲击吸收功在－30℃时不小于27J
- 50——表示抗拉强度最小值为500MPa
- 3——表示焊丝药芯为氧化钙-氟化物型，$CO_2$ 气体保护，采用直流焊丝接正，用于单道及多道焊
- 0——表示适用于平焊和横焊
- EF——表示药芯焊丝

**表2-19　碳钢药芯焊丝类型**（GB/T 10045—2001）

| 焊丝类型 | 药芯类型 | 保护气体 | 电流种类 | 适用性 |
|---|---|---|---|---|
| EF×1 | 氧化钛型 | 二氧化碳 | 直流，焊丝接正 | 单道焊和多道焊 |
| EF×2 | 氧化钛型 | 二氧化碳 | 直流，焊丝接正 | 单道焊 |
| EF×3 | 氧化钙-氟化物型 | 二氧化碳 | 直流，焊丝接正 | 单道焊和多道焊 |
| EF×4 | — | 自保护 | 直流，焊丝接正 | 单道焊和多道焊 |
| EF×5 | — | 自保护 | 直流，焊丝接正 | 单道焊和多道焊 |
| EF×G | — | — | — | 单道焊和多道焊 |
| EF×GS | — | — | — | 单道焊 |

**表2-20　焊缝金属强度系列**（GB/T 10045—2001）

| 强度系列（$X_1X_2$ 代号） | $\sigma$/MPa | $\sigma_{0.2}$/MPa | $\delta$(%) | 强度系列（$X_1X_2$ 代号） | $\sigma$/MPa | $\sigma_{0.2}$/MPa | $\delta$(%) |
|---|---|---|---|---|---|---|---|
| 43 | 430 | 340 | 22 | 50 | 500 | 410 | 22 |

**表2-21　焊缝金属夏比V形缺口冲击吸收功**（GB/T 10045—2001）

| 代号 $X_3$ | 冲击吸收功 | | 代号 $X_4$ | 冲击吸收功 | |
|---|---|---|---|---|---|
| | 温度/℃ | 冲击吸收功/J（不小于） | | 温度/℃ | 冲击吸收功/J（不小于） |
| 0 | 没有规定 | | 0 | 没有规定 | |
| 1 | +20 | 27 | 1 | +20 | 47 |
| 2 | 0 | | 2 | 0 | |
| 3 | −20 | | 3 | −20 | |
| 4 | −30 | | 4 | −30 | |
| 5 | −40 | | 5 | −40 | |

碳钢药芯焊丝牌号与GB/T 10045—2001型号的对照见表2-22。

**表2-22 碳钢药芯焊丝牌号与GB/T 10045—2001型号的对照**

| 牌　号 | GB型号 | 渣系类型 | 保护类型 | 主要用途 |
|---|---|---|---|---|
| YJ-501 | | 钛型 | $CO_2$ 气体保护 | 用于碳钢及500MPa级低合金钢焊接 |
| YJ-501Ni-1 | | 钛型 | $CO_2$ 气体保护 | 用于碳钢结构对接及角接 |
| YJ-502-1 | EF01-5020 | 钛钙型 | $CO_2$ 气体保护 | 用于重要低碳钢及相应强度低合金钢焊接 |
| YJ-502R-1 | EF01-5052 | 钛钙型 | $CO_2$ 气体保护 | 用于重要低碳钢和低合金钢焊接 |
| YJ-502R-2 | EF01-5052 | 钛钙型 | 自保护 | 用于低碳钢和低合金钢焊接 |
| YJ-507-1 | EF03-5040 | 氧化物-氟化物型 | $CO_2$ 气体保护 | 用于重要碳钢和相应强度低合金钢焊接 |
| YJ-507Ni-1 | EF03-5004 | 氧化物-氟化物型 | $CO_2$ 气体保护 | 用于重要低合碳钢物相应强度低合金钢焊接 |
| YJ-507-2 | EF04-5020 | 氧化物-氟化物型 | 自保护 | 适用于冶金高炉、船舶、桥梁等碳钢结构焊接 |
| Y-507G-2 | EF04-5042 | 氧化钙-氟化物型 | 自保护 | 用于重要的低碳钢中、厚板结构焊接 |
| Y-507D-2 | EFOGS-5000 | 氧化钙-氟化物型 | 自保护 | 用于低碳钢输油、气管道及中、薄板结构焊接 |

（3）低合金钢药芯焊丝型号　GB/T 17493—2008《低合金钢药芯焊丝》对适用于气体保护和自保护电弧焊用低合金钢药芯焊丝的型号、分类和技术要求等作了规定。

低合金钢药芯焊丝型号表示方法为E×××T×-×。其中E表示焊丝，T表示药芯焊丝；字母E后面的两位数字表示焊丝熔敷金属的力学性能，字母E后面的第三位数字表示推荐的焊接位置，其中0表示平焊和横焊，1表示全位置焊接；字母T后面的数字表示焊丝的渣系、保护类型和电流类型，可以分为T1、T4、T5、T8和T×-G共5类，各种渣系药芯焊丝的特点见表2-23。按熔敷金属抗拉强度将低合金钢药芯焊丝分为E43、E50、E55、E60、E70、E75、E85和由供需双方共同商定共8个等级。低合金钢药芯焊丝熔敷金属抗拉伸性能见表2-24。另外，按照焊丝的化学成分，又可以将低合金钢药芯焊丝分为碳钼钢焊丝、镍钢焊丝、锰钼钢焊丝及其他低合金钢焊丝等。

**表2-23 低合金钢药芯焊丝类别特点的符号说明(GB/T 17493—2008)**

| 型　号 | 焊丝渣系特点 | 保护类型 | 电流类型 |
|---|---|---|---|
| E×××T1-× | 渣系以金红石为主体，熔滴成喷射或细滴过渡 | 气保护 | 直流，焊丝接正极 |
| E×××T4-× | 渣系具有强脱硫作用，熔滴成粗滴过渡 | 自保护 | 直流，焊丝接正极 |
| E×××T5-× | 氧化钙-氟化物碱性渣系，熔滴成粗滴过渡 | 气保护 | 直流，焊丝接正极 |
| E×××T8-× | 渣系具有强脱硫作用 | 自保护 | 直流，焊丝接正极 |
| E×××T×-G | 渣系、电弧特性、焊缝成形及极性不作规定 | | |

**表2-24 低合金钢药芯焊丝熔敷金属抗拉伸性能**

| 型　号 | $\sigma_b$/MPa | $\sigma_{0.2}$/MPa | $\delta_5$(%) |
|---|---|---|---|
| E43×T×-× | 410～550 | 340 | 22 |
| E50×T×-× | 490～620 | 440 | 20 |
| E55×T×-× | 550～690 | 470 | 19 |
| E60×T×-× | 620～760 | 540 | 17 |

（续）

| 型　号 | $\sigma_b$/MPa | $\sigma_{0.2}$/MPa | $\delta_5$(%) |
|---|---|---|---|
| E70×T×-× | 690～830 | 610 | 16 |
| E75×T×-× | 760～900 | 680 | 15 |
| E85×T×-× | 830～970 | 750 | 14 |
| E×××T×-G | 由供需双方协商 | | |

## 能力知识点3　实芯焊丝

实芯焊丝的作用相当于焊条中的焊芯。对实芯焊丝的要求与对焊芯的要求一样，即含碳量低、含硫、磷量少(分不超过0.04%和不超过0.03%两级)，并含有一定量的合金。实芯焊丝包括埋弧焊、电渣焊、$CO_2$气体保护焊、氩弧焊、气焊以及堆焊用的焊丝。实芯焊丝的分类及应用特点见表2-25。

**表2-25　实芯焊丝的分类及应用特点**

| 分　类 | 第二层次分类 | 特　点 |
|---|---|---|
| 埋弧焊、电渣焊焊丝 | 低碳钢用焊丝 | 埋弧焊、电渣焊时电流大，要采用粗焊丝，焊丝直径3.2～6.4mm |
| | 低合金高强钢用焊丝 | |
| | Cr-Mo耐热钢用焊丝 | |
| | 低温钢用焊丝 | |
| | 不锈钢用焊丝 | |
| | 表面堆焊用焊丝 | 焊丝因含碳或合金元素较多，难于加工制造，目前主要采用液态连铸拉丝方法进行小批量生产 |
| 气体保护焊焊丝 | TIG焊用焊丝 | 一般不加填充焊丝，有时加填充焊丝。手工填丝为切成一定长度的焊丝，自动填丝时采用盘式焊丝 |
| | MIG、MAG焊用焊丝 | 主要用于焊接低合金钢、不锈钢等 |
| | $CO_2$焊用焊丝 | 焊丝成分中应有足够数量的脱氧剂，如Si、Mn、Ti等。如果合金含量不足，脱氧不充分，将导致焊缝中产生气孔；焊缝力学性能(特别是韧性)将明显下降 |
| 自保护焊用焊丝 | | 除了提高焊丝中的C、Si、Mn的含量外，还要加入强脱氧元素Ti、Zr、Al、Ce等 |

实芯焊丝是目前生产中最常用的焊丝，由热轧线材经拉拔加工而成。焊丝的直径规格有$\phi$0.8mm、$\phi$1.0mm、$\phi$1.2mm、$\phi$1.6mm、$\phi$2mm、$\phi$3mm、$\phi$4mm、$\phi$5mm、$\phi$6mm等几种，前几种直径多用于半自动焊，后几种多用于自动焊。不同的焊接方法应采用不同直径的焊丝。埋弧焊时电流大，要采用粗焊丝，焊丝直径在$\phi$2.4～$\phi$6.4mm；气体保护焊时，为了得到良好的保护效果，要采用细焊丝，直径多为$\phi$0.8～$\phi$1.6mm。

焊丝表面应当光滑，除不锈钢、有色金属焊丝外，各种低碳钢和低合金钢焊丝表面最好镀铜。这种镀铜焊丝，由于镀铜层很薄，不会在焊缝中产生裂纹。镀铜焊丝的表面在焊前不需要再经除锈处理，使用方便，对于防止气孔的产生效果显著。此外，镀铜焊丝还可改善焊丝与导电嘴接触状况。

为了使焊接过程稳定并减少焊接辅助时间，焊丝通常用盘丝机整齐的盘绕在焊丝盘上，按照国家标准规定，每盘焊丝应由一根焊丝绕成。

## 能力知识点4 药芯焊丝

药芯焊丝是将药粉包在薄钢带内卷成不同的截面形状经轧拔加工制成的焊丝。药芯焊丝也称为粉芯焊丝、管状焊丝或折叠焊丝，用于气体保护焊、埋弧焊和自保护焊，是一种很有发展前途的焊接材料。药芯焊丝粉剂的作用与焊条药皮相似，区别在于焊条的药皮涂敷在焊芯的外层，而药芯焊丝的粉剂被钢带包裹在芯部。药芯焊丝可以制成盘状供应，易于实现机械化焊接。

1. 药芯焊丝的分类

药芯焊丝的分类较复杂，大致有以下几种分类方法：

（1）根据外层结构分类　根据外层结构可将药芯焊丝分为有缝药芯焊丝和无缝药芯焊丝两种。

1）有缝药芯焊丝：由冷轧薄钢带首先轧成U形，加入药芯后再轧成O形，折叠后轧成E形。

2）无缝药芯焊丝：用焊成的钢管或无缝钢管加药芯制成。这种焊丝的优点是密封性好，焊芯不会受潮变质，在制造中可以对表面镀铜，改进了送丝性能，同时又具有性能高、成本低的特点，因而已成为药芯焊丝今后发展的方向。

（2）按是否使用外加保护气体分类　根据是否有保护气体，药芯焊丝可分为气体保护焊丝（有外加保护气）和自保护焊丝（无外加保护气）。气体保护药芯焊丝的工艺性能和熔敷金属冲击性能比自保护的好，但自保护药芯焊丝具有抗风性，更适合室外或高层结构现场使用。

药芯焊丝可作为熔化极（MIG、MAG）或非熔化极（TIG）气体保护焊的焊接材料。TIG焊时，大部分使用药芯焊丝作填充材料。焊丝内含有特殊性能的造渣剂，底层焊接时不需充氩保护，芯内粉剂会渗透到熔池背面，形成一层致密的熔渣保护层，使焊道背面不受氧化，冷却后该焊渣很易脱落。

（3）按药芯焊丝的截面形状分类　根据药芯焊丝的截面形状可分为简单断面的“O”形和复杂断面的折叠形两类，折叠形又可分为梅花形、T形、E形和中间填丝形等。药芯焊丝的截面形状示意图如图2-3所示。

药芯焊丝的截面形状对焊接工艺性能与冶金性能都有很大影响。其中最简单的为“O”形（图2-3a、b、e），又称管状焊丝。由于中间芯部的粉剂不导电、电弧容易沿四周外皮旋转，使得电弧稳定性较差。E形截面（图2-3c）药芯焊丝，由于折叠的钢带偏向截面的一侧，当焊丝与母材之间的角度比较小时，容易发生电弧偏吹现象。双层药芯焊丝（图2-3d）可以把密度相差悬殊的粉末分开，把密度大的金属粉末加在内层，把密度较小的矿石粉加在外层，这样可以保持粉末成分的均匀性，使焊丝性能稳定，由于它的截面比较对称，并且金属粉居

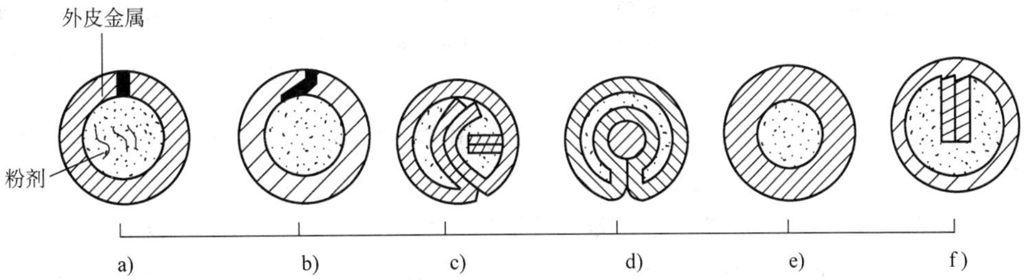


图 2-3 药芯焊丝的截面形状

a)、b)、e) O 形 c) E 形 d) 双层药芯 f) T 形

于截面中心，所以电弧比较稳定。双层药芯焊丝的不足在于当焊丝反复烘干时容易造成截面变形、漏粉从而导致送丝困难。

一般地说，药芯焊丝的截面形状越复杂越对称，电弧越稳定，药芯的冶金反应和保护作用越充分。但是随着焊丝直径的减小，这种区别逐渐缩小，当焊丝直径小于 2mm 时，截面形状的影响已不明显了。目前，小直径(不大于 2.0mm)药芯焊丝一般采用 O 形截面，大直径(不小于 2.4mm)药芯焊丝多采用 E 形、T 形等折叠形复杂截面。

(4) 按药芯中有无造渣剂分类 根据药芯焊丝内层填料粉剂中有无造渣剂可分成药粉型(有造渣剂)和金属粉型(无造渣剂)两类。在药粉型药芯焊丝中加入粉剂，主要是为了改善焊缝金属的力学性能、抗裂性及焊接工艺性能。这些粉剂有脱氧剂(硅铁、锰铁)、造渣剂(金红石、石英等)、稳弧剂(钾、钠等)、合金剂(Ni、Cr、Mo 等)及铁粉等。

金属粉型药芯焊丝几乎不含造渣剂，焊接工艺性能类似于实芯焊丝，其熔敷效率和抗裂性能优于药粉型，焊丝粉芯中大部分是金属粉(铁粉、脱氧剂等)，还加入了特殊的稳弧剂，这可保证焊接时造渣少、效率高、飞溅少、电弧稳定等特点。另外，焊缝扩散氧含量低，抗裂性能得到改善。据统计，采用金属粉型焊丝施焊时，其造渣量为药粉型焊丝的 1/3，故不进行除渣就可连续多层焊接(3 ~4 层)，焊接生产率得到提高。

(5) 根据造渣剂的种类及熔渣的碱度分类 按照造渣剂的种类及渣的碱度可分为钛型(又称金红石型、酸性渣)、钛钙型(又称金红石碱型、中性或弱碱性渣)、钙型(碱性渣)。

钛型渣系药芯焊丝的焊道成形美观，全位置焊接工艺性能优良，电弧稳定，飞溅小，但焊缝金属的韧性和抗裂性稍差。钙型渣系药芯焊丝焊缝金属的韧性和抗裂性优良，但焊道成形和焊接工艺性稍差。钛钙型渣系介于上述二者之间。

目前我国药芯焊丝产品品种主要有钛型气保护、碱性气保护和耐磨堆焊(主要是埋弧堆焊类)三大系列，适用于碳钢、低合金高强钢、不锈钢等，大体可满足一般工程结构焊接需求。在产品质量方面，用于结构钢焊接的 E71T-1 钛型气保护药芯焊丝产品质量已经有了突破性的提高，而碱性药芯焊丝的产品质量有待进一步提高。

在药芯焊丝的使用品种上，以钛型气体保护碳钢和低合金钢药芯焊丝最多，硬面堆焊药芯焊丝和自保护药芯焊丝次之，气体保护不锈钢药芯焊丝(少量用于耐腐蚀容器和大型医疗器械中)和金属粉型药芯焊丝(少量应用于钢结构和桥梁上)为最少。

2. 药芯焊丝的特点

药芯焊丝是在结合焊条的优良工艺性能和实芯焊丝的高效率自动焊的基础上产生的一种新型焊接材料，其优点如下：

1）焊接工艺性能好。在电弧高温作用下，芯部各种物质产生造气、造渣以及一系列冶金反应，对熔滴过渡形态、熔渣表面张力等物理性能产生影响，明显地改善了焊接工艺性能。

2）飞溅小。由于药芯焊丝中加入了稳弧剂，电弧燃烧稳定，熔滴呈滴状均匀过渡，故焊接时飞溅很少，且飞溅颗粒细小，在钢板上粘不住，很容易清除。

3）焊缝成形美观。在焊道成形方面，熔渣起着重要作用。实芯焊丝施焊时无法依靠渣起作用，仅依靠熔融金属自身的粘性和表面张力形成焊道，故表面形状不良。药芯焊丝焊接时，能形成一定数量的熔渣，依靠渣的表面张力生成一个软的铸型，这个铸型对形成良好焊道起着重要作用。

4）熔敷速度高于实芯焊丝。采用药芯焊丝焊接时，由于焊丝断面上通电部分的面积比实芯焊丝小，在同样的焊接电流下药芯焊丝的电流密度高，焊丝熔化速度快，熔敷速度提高。

5）可采用大电流进行全位置焊接。在各种焊接位置下，药芯焊丝均可采用较大的焊接电流，如 $\phi$1.2mm 焊丝，其电流可用到 280A，这时仍能顺利地实现向下立焊，可称为其独到之处。

当然，药芯焊丝也有自己的不足。首先药芯焊丝的送丝比实芯焊丝困难，因为药芯焊丝强度低，若加大送丝的外力，焊丝可能变形开裂，粉剂外漏；其次药芯焊丝外表容易锈蚀，粉剂容易吸潮，使用前常需烘烤，否则，粉剂中吸收的水分会在焊缝中引起气孔。

由于与实芯焊丝相比，药芯焊丝具有焊接工艺性好、飞溅小、焊缝成形美观、可采用大电流进行全位置焊接和熔敷效率高等优点，已得到各行业部门的高度评价，成为最具有发展前途的焊接材料。

## 【综 合 训 练】

### 一、理论部分

（一）判断题（正确的划“√”，错误的划“×”）

(　　)1. 常用的牌号为 H08Mn2SiA 焊丝中的“H”表示焊接。

(　　)2. 常用牌号为 H08Mn2SiA 焊丝中的“A”表示硫、磷含量≤0.03%。

(　　)3. 药芯焊丝不需要外加气体或焊剂的保护即可进行焊接。

(　　)4. 为了改善熔敷金属的力学性能，常常在焊丝表面镀有一层铜。

(　　)5. $\phi$2.0 以上药芯焊丝的截面形状做成“O”形将影响焊接电弧的稳定性。

(　　)6. $CO_2$ 药芯焊丝焊接时比 $CO_2$ 实芯焊丝的飞溅小得多。

（二）选择题（将正确答案的选项字母填入每题前的括号内）

(　　)1. 常用的牌号为 H08Mn2SiA 焊丝中的“08”表示________。

A. 含碳量为 0.08%　B. 含碳量为 0.8%　C. 含碳量为 8%　D. 含锰量为 0.08%

(　　)2. 常用的牌号为 H08Mn2SiA 焊丝中的“Mn2”表示________。

A. 含锰量为 0.02%　B. 含锰量为 0.2%　C. 含锰量为 2%　D. 含锰量为 20%

(　　)3. 焊丝的化学成分应基本上与________相符。

A. 过渡形式　B. 焊后热处理　C. 焊件　D. 预热温度

（三）填空题

1. 焊丝按截面形状及结构分为________、________。

2. 药芯焊丝的截面形状有________、________、________、________、________。

3. EF03-5042 中 EF 表示_______，0 表示_______，3 表示________，50 表示________，4 表示________，2 表示________。

4. YJ502-1 中 Y 表示________，J 表示________，50 表示________，2 表示________，1 表示________。

**二、实践部分**

焊丝选用

1. 训练目标

1）了解各种焊丝工艺性能、冶金性能的特点。

2）根据焊接母材成分、焊接方法及对焊缝的成分性能要求来选用不同焊丝。

2. 训练准备

1）人员准备：分组进行，每组由 8～10 人组成。

2）资料准备：实训指导书、任务书。

3. 训练地点

实验室或实训场地。

4. 训练办法

1）先通过试验让学生了解各种焊丝工艺性能，冶金性能的特点。

2）通读任务书，使学生了解焊接母材成分、焊接方法及对焊缝的成分性能的要求。

3）让学生选配焊丝。

4）让学生用自己选配的焊丝进行焊接操作，对比各种不同选配的效果。

## 综合知识模块三　焊剂

焊剂是指焊接时能够熔化形成熔渣和气体，对熔化金属起保护和冶金处理作用的一种颗粒状物质。焊剂的作用相当于焊条中的药皮，在焊接过程中起到隔离空气、保护焊接区金属使其不受空气的侵害，以及进行冶金处理等作用。焊剂是埋弧焊、电渣焊时不可缺少的焊接材料。

### 能力知识点 1　焊剂的分类

焊剂的分类方法很多，如图 2-4 所示。但无论按哪种分类方法，都不能概括焊剂的所有特点。了解焊剂的分类是为了更好地掌握焊剂的特点，以便进行正确选择和使用。

1. 按焊剂用途分类

焊剂按用途可分为埋弧焊焊剂、堆焊焊剂、电渣焊焊剂；按所焊材料分为低碳钢用焊剂、低合金钢用焊剂、不锈钢用焊剂、镍及镍合金用焊剂、钛及钛合金用焊剂等。

2. 按焊剂制造方法分类

按焊剂制造方法的不同，可以把焊剂分成熔炼焊剂和烧结焊剂两大类。

（1）熔炼焊剂　按照配方将一定比例的各种配料放在炉中熔炼，然后经过水冷，使焊

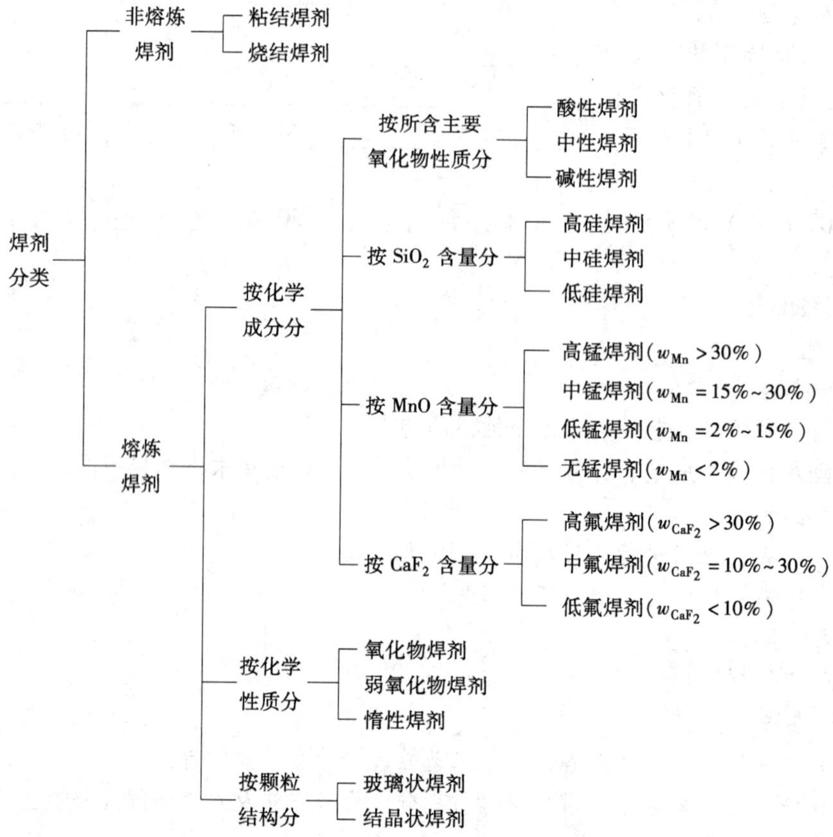


图 2-4　焊剂的分类

剂形成颗粒状，经烘干、筛选而制成的焊剂。熔炼焊剂的主要优点是化学成分均匀，可以获得性能均匀的焊缝。但由于焊剂在制造过程中有高温熔炼过程，合金元素会被氧化，所以焊剂中不能添加铁合金，因此不能依靠焊剂向焊缝大量过渡合金元素。熔炼焊剂是目前生产中最广泛使用的一种焊剂。

（2）烧结焊剂　将一定比例配料粉末，混合均匀并加入适量的粘结剂后经烘焙而制成。根据烘焙温度的不同，烧结焊剂又可分以下两种：

1）粘结焊剂。经 400℃以下的低温烘焙而制成的一种焊剂，以前称陶质焊剂。

2）烧结焊剂。在 400～1000℃高温下烧结成块，然后粉碎、筛选而成。其中烧结温度为 400～600℃的叫低温烧结焊剂，烧结温度高于 700℃的叫高温烧结焊剂。前者可以渗合金，后者则只有造渣和保护作用。

根据不同的使用要求，还可以把熔炼焊剂和烧结焊剂混合起来使用，称之为混合焊剂。

3. 按焊剂化学成分分类

（1）按所含主要氧化物性质　可分为酸性焊剂、碱性焊剂和中性焊剂。

（2）按 $SiO_2$ 含量　可分为高硅焊剂、中硅焊剂和低硅焊剂。

（3）按 MnO 含量　可分为高锰焊剂、中锰焊剂、低锰焊剂和无锰焊剂。

（4）按 $CaF_2$ 含量分　可分为高氟焊剂、中氟焊剂和低氟焊剂。

（5）按照焊剂的主要成分特性　可分为氟碱型焊剂、高铝型焊剂、硅钙型焊剂、硅锰型焊剂、铝钛型焊剂。这种分类方法一般用于非熔炼焊剂。

4. 按焊剂化学性质分类

（1）氧化性焊剂 焊剂对焊缝金属具有较强的氧化性，可分为两种：一种是含有大量 $SiO_2$、MnO 的焊剂；另一种是含较多 FeO 的焊剂。

（2）弱氧化性焊剂 焊剂中基本不含 $SiO_2$、MnO、FeO 等氧化物，所以对于焊接金属没有氧化作用，焊缝含氧量较低。

（3）惰性焊剂 焊剂含 $SiO_2$、MnO、FeO 等氧化物较少，基本不含 FeO、$SiO_2$、MnO 等的焊剂，对焊缝金属没有氧化作用。此类焊剂的成分是由 $Al_2O_3$、CaO、MgO、$CaF_2$ 等。

## 能力知识点 2 焊剂的型号和牌号

1. 焊剂的型号

（1）碳钢埋弧焊焊剂型号 碳钢埋弧焊焊剂型号是根据使用焊丝与焊剂组合而形成的熔敷金属的力学性能而划分的。在 GB/T 5293—1999《埋弧焊用碳钢焊丝和焊剂》中，焊丝—焊剂组合的型号编制方法如下：字母“F”表示焊剂；第一位数字表示焊丝—焊剂组合的熔敷金属抗拉强度最小值；第二位字母表示试件的热处理状态，“A”表示焊态，“P”表示焊后热处理状态；第三位数字表示熔敷金属冲击吸收功不小于 27J 时的最低试验温度；“-”后面表示焊丝牌号。

碳钢埋弧焊焊剂型号的举例如下：

F 4 A 2 - H08A

- H08A —— 表示焊丝牌号
- 2 —— 表示熔敷金属冲击吸收功不小于 27J 时的最低试验温度为 －20℃（见表 2-26）
- A —— 表示试件为焊态
- 4 —— 表示熔敷金属抗拉强度的最小值为 415MPa（见表 2-27）
- F —— 表示焊剂

**表 2-26 拉伸试验**

| 焊 剂 型 号 | 抗拉强度 $\sigma_b$/MPa | 屈服强度 $\sigma_s$/MPa | 伸长率 $\delta_5$（%） |
|---|---|---|---|
| F4××-H××× | 415～550 | ≥330 | ≥22 |
| F5××-H××× | 480～650 | ≥400 | ≥22 |

**表 2-27 冲击试验**

| 焊 剂 型 号 | 冲击吸收功/J | 温度/℃ | 焊 剂 型 号 | 冲击吸收功/J | 温度/℃ |
|---|---|---|---|---|---|
| F××0-H××× | | 0 | F××4-H××× | | －40 |
| F××2-H××× | ≥27 | －20 | F××5-H××× | ≥27 | －50 |
| F××3-H××× | | －30 | F××6-H××× | | －60 |

（2）低合金钢埋弧焊焊剂型号 在 GB/T 12470—2003《埋弧焊用低合金钢焊丝和焊剂》中，根据埋弧焊焊缝金属力学性能和焊剂渣系来划分，其型号表示方法如下：

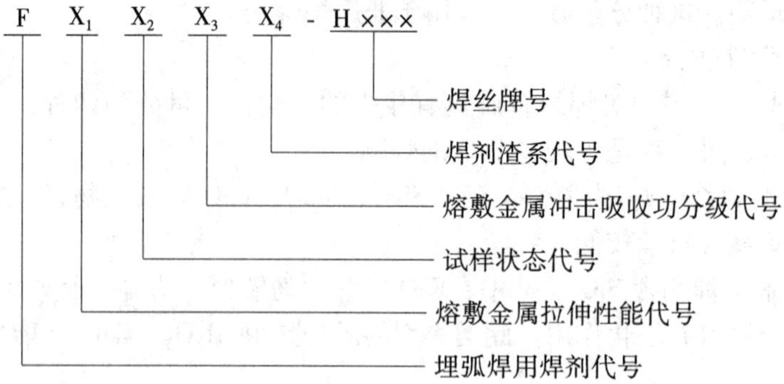


字母“F”表示埋弧焊用焊剂；其后第一位数字代号 $X_1$ 分为5、6…10，表示熔敷金属拉伸性能，每类均规定了抗拉强度、屈服强度及伸长率三项指标，见表2-28；第二位数字代号 $X_2$ 表示试样状态，“0”表示焊态，“1”表示焊后热处理状态；第三位数字代号 $X_3$ 分为0、1…6、8、10，表示熔敷金属冲击功不小于27J时的试验温度，见表2-29；第四位代号 $X_4$ 分为1、2…6，表示焊剂渣系，见表2-30；型号尾部“H×××”表示焊接时所采用的焊丝牌号。

**表2-28　焊剂型号第一位数字代号 $X_1$ 的含义**

| 拉伸性能代号/$X_1$ | 抗拉强度 $\sigma_b$/MPa | 屈服强度 $\sigma_s$/MPa | 伸长度 δ/% |
|---|---|---|---|
| 5 | 480～650 | ≥380 | ≥22.0 |
| 6 | 550～690 | ≥460 | ≥20.0 |
| 7 | 620～760 | ≥540 | ≥17.0 |
| 8 | 690～820 | ≥610 | ≥16.0 |
| 9 | 760～900 | ≥680 | ≥15.0 |
| 10 | 820～970 | ≥750 | ≥14.0 |

**表2-29　焊剂型号第三位数字代号 $X_3$ 的含义**

| 冲击吸收功代号/$X_3$ | 试验温度/℃ | 冲击吸收功/J | 冲击吸收功代号/$X_3$ | 试验温度/℃ | 冲击吸收功/J |
|---|---|---|---|---|---|
| 0 | — | 无要求 | 5 | -50 | ≥27 |
| 1 | 0 | ≥27 | 6 | -60 | |
| 2 | -20 | | 8 | -80 | |
| 3 | -30 | | 10 | -100 | |
| 4 | -40 | | | | |

**表2-30　焊剂型号第四位数字代号 $X_4$ 的含义**

| 焊剂渣系代号/$X_4$ | 主要组分(%) | 渣　系 |
|---|---|---|
| 1 | $CaO+MgO+MnO+CaF_2>50\%$，$SiO_2\leqslant20\%$，$CaF_2\geqslant15\%$ | 氟碱型 |
| 2 | $Al_2O_3+CaO+MgO>45\%$，$Al_2O_3\geqslant20\%$ | 高铝型 |
| 3 | $CaO+MgO+SiO_2>60\%$ | 硅钙型 |
| 4 | $MnO+SiO_2>50\%$ | 硅锰型 |
| 5 | $Al_2O_3+TiO_2>45\%$ | 铝钛型 |
| 6 | 不作规定 | 其他型 |

例如：F5121-H08MnMoA 焊剂，表示这种低合金钢埋弧焊焊剂采用 H08MnMoA 焊丝，按 GB/T 12470—2003 所规定的焊剂参数焊接试样，试样经焊后热处理后，熔敷金属抗拉强度为 480～650MPa，屈服强度不低于 380MPa，伸长率不低于 22.0%，在 –20℃时冲击吸收功不小于 27J。焊剂渣系为氟碱型。

（3）不锈钢埋弧焊焊剂型号　在 GB/T 17854—1999《埋弧焊用不锈钢焊丝和焊剂》中，规定了埋弧焊用不锈钢焊丝和焊剂的型号分类、技术要求、试验方法及检验规则等内容。在该标准中，焊丝—焊剂组合的型号编制方法如下：字母“F”表示焊剂；“F”后面的数字表示熔敷金属种类代号，如有特殊要求的化学成分，该化学成分用元素符号表示，放在数字的后面；“-”后面表示不锈钢焊丝的牌号。不锈钢埋弧焊焊丝和焊剂组合的熔敷金属化学成分应符合表 2-31 规定。

不锈钢埋弧焊焊剂型号的举例如下：

F　308　L - H00Cr21Ni10

- H00Cr21Ni10——表示焊丝牌号
- L——表示熔敷金属中碳含量较低
- 308——表示熔敷金属种类代号
- F——表示焊剂

**表 2-31　熔敷金属化学成分**

<table>
<tr><th rowspan="2">焊剂型号</th><th colspan="9">化学成分（质量分数，%）</th></tr>
<tr><th>C</th><th>Si</th><th>Mn</th><th>P</th><th>S</th><th>Cr</th><th>Ni</th><th>Mo</th><th>其他</th></tr>
<tr><td>F308-H×××</td><td>0.08</td><td rowspan="12">1.00</td><td rowspan="10">0.50～2.50</td><td rowspan="4">0.040</td><td rowspan="12">0.030</td><td rowspan="2">18.0～21.0</td><td rowspan="2">9.0～11.0</td><td rowspan="3">—</td><td rowspan="7">—</td></tr>
<tr><td>F308L-H×××</td><td>0.04</td></tr>
<tr><td>F309-H×××</td><td>0.15</td><td rowspan="2">22.0～25.0</td><td rowspan="2">12.0～14.0</td></tr>
<tr><td>F309Mo-H×××</td><td>0.12</td><td rowspan="2">2.00～3.00</td></tr>
<tr><td>F310-H×××</td><td>0.20</td><td>0.030</td><td>25.0～28.0</td><td>20.0～22.0</td></tr>
<tr><td>F316-H×××</td><td>0.08</td><td rowspan="7">0.040</td><td rowspan="3">17.0～20.0</td><td rowspan="3">11.0～14.0</td><td rowspan="2">2.00～3.00</td></tr>
<tr><td>F316L-H×××</td><td rowspan="2">0.04</td></tr>
<tr><td>F316CuL-H×××</td><td>1.20～2.75</td><td>Cu</td></tr>
<tr><td>F317-H×××</td><td rowspan="2">0.08</td><td rowspan="2">18.0～21.0</td><td>12.0～14.0</td><td>3.00～4.00</td><td>—</td></tr>
<tr><td>F347-H×××</td><td>—</td><td rowspan="3">—</td><td>Nb</td></tr>
<tr><td>F410-H×××</td><td>0.12</td><td rowspan="2">0.12</td><td>11.0～13.5</td><td rowspan="2">—</td><td rowspan="2">—</td></tr>
<tr><td>F430- H×××</td><td>0.10</td><td>15.0～18.0</td></tr>
</table>

2. 焊剂的牌号

由于焊剂型号内容比较复杂，而且不够完备，在生产中更多是使用焊剂的牌号，在原机械工业部 1997 年出版的《焊接材料产品样本》中规定焊剂牌号编制方法如下：

（1）熔炼焊剂　其牌号编制方法如下。

1）牌号前“HJ”表示埋弧焊及电渣焊用熔炼焊剂。

2）牌号第一位数字表示焊剂中氧化锰的含量，其含义见表 2-32。

3）牌号第二位数字表示焊剂中二氧化硅、氟化钙的含量，其含义见表2-33。

4）牌号第三位数字表示同一类型焊剂的不同牌号，按0、1、2、……、9顺序排列。

5）对同一牌号生产两种颗粒度时，在细颗粒焊剂牌号后面加“×”。

**表2-32 熔炼焊剂牌号中第一位数字的含义**

| 牌号 | 焊剂类型 | 氧化锰含量(%) | 牌号 | 焊剂类型 | 氧化锰含量(%) |
|---|---|---|---|---|---|
| HJ1×× | 无锰 | MnO<2 | HJ3×× | 中锰 | MnO15~30 |
| HJ2×× | 低锰 | MnO~15 | HJ4×× | 高锰 | MnO<30 |

**表2-33 熔炼焊剂牌号中第二位数字的含义**

| 牌号 | 焊剂类型 | 二氧化硅及氟化钙含量(%) | |
|---|---|---|---|
| HJX1X | 低硅低氟 | $SiO_2<10$ | $CaF_2<10$ |
| HJ×2× | 中硅低氟 | $SiO_2 10\sim30$ | $CaF_2<10$ |
| HJ×3× | 高硅低氟 | $SiO_2>30$ | $CaF_2<10$ |
| HJ×4× | 低硅中氟 | $SiO_2<10$ | $CaF_2 10\sim30$ |
| HJ×5× | 中硅中氟 | $SiO_2<10\sim30$ | $CaF_2 10\sim30$ |
| HJ×6× | 高硅中氟 | $SiO_2>30$ | $CaF_2 10\sim30$ |
| HJ×7× | 低硅高氟 | $SiO_2<10$ | $CaF_2>30$ |
| HJ×8× | 中硅高氟 | $SiO_2 10\sim30$ | $CaF_2>30$ |
| HJ×9× | 其他 | | |

熔炼焊剂的牌号举例如下：

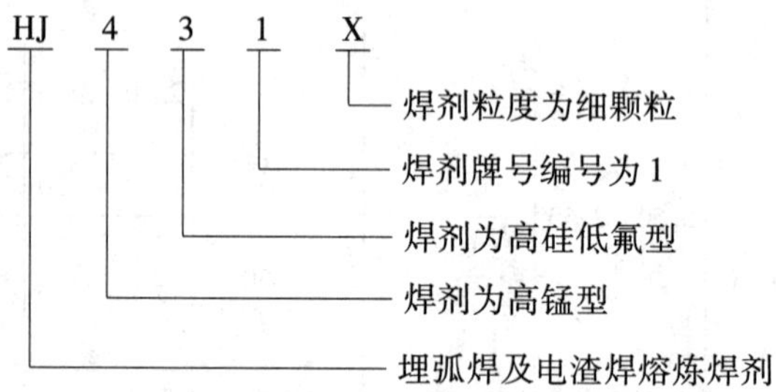


国产常用熔炼焊剂的牌号、焊剂类型及组成成分见表2-34。

**表2-34 国产常用熔炼焊剂的牌号、焊剂类型及组成成分**

| 牌号 | 焊剂类型 | 组成成分(%) |
|---|---|---|
| HJ130 | 无锰高硅低氟 | $SiO_2 35\sim40$、$CaF_2 4\sim7$、MgO14~19、CrO10~18、$Al_2O_3 12\sim16$、$TiO_2 7\sim11$、FeO2.0、S≤0.05、P≤0.05 |
| HJ131 | 无锰高硅低氟 | $SiO_2 34\sim38$、$CaF_2 2\sim5$、CaO48~55、$Al_2O_3 6\sim9$、$R_2O\leqslant3$、FeO≤1.0、S≤0.05、P≤0.08 |
| HJ150 | 无锰中硅中氟 | $SiO_2 21\sim23$、$CaF_2 25\sim33$、$Al_2O_3 28\sim32$、MgO9~13、CaO3~7、S≤0.08、P≤0.08 |
| HJ151 | 无锰中硅中氟 | $SiO_2 24\sim30$、$CaF_2 18\sim24$、$Al_2O_3 22\sim30$、MgO13~20，其他元素总量≤8、CaO≤5、FeO≤1.0、S≤0.07、P≤0.08 |

（续）

| 牌号 | 焊 剂 类 型 | 组成成分(%) |
|---|---|---|
| HJ172 | 无锰低硅高氟 | MnO1～2、$SiO_2$3～6、$CaF_2$45～55、$Al_2O_3$28～35、CaO2～5、$ZrO_2$2～4、NaF2～3、$R_2O$≤3、FeO≤0.8、S≤0.05、P≤0.05 |
| HJ230 | 低锰高硅低氟 | MnO5～10、$SiO_2$40～46、$CaF_2$7～11、$Al_2O_3$10～17、MgO10～14、CaO8～14、FeO≤1.5、S≤0.05、P≤0.05 |
| HJ250 | 低锰中硅中氟 | MnO5～8、$SiO_2$18～22、$CaF_2$23～30、$Al_2O_3$18～23、MgO12～16、CaO4～8、$R_2O$≤3、FeO≤1.5、S≤0.05、P≤0.05 |
| HJ251 | 低锰中硅中氟 | MnO7～10、$SiO_2$18～22、$CaF_2$23～30、$Al_2O_3$18～23、MgO14～17、CaO3～6、FeO≤1.0、S≤0.05、P≤0.05 |
| HJ252 | 低锰中硅中氟 | MnO2～5、$SiO_2$18～22、$CaF_2$28～24、$Al_2O_3$22～28、MgO17～23、CaO2～7、FeO≤1.0、S≤0.07、P≤0.08 |
| HJ260 | 低锰高硅中氟 | MnO2～4、$SiO_2$29～34、$CaF_2$20～25、$Al_2O_3$19～24、MgO15～18、CaO4～7、FeO≤1.0、S≤0.07、P≤0.07 |
| HJ330 | 中锰高硅低氟 | MnO22～26、$SiO_2$44～48、$CaF_2$3～6、MgO16～20、$Al_2O_3$≤4、CaO≤3、FeO≤1.5、$R_2O$≤1、S≤0.06、P≤0.08 |
| HJ350 | 中锰中硅中氟 | MnO14～19、$SiO_2$30～35、$CaF_2$14～20、$Al_2O_3$13～18、CaO10～18、FeO≤1.0、S≤0.06、P≤0.07 |
| H351 | 中锰中硅中氟 | MnO14～19、$SiO_2$30～35、$CaF_2$14～20、$Al_2O_3$13～18、CaO10～18、$TiO_2$2～4、FeO≤1.0、S≤0.04、P≤0.05 |
| HJ360 | 中锰高硅中氟 | MnO20～26、$SiO_2$33～37、$CaF_2$10～19、$Al_2O_3$11～15、MgO5～9、CaO4～7、FeO≤1.0、S≤0.10、P≤0.10 |
| HJ430 | 高锰高硅低氟 | MnO38～47、$SiO_2$38～45、$CaF_2$5～9、$Al_2O_3$11～15、CaO≤6、$Al_2O_3$≤5、FeO≤1.8、S≤0.06、P≤0.08 |
| HJ431 | 高锰高硅低氟 | MnO34～38、$SiO_2$40～44、$CaF_2$3～7、MgO5～8、CaO≤6、$Al_2O_3$≤4、FeO≤1.8、S≤0.06、P≤0.08 |
| HJ433 | 高锰高硅低氟 | MnO44～47、$SiO_2$42～45、$CaF_2$2～4、CaO≤4、$Al_2O_3$≤3、FeO≤1.8、$R_2O$≤0.5、S≤0.06、P≤0.08 |
| HJ434 | 高锰高硅低氟 | MnO35～40、$SiO_2$40～45、$CaF_2$4～48、CaO3～9、$TiO_2$1～8、$Al_2O_3$≤6、MgO≤5、FeO≤1.5、S≤0.05、P≤0.05 |

（2）烧结焊剂　其牌号编制方法如下：

1）牌号前“SJ”表示埋弧焊用烧结焊剂。

2）牌号第一位数字表示焊剂熔渣的渣系，其系列按表2-35编排。

3）牌号第二位、第三位数字表示同一类型渣系焊剂中的不同牌号，从01～09。

烧结焊剂的牌号举例如下：

SJ 5 01

- 01 —— 焊剂牌号编号为01
- 5 —— 焊剂熔渣渣系为铝钛型
- SJ —— 埋弧焊用烧结焊剂

**表 2-35 烧结焊剂牌号中第一位数字含义**

| 焊剂牌号 | 熔渣渣系类型 | 主要组成范围(质量分数)(%) |
|---|---|---|
| SJ1×× | 氟碱型 | $CaF_2>15\%$，$CaO+MgO+CaF_2>50\%$，$SiO_2<20\%$ |
| SJ2×× | 高铝型 | $Al_2O_3>20\%$，$Al_2O_3+CaO+MgO>45\%$ |
| SJ3×× | 硅钙型 | $CaO+MgO+SiO_2>60\%$ |
| SJ4×× | 硅锰型 | $MnO+SiO_2>50\%$ |
| SJ5×× | 铝钛型 | $Al_2O_3+TiO_2>45\%$ |
| SJ6×× | 其他 | |

## 能力知识点3 焊剂的性能及用途

1. 对焊剂的质量要求

1）焊剂应具有良好的冶金性能。在焊接时，焊剂应配合适当的焊丝及合理的焊接工艺，焊缝金属才能得到适宜的化学成分及良好的力学性能，以及较强的抗气孔、抗裂纹的能力。

2）焊剂应具有良好的工艺性能。焊剂工艺性能良好，则焊接过程中电弧燃烧稳定，熔渣具有适宜的熔点、粘度和表面张力，焊缝表面成形良好、脱渣容易、产生的有毒气体少。

3）焊剂颗粒度应符合要求。每种焊剂均由不同颗粒的粉末组成，而每种颗粒度的粉末按规定应占有一定的比例。普通焊剂的颗粒度为0.450～2.50mm，0.450mm以下的细粒不得大于5%，2.50mm以上的粗粒不得大于2%。细颗粒度的焊剂，粒度为0.280～1.425mm，0.280mm以下的细粒不得大于5%。1.425mm以上的粗粒不得大于2%。

4）焊剂 $w_{H_2O} \leqslant 0.10\%$。

5）焊剂中机械夹杂物的质量分数不大于0.30%。

6）焊剂的 $w_S \leqslant 0.060\%$，$w_P \leqslant 0.080\%$。

2. 常用熔炼焊剂的性能及用途

（1）高锰焊剂　实际生产中用的高锰焊剂多为高锰高硅低氟型，牌号为HJ430、HJ431、HJ433、HJ434等，其中以HJ431与HJ430应用最多。

HJ431的成分为 $w_{MnO}=34\%\sim38\%$，$w_{SiO_2}=40\%\sim44\%$，$w_{CaF_2}=3\%\sim7\%$，为红棕色至黄色的玻璃状颗粒。工艺性能好、电弧稳定、可交直流两用。由于 $SiO_2$ 和MnO含量比较高，焊接过程中与液体金属之间反应激烈，使焊缝金属增Si、Mn和氧。焊缝的抗热裂纹能力较强，配合H08A或H08MnA焊丝可以焊接各种重要的碳钢和低合金钢结构。

HJ430中的 $CaF_2$ 较HJ431高5%～9%，因而抗气孔能力较强，但焊接过程中放出的有害气体较多，需要良好的通风条件。HJ433的特点是MnO更高（$w_{MnO}=44\%\sim47\%$）而 $CaF_2$

少（$w_{CaF_2}$ =2%~4%），特别适用于快速焊接，主要用于输油、输气管道的焊接。

（2）中锰焊剂　中锰焊剂中 $w_{MnO}$ 在 15%~30% 范围内，目前应用最多的是 HJ350 和 HJ360。这类焊剂的氧化性比高锰焊剂弱，因而焊缝金属的韧性指标较高。这类焊剂的工艺性能好，可交直流两用。焊缝中扩散氢含量低，抗冷裂纹能力优于低锰焊剂。HJ350 配合适当的焊剂可焊接 Q345（16Mn）、Q390（15MnV）、Q420（15MnVN）等低合金高强度钢的重要结构，如船舶、锅炉、高压容器等。HJ360 主要用于电渣焊，配合 H10MnSiA、H10Mn2、H08Mn2MoVA 等焊丝，焊接低碳钢和某些低合金钢大型结构，如轧钢机架、大型立柱等。

（3）低锰焊剂　低锰焊剂中 $w_{MnO}$ =2%~15% 范围内，常用的牌号为 HJ250 和 HJ230。HJ250 具有良好的工艺性能，要求采用直流电源，焊丝接正极，焊出的焊缝中硫、磷含量非常低，故冲击韧度特别是低温冲击韧度较高。与高锰、中锰焊剂相比较，焊缝的塑性更高。缺点是扩散氢含量比较高，对冷裂纹比较敏感。配合适当的焊丝，可焊接低合金钢和 -70℃ 低温用钢，为了防止冷裂纹，施焊时应适当预热，焊后进行脱氢处理。

HJ230 工艺性能好，可交、直流两用，成形美观。由于 $SiO_2$ 含量较高（$w_{SiO_2}$ =40%~46%），所以很少用于焊接高强度钢。使用时应采用含锰焊丝，如 H08MnA、H10Mn2A。通过焊丝向熔池过渡锰，可防止焊剂中锰矿中的磷向焊缝过渡，有利于提高焊缝的韧性及脱硫。一般用于焊接低碳钢和 Q345（16Mn）钢。

（4）无锰焊剂　$w_{MnO}$ <2%，常用的牌号为 HJ172 和 HJ130。HJ172 为无锰低硅高氟焊剂，氧化性极弱，用于焊接高合金钢，如含铌和钛的 18-8 钢或高铬马氏体热强钢。焊接时用直流电源，焊丝接正极。HJ130 焊接工艺性能好，可交直流两用，脱渣性好。主要用于焊接低碳钢或低合金钢（如 Q345）结构，施焊时应配合含锰焊丝，以对熔池进行脱氧，同时向焊缝中过渡 Mn 可提高其强度和韧性。

表 2-36 为常用国产焊剂的应用范围与配用焊丝。

**表 2-36　常用国产焊剂的应用范围与配用焊丝**

| 焊剂牌号 | 焊剂类型 | 用途 | 配用焊丝 | 电流种类 |
|---|---|---|---|---|
| HJ130 | 无 Mn、高 Si、低 F | 低碳钢、低合金钢 | H10Mn2 | 交、直流 |
| HJ131 | 无 Mn、高 Si、低 F | 镍基合金薄板 | Ni 基焊丝 | 交、直流 |
| HJ150 | 无 Mn、中 Si、中 F | 轧辊堆焊 | H2Cr13、H3Cr2W8 | 直流 |
| HJ151 | 无 Mn、中 Si、中 F | 奥氏体不锈钢 | 相应钢种焊丝 | 直流 |
| HJ172 | 无 Mn、低 Si、高 F | 高铬铁素体不锈钢 | 相应钢种焊丝 | 直流 |
| HJ173 | 无 Mn、低 Si、高 F | Mn、Al 高合金钢 | 相应钢种焊丝 | 直流 |
| HJ230 | 低 Mn、高 Si、低 F | 低碳钢、低合金钢 | H08MnA、H10Mn2 | 交、直流 |
| HJ250 | 低 Mn、中 Si、中 F | 低合金高强度钢 | 相应钢种焊丝 | 直流 |
| HJ251 | 低 Mn、中 Si、中 F | 珠光体耐热钢 | Cr-Mo 钢焊丝 | 直流 |
| HJ253 | 低 Mn、中 Si、中 F | 低合金高强度钢（薄板） | 相应钢种焊丝 | 直流 |
| HJ260 | 低 Mn、高 Si、中 F | 不锈钢、轧辊堆焊 | 不锈钢焊丝 | 直流 |
| HJ330 | 中 Mn、高 Si、低 F | 重要的低碳和低合金钢 | H08MnA、H10Mn25SiA、H10MnSi | 交、直流 |
| HJ350 | 中 Mn、中 Si、中 F | 重低合金高强度钢 | Mn-Mo、Mn-Si 及含 Ni 高强钢焊丝 | 交、直流 |

（续）

| 焊剂牌号 | 焊剂类型 | 用途 | 配用焊丝 | 电流种类 |
|---|---|---|---|---|
| HJ351 | 中 Mn、中 Si、中 F | Mn-Mo、Mn-Si 及含 Ni 普低钢 | 相应钢种焊丝 | 交、直流 |
| HJ430 | 高 Mn、高 Si、低 F | 重要低碳钢和低合金钢 | H08A、H08MnA | 交、直流 |
| HJ431 | 高 Mn、高 Si、低 F | 重要低碳钢和低合金钢 | H08A、H08MnA | 交、直流 |
| HJ432 | 高 Mn、高 Si、低 F | 重要低碳钢和低合金钢（薄板） | H08A | 交、直流 |
| HJ433 | 高 Mn、高 Si、低 F | 低碳钢 | H08A | 交、直流 |

3. 常用烧结焊剂的性能及用途

烧结焊剂是继熔炼焊剂后发展起来的新型焊剂，目前国外已广泛用来焊接碳钢、高强度钢和高合金钢。

（1）烧结焊剂的优点　烧结焊剂具有下列优点：

1）可连续生产，不经高温熔烧，劳动条件较好，成本一般为熔炼焊剂的1/3～1/2。

2）焊剂的碱度调节范围较大，当碱度达到3.5时（熔炼焊剂最高为2.5左右）仍具有良好的稳弧性和脱渣性，并可交、直流两用，烟尘也很小。目前各国发展的窄间隙埋弧焊接都是采用高碱度烧结焊剂。

3）由于烧结焊剂碱度高，冶金效果好，故焊缝金属能得到较好的强度、塑性和韧性。

4）焊剂中可以加入脱氧剂及其他合金成分，具有比熔炼焊剂更好的抗锈能力。

5）焊剂的松装密度较小，一般为0.9～1.2g/cm$^3$。焊接时焊剂的消耗量少，可以采用大电流进行焊接（达2000A），焊接速度可高达150m/h，适用于多丝大电流埋弧焊。

6）烧结焊剂颗粒圆滑，在管道中输送和回收时阻力比熔炼焊剂小。

但是，烧结焊剂也有它的不足，主要表现为：对焊接参数的变动过于敏感，当焊接参数发生变化时焊剂的熔敷量也发生变化，因而会引起焊缝金属化学成分不均匀；烧结焊剂吸潮性较大，易增大焊缝金属中的扩散氢，也给储存、保管带来一些困难，这需要在使用时注意。

有关熔炼焊剂与烧结焊剂的性能比较见表2-37。

**表2-37　熔炼焊剂与烧结焊剂的性能比较**

| 比较项目 | | 熔炼焊剂 | 烧结焊剂 |
|---|---|---|---|
| 焊接工艺性能 | 高速焊接性能 | 焊道均匀，不易产生气孔和夹渣 | 焊道无光泽，易产生气孔，夹渣 |
| | 大电流焊接性能 | 焊道凹凸显著，易粘渣 | 焊道均匀，易脱渣 |
| | 吸潮性能 | 比较小，可不必再烘干 | 比较大，必须再烘干 |
| | 抗锈性能 | 比较敏感 | 不敏感 |
| | 韧性 | 受焊丝成分和焊剂碱度影响大 | 比较容易得到较好的韧性 |
| 焊缝性能 | 成分波动 | 焊丝参数变化时，成分波动小，均匀 | 成分波动大，不容易均匀 |
| | 多层焊性能 | 焊缝金属的成分变动小 | 焊缝金属成分波动比较大 |
| | 合金剂的添加 | 几乎不可能 | 容易 |

（2）烧结焊剂的性能和用途　各渣系类型烧结焊剂的性能和用途如下：

1）氟碱型烧结焊剂。这是一种碱性焊剂，可交、直流两用。其特点是 $SiO_2$ 含量低，可以限制硅向焊缝中过渡，能得到冲击韧度较高的焊缝。直流焊时焊丝接正极，最大焊接电流可达 1200A，焊缝金属具有较高的低温冲击韧度。配合适当焊丝，可焊接多种低合金结构钢，用于重要的焊接产品，如锅炉、压力容器、管道等。可用于多丝埋弧焊，特别适用于大直径容器的双面单道焊。

2）硅钙型烧结焊剂。这是一种中性焊剂，可交、直流两用。由于焊剂中含有较多的 $SiO_2$，即使采用含硅量低的焊丝，仍可得到含硅量较高的焊缝金属。直流焊时焊丝接正极，最大焊接电流可达 1200A。配合适当焊丝，可焊接普通结构钢、锅炉用钢、管线用钢等。该焊剂适用于多丝快速焊，特别适用于双面单道焊。焊接大直径钢管时，焊道平滑过渡。由于是“短渣”，也可在小直径管线上进行全位置焊接。

3）硅锰型烧结焊剂。这种焊剂是酸性焊剂，主要由 MnO 和 $SiO_2$ 组成，可交、直流两用，直流焊时焊丝接正极。此焊剂焊接工艺性能良好，具有较强的抗气孔能力。配合适当焊丝，可焊接低碳钢及某些低合金钢，用于机车车辆、矿山机械等金属结构的焊接。

4）铝钛型烧结焊剂。这是一种酸性焊剂，可交、直流两用。直流焊时焊丝接正极，最大焊接电流可达 1200A。焊剂具有较强的抗气孔能力，对少量的铁锈膜及高温氧化膜不敏感。这类焊剂配合适当焊丝可焊接低碳钢及某些低合金结构钢，如锅炉、船舶、压力容器等，也可用于多丝快速焊，特别适用于双面单道焊。

5）高铝型烧结焊剂。其性能介于铝钛型与氟碱性焊剂之间。

常用国产烧结焊剂的特点及用途见表 2-38。

**表 2-38　常用国产烧结焊剂的特点及用途**

| 牌　号 | 渣　系 | 特　点 | 用　途 |
|---|---|---|---|
| SJ101 | 氟碱型 | 电弧燃烧稳定，脱渣容易，焊缝成形美观，焊缝金属具有较高的低温韧性，可交、直流两用 | 配合 H08MnA、H08MnMoA、H08Mn2MoA、H10Mn2 等焊丝，可焊接多种低合金钢，如锅炉、压力容器等，还适于多丝焊接，特别是大直径容器的双面单道焊 |
| SJ301 | 硅钙型 | 焊接工艺性能良好，电弧稳定，脱渣容易，成形美观，可交、直流两用 | 配合适当焊丝可焊接普通结构钢、锅炉用钢、管线用钢等；还适于多丝快速焊接，特别是双面单道焊 |
| SJ401 | 硅锰型 | 具有良好的焊接工艺性能和较强的抗气孔能力 | 配合 H08A 焊丝可焊接低合金钢，用于机车车辆、矿山机械等金属结构的焊接 |
| SJ501 | 铝钛型 | 具有良好的焊接工艺性能和较强的抗气孔能力，对少量铁锈和氧化膜不敏感 | 配合 H08A、H08MnA 等焊丝焊接低碳钢及某些低合金钢，如锅炉、船舶、压力容器等，还适于多丝快速焊 |
| SJ502 | 铝钛型 | 具有良好的焊接工艺性能，焊缝强度比用 SJ501 时稍高 | 配合 H08A 焊丝可焊接较重要低碳钢及某些低合金钢结构，适于快速焊 |

## 能力知识点 4　焊剂的选配

在焊接过程中，只有充分注意焊剂与焊丝的合理配用，才能获得满意的焊接接头。对于埋弧焊、电渣焊来说，焊剂的焊接工艺性能和化学冶金性能是决定焊缝金属化学成分和力学性能的重要因素之一。采用同样的焊丝和同样的焊接参数，配用的焊剂不同，所得焊缝的性能将有很大的差别，特别是冲击韧度差别更大。焊接时，一种焊丝可与多种焊剂合理组合使用。

1. 埋弧焊焊剂的选配

（1）低碳钢埋弧焊焊剂与焊丝的选配　低碳钢焊接结构常采用 H08A 或 H08MnA 焊丝，一般选用高锰高硅焊剂(如 HJ431)，通过焊剂可向焊缝金属中过渡一定的 Si、Mn 合金元素，使焊缝金属具有良好的综合力学性能。选用高锰高硅低氟焊剂时，配合 H08A 或 H08E，目前常用的为 H08A + HJ431(HJ430、HJ433、HJ434)组合。焊剂中的 MnO 和 $SiO_2$ 在高温下与 Fe 反应，Mn 和 Si 得以还原，过渡到焊接熔池中，冷却时起脱氧剂和合金剂的作用，保证焊缝金属的力学性能。其中 HJ431 与 HJ430 相比，电弧稳定性好，但抗锈能力和抗气孔能力降低；HJ433 含 $CaF_2$，有较高的熔化温度及粘度，焊缝成形好，适宜薄板的快速焊接；HJ434 由于加入了 $TiO_2$，且 CaO 和 $CaF_2$ 含量略高，其抗锈能力、脱渣性更好。

选用中锰、低锰或无锰的高硅低氟焊剂时，应选配含锰较高的高锰焊丝(如 H08MnA)或某些合金钢焊丝，才能保证在焊接过程中有足够数量的锰、硅过渡到熔池，保证焊缝脱氧和力学性能。常用的焊丝与焊剂的组合有：（H08MnA、H08Mn2、H10Mn2Si、H10Mn2）+(HJ330、HJ230、HJ130)。

近几年由于烧结焊剂的快速发展以及其独特的优越性，在焊接生产中的应用逐渐扩大，如 SJ301、SJ401 等与焊丝 H08A 配合焊接低碳钢，焊缝质量优良，焊接效率高，可实现单面焊双面成形，焊缝美观，目前已在锅炉压力容器等产品上应用。常用烧结焊剂与焊丝的组合如下。

1）(H08A、H08E) + (SJ401、SJ402)：SJ401 抗气孔能力强，SJ402 抗锈能力强，适于薄板和中厚板的焊接；其中 SJ402 更适于薄板的高速焊接。

2）(H08A、H08E) + (SJ301、SJ302)：焊接工艺性能良好，熔渣属“短渣”性质，焊接时不下淌，适于环缝的焊接，其中 SJ302 的脱渣性、抗吸潮性和抗裂性更好，焊剂的消耗量低。

3）(H08A、H08E、H08MnA) + (SJ501、SJ502、SJ503、SJ504)：焊接工艺性能良好，易脱渣，焊缝成形美观。其中 SJ501 抗气孔能力强，主要用于多丝快速焊，特别适合双面单道焊；SJ502、SJ504 适于锅炉压力容器的快速焊；SJ503 抗气孔能力更强，焊缝金属低温韧性好，适于中、厚板的焊接。

常用低碳钢的埋弧焊焊剂与配用焊丝见表 2-39。

**表 2-39　常用低碳钢的埋弧焊焊剂与配用焊丝**

| 钢　号 | 熔炼焊剂与配用焊丝 | | 烧结焊剂与配用焊丝 | |
|---|---|---|---|---|
| | 熔炼焊剂 | 配用焊丝 | 烧结焊剂 | 配用焊丝 |
| Q235(A3) | HJ431，HJ430 | H08A，H08MnA | SJ401，SJ403，SJ402(薄板、中厚板) | H08A，H08E |
| Q255(A4) | | | | |
| Q275(A5) | | | | |

（续）

| 钢　　号 | 熔炼焊剂与配用焊丝 | | 烧结焊剂与配用焊丝 | |
|---|---|---|---|---|
| | 熔炼焊剂 | 配用焊丝 | 烧结焊剂 | 配用焊丝 |
| 15，20 | HJ431，HJ430，HJ330 | H08A，H08MnA | SJ301，SJ302，SJ502，SJ501，SJ503（中厚度板） | H08A，H08E，H08MnA |
| 25，30 | | H08MnA，H10Mn2 | | |
| 20G，22G | | H08MnA，H08MnSi，H10Mn2 | | |
| 10R | | H08MnA | | |

（2）低合金高强钢埋弧焊焊剂与焊丝的选配　埋弧焊焊接低合金钢时主要用于热轧正火钢。选用焊剂与焊丝时应保证焊缝金属的力学性能，应选用与母材强度相当的焊接材料，并综合考虑焊缝金属的冲击韧度、塑性及焊接接头的抗裂性。焊缝金属的强度不宜过高，通常控制在不低于或略高于母材强度，过高会导致焊缝金属的冲击韧度、塑性及焊接接头抗裂性降低。对于调质钢，为避免热影响区韧性和塑性的降低，一般不采用粗丝、大电流、多丝埋弧焊，采用粘结焊剂 572F-6 + HJ350 的混合焊剂（其中 HJ350 占 80%～82%），配合 H18CrMoA 焊丝可实现 30CrMnSiNi2A 的埋弧焊接。

常用热轧、正火低合金钢埋弧焊焊剂与配用焊丝见表 2-40。

**表 2-40　常用热轧、正火低合金钢埋弧焊焊剂与配用焊丝**

| 钢　　号 | 屈服强度/MPa | 焊　　剂 | 配 用 焊 丝 |
|---|---|---|---|
| Q295（09MnV，09Mn2，12Mn 等） | 295 | HJ430，HJ431，SJ301 | H08A，H08MnA |
| Q345（16Mn，16MnRE，14MnNb 等） | 345 | SJ501，SJ502 | H08Mn，H08MnA |
| | | HJ430，HJ431，SJ301 | H08A |
| | | HJ430，HJ431，SJ301 | H08MnA，H10Mn2 |
| | | HJ350 | H10Mn2，H08MnMoA |
| Q390（15MnV，15MnTi，16MnNb 等） | 390 | HJ430，HJ431 | H08MnA |
| | | HJ430，HJ431 | H10Mn2，H10MnSi |
| | | HJ250，HJ350，SJ101 | H08MnMoA |
| Q420（15MnVN，14MnVTiRE 等） | 420 | HJ431 | H10Mn2 |
| | | HJ350，HJ250，HJ252，SJ101 | H08MnMoA，H08Mn2MoA |
| Q460（18MnMoNb，14MnMoV 等） | 460 | SJ102 | H08MnMoA |
| | | HJ250，HJ252，HJ350，SJ101 | H08Mn2MoA，H08Mn2MoVA，H08Mn2NiMo |
| X60 低合金管线钢 | 414 | HJ431 | H08Mn2MoA |
| | | SJ101 | H08MnMoA |
| | | SJ102 | H10Mn2 |
| X65 低合金管线钢 | 450 | SJ102，SJ301 | H08MnMoA |
| | | SJ101 | H08Mn2MoA |

2. 电渣焊焊剂的选配

电渣焊常用的焊剂有 HJ431、HJ170、HJ252 和 HJ360 等，HJ170 具有良好的导电性，主要用于电渣焊建立初期渣池和手工电渣焊补铸钢件；HJ252 用于电渣焊低碳钢和低合金钢，也可用于高合金钢的堆焊及电渣熔炼；HJ360 用于电渣焊大型低碳钢和某些低合金钢。

（1）碳钢电渣焊焊剂与焊丝的选配　电渣焊熔池温度比埋弧焊低，焊接过程中焊剂更新量少，所以焊剂的 Si、Mn 还原作用弱。若仍按埋弧焊时选用 H08A + HJ431，则焊缝金属得不到足够的 Si、Mn，性能难以保证。根据试验结果还发现，Mn 的过渡量与焊剂的碱度有关，随焊剂碱度增大，Mn 的过渡量也增大，故常选用中锰高硅低氟的焊剂 HJ360 或低锰中硅中氟的焊剂 HJ252；若选用 HJ431 时，则应选用锰、硅含量高的 H10MnSi 焊丝等。

常用碳钢的电渣焊焊剂与配用焊丝见表 2-41。

**表 2-41　常用碳钢的电渣焊焊剂与配用焊丝**

| 钢　号 | 焊　剂 | 配用焊丝 |
|---|---|---|
| Q235，Q255 | HJ360，HJ252，HJ431 | H08MnA |
| 10，15，20，25 | | H08MnA，H10Mn2 |
| 30，35，ZG230　450，ZG270　500 | | H08Mn2SiA，H10Mn2，H10MnSi |

（2）低合金高强钢电渣焊焊剂与焊丝的选配　采用热轧、正火低合金高强钢制造的厚壁压力容器等大型厚板结构，常采用电渣焊焊接。由于电渣焊焊缝和热影响区严重过热，焊后需要进行正火处理，以细化晶粒，提高焊接区的塑性和韧性。焊接材料的选用原则与埋弧焊时基本一样，一般选用 HJ360、HJ252、HJ170 等焊剂，配用含锰、硅或其他元素的焊丝可得到焊缝所需要的强度，也可采用 HJ431 焊剂。常用热轧、正火低合金高强钢电渣焊焊剂与配用焊丝见表 2-42。

**表 2-42　常用热轧、正火低合金高强钢电渣焊焊剂与配用焊丝**

| 钢　号 | 焊　剂 | 配用焊丝 |
|---|---|---|
| Q345(16Mn,16MnR,16MnCu) | HJ431，HJ360，HJ252，HJ170 | H08Mn2SiA，h10mNsI，h10Mn2，H08MnMoA，H10MnMo |
| Q390(15MnV,15MnTi,15MnVCu,16MnNb) | | H08Mn2MoVA，H10MnMo |
| Q420(15MnVN,15MnVTiRE,15MnVNCu,15MnMoN) | | H08Mn2MoVA，H10Mn2NiMo，H10Mn2Mo |
| Q460(18MnMoNb,14MnMoV,14MnMoVCu) | | H10Mn2MoA，H10Mn2MoVA，H10Mn2NiMoA |

## 能力知识点 5　焊剂发展的现状

我国以生产和使用熔炼焊剂为主。目前焊剂生产企业有 30 余家，年生产能力约 15 万吨，其中熔炼焊剂 11～12 万吨，烧结焊剂 3～4 万吨。生产的熔炼焊剂有 30 余个品种，其中 HJ431 的产量占熔炼焊剂总产量的 80% 左右。烧结焊剂是继熔炼焊剂后发展起来的新型焊剂，目前国外已广泛用它来焊接碳钢、高强度钢和高合金钢。我国能够生产烧结焊剂的企业有 10 多家，近年来烧结焊剂市场不断扩大，烧结焊剂在焊剂中的比例也在不断提高。欧美工业发达国家以非熔炼型焊剂为主，约在 80%～90% 以上，但仍然有少量熔炼型焊剂生产销售，熔炼焊剂的存在与其固有的一些特点有关。未来几年里，我国埋弧焊剂总产量将在一定的范围内波动，不会有大的增长，但埋弧焊剂的结构将会发生一定的变化。即在埋弧焊剂的总量变化不大的情况下，烧结焊剂的比例将会有所增加，而熔炼焊剂的比例将会有所下降。

## 【综合训练】

### 一、理论部分

（一）判断题（正确的划"√"，错误的划"×"）

（　　）1. 焊剂的作用主要是为了获得光滑美观的焊缝表面成形。

（　　）2. 按化学成分，可把焊剂分为熔炼型焊剂和烧结型焊剂。

（　　）3. 焊剂 431 是一种典型的熔炼焊剂。

（　　）4. 埋弧焊常用的焊剂是熔炼焊剂。

（　　）5. 埋弧焊时依靠任何一种焊剂都能向焊缝大量添加合金元素。

（　　）6. 焊剂中含有一定数量的萤石，具有去氢作用，能防止焊缝中产生氢气孔。

（　　）7. 焊剂使用前必须进行烘干。

（　　）8. 焊剂回收后，只要随时添加新焊剂并充分拌匀就可重新使用。

（二）选择题（将正确答案的选项字母填入每题前的括号内）

（　　）1. Q235-A 钢焊接时采用 H08A 焊丝应选配________焊剂。

A. HJ431　　B. HJ230　　C. HJ252　　D. HJ130

（　　）2. 焊剂 431 的第二位数字"3"表示焊剂中二氧化硅、氟化钙的平均含量为________。

A. $SiO_2<10\%$，$CaF_2<10\%$　　B. $SiO_2>10\%$，$CaF_2>10\%$

C. $SiO_2<10\%$，$CaF_2>30\%$　　D. $SiO_2>30\%$，$CaF_2<10\%$

（　　）3. 常用的牌号为 HJ431 埋弧焊焊剂是________型的焊剂。

A. 低锰低硅低氟　　B. 中锰低硅低氟　　C. 中锰中硅中氟　　D. 高锰高硅低氟

（　　）4. 在焊剂的型号中第一个字母为________表示焊剂。

A. "E"　　B. "F"　　C. "SJ"　　D. "HJ"

（　　）5. 在焊剂的牌号中前面字母为________表示熔炼焊剂。

A. "E"　　B. "F"　　C. "SJ"　　D. "HJ"

（　　）6. 在焊剂的牌号中前面字母为________表示烧结焊剂。

A. "E"　　B. "F"　　C. "SJ"　　D. "HJ"

（三）填空题

1. 按制造方法分类焊剂可分为________和________。

2. 按 MnO 含量焊剂可分为________、________、________和________。

3. HJ401 + H08A 表示埋弧焊剂________与焊丝________配合使用，其焊缝金属的抗拉强度为________，屈服点不小于________；伸长率不小于________；在 0℃时冲击韧度值不小于________ $J/cm^2$。

4. 焊剂 430，其焊剂类型是________，常配用________或________焊丝；焊剂 431，其

焊剂类型是________，常配用________或________或________焊丝；焊剂433，其焊剂类型是________，常配用________焊丝。

**二、实践部分**

焊剂选用

1. 训练目标

1）了解各种焊剂工艺性能，冶金性能的特点。

2）根据焊接母材成分、所选焊丝、焊接方法及根据焊缝的成分性能要求选用不同焊剂。

2. 训练准备

1）人员准备：分组进行，每组由8~10人组成。

2）资料准备：实训指导书、任务书。

3. 训练地点

实验室或实训场地。

4. 训练办法

1）先通过试验让学生了解各种焊剂工艺性能，冶金性能的特点。

2）通读任务书，使学生了解焊接母材成分、所选焊丝、焊接方法及对焊缝的成分性能要求。

3）让学生选配焊剂，然后用自己选配的焊剂进行焊接，对比各种不同选配的效果。

## 综合知识模块四　焊接用气体

焊接用气体主要是指气体保护焊中所用的保护性气体和气焊、气割时用的气体，包括二氧化碳($CO_2$)、氩气(Ar)、氦气(He)、氧气($O_2$)、可燃气体、混合气体等。

### 能力知识点1　焊接用气体的物理和化学性质

焊接时保护气体既是焊接区域的保护介质，也是产生电弧的气体介质；气焊和气割主要是依靠气体燃烧时产生的热量集中的高温火焰完成，因此气体的特性(如物理特性和化学特性等)不仅影响保护效果，也影响到电弧的引燃及焊接、气割过程的稳定性。

1. 二氧化碳气体($CO_2$)

$CO_2$气体是氧化性保护气体，有固态、液态、气态三种状态。纯净的$CO_2$气体无色、无味，在0℃和0.1MPa下，密度为1.9763g/L，比空气大。$CO_2$化学性质稳定，不燃烧、不助燃，在高温时分解为CO和$O_2$，因而使电弧气氛具有很强的氧化性。低温下，$CO_2$转变为固体，称为干冰。$CO_2$由液态变为气态的沸点很低(-78℃)，所以工业用$CO_2$一般都是使用液态的，常温下即可汽化。

$CO_2$气体经过压缩可液化，焊接用的$CO_2$气体都是压缩成液体贮存在钢瓶内待用的，既经济又方便。$CO_2$气体标准钢瓶通常容量为40kg，可灌装25kg的液态$CO_2$。25kg液态$CO_2$约占钢瓶容积的80%，其余20%左右的空间则充满了汽化的$CO_2$。钢瓶压力表上所指示的压力值就是这部分气体的饱和压力，此压力大小和环境温度有关，温度升高，饱和气压增大；温度降低，饱和气压亦减小。只有当钢瓶内液态 $CO_2$ 已全部挥发成气体后，瓶内气体的压力才会随着 $CO_2$ 气体的消耗而逐渐下降。

**资料卡** 如果在生产现场使用的市售 $CO_2$ 气体水分含量较高、纯度偏低时，应该做提纯处理，经常采用的方法如下：

a. 将新灌 $CO_2$ 气体钢瓶倒立静置 1～2h，使水分沉积在底部，然后打开倒置钢瓶的气阀，根据瓶中含水量的不同，一般放水 2～3 次，每次放水间隔约 30min，放水结束后将钢瓶放正。

b. 经放水处理后的钢瓶在使用前先放气 2～3min，因为上部的气体一般含有较多的空气和水分，而这些空气和水分主要是灌瓶时混入瓶内的。

c. 在 $CO_2$ 供气管路中串接高压干燥器和低压干燥器，干燥剂可采用硅胶、无水氯化钙或脱水硫酸铜，以进一步减少 $CO_2$ 气体中的水分，用过的干燥剂烘干后可重复使用。

d. 当瓶中气压降低到 0.98MPa 时，不再使用。

$CO_2$ 钢瓶按规定漆成黑色，上写黄色“液化二氧化碳”字样。标准 $CO_2$ 钢瓶满瓶时的压力为 5.0～7.0MPa。经验表明，当瓶中气体压力低于 0.98MPa 时(温度为 20℃)，钢瓶中的 $CO_2$ 不宜再继续使用，因为随着使用进行，则瓶内压力逐渐降低，溶于液态 $CO_2$ 中水分的汽化量也随之增多，而在此时液态 $CO_2$ 已基本挥发完，如继续使用，焊缝金属将产生气孔等焊接缺陷，此时必须重新灌装 $CO_2$ 气体。

液态 $CO_2$ 中可溶解质量分数为 0.05% 的水，多余的水则成自由状态沉于瓶底。这些水在焊接过程中随 $CO_2$ 一起挥发并混入 $CO_2$ 中，直接进入焊接区。因此水分是 $CO_2$ 气体中最主要的有害杂质。随着 $CO_2$ 气体中水分的增加(即露点温度的提高)，焊缝金属中含氢量逐渐升高，塑性下降，甚至产生气孔等缺陷，因此焊接用的 $CO_2$ 气体必须具有较高的纯度。焊接用液体 $CO_2$ 的技术要求见表 2-43。

**表 2-43 焊接用液体 $CO_2$ 的技术要求**(GB/T 6052—1993)

| 指标名称 | Ⅰ类 % | Ⅱ类 % | | |
|---|---|---|---|---|
| | | 一级 | 二级 | 三级 |
| $CO_2$ 含量 | ≥99.8 | ≥99.5 | ≥99.0 | ≥99.0 |
| 水分含量 | ≤0.005 | ≤0.05 | ≤0.10 | — |

焊接时 $CO_2$ 气体配合含脱氧元素的焊丝可作为保护气体，也可与氧气、氩气混合进行混合气体保护焊。

2. 氩气(Ar)

氩气是一种无色、无味、无嗅的惰性气体，在标准状态(0℃，0.1MPa)下的密度是 1.782kg/m³，是空气的 1.38 倍(空气为 1.293kg/m³)。由于氩气的密度较大，在保护时不易漂浮散失，所以保护效果良好。

氩气的沸点为 −185.7℃，介于氧气(−183℃)和氮气(−195.8℃)的沸点之间。分馏液态空气制取氧气时，可同时制取氩气。

氩气是一种惰性气体，焊接时既不与金属起化学反应，也不溶解于液态金属中，因此可以避免焊缝中金属元素的烧损和由此带来的其他焊接缺陷，使焊接冶金反应变得简单并容易控制，为获得高质量的焊缝提供了有利条件。

氩气可在低于 -184℃下以液态形式储存和运输，但焊接时多使用钢瓶装的氩气，氩气钢瓶按规定漆成银灰色，上写绿色“氩”字。目前我国常用氩气钢瓶的容积为 33L、40L、44L，在 20℃以下，满瓶装氩气压力为 15MPa。

氩气是制氧的副产品，因为氩气的沸点介于氧气和氮气之间，差值很小，所以在氩气中常残留一定数量的氧气、氮气和二氧化碳及水分等杂质。焊接中如果氩气的杂质含量超过规定标准，在焊接过程中不但影响对熔化金属的保护，而且极易使焊缝产生气孔、夹渣等缺陷，影响焊接接头质量，加剧钨极的烧损量。按我国现行规定，焊接不锈钢等材料时，氩气的纯度不得低于 99.7%。不同材质焊接时所使用的氩气纯度见表 2-44。

**表 2-44　不同材质焊接时所使用的氩气纯度**

| 被焊材料 | 各气体含量/% | | | |
|---|---|---|---|---|
| | Ar | $N_2$ | $O_2$ | $H_2O$ |
| 钛、锆、钼、铌及其合金 | ≥99.98 | ≤0.01 | ≤0.005 | ≤0.07 |
| 铝、镁及其合金、铬镍耐热合金 | ≥99.9 | ≤0.04 | ≤0.05 | ≤0.07 |
| 铜及铜合金、铬镍不锈钢 | ≥99.7 | ≤0.08 | ≤0.015 | ≤0.07 |

3. 氦气(He)

氦气也是一种无色、无味的惰性气体，在标准状况(0℃,0.1MPa)下的密度是 0.178kg/$m^3$，比空气小得多。氦气是一种单原子气体，沸点为 -269℃。氦气与氩气化学性质相同，也很不活泼，几乎不与任何金属产生化学反应，在液态及固态金属中都不溶解，因此在焊接过程中，也不会发生合金元素的氧化与烧损。

氦气的电离电位较高，焊接时引弧困难。与氩气相比它的热导率较大，在相同的焊接电流和电弧强度下电压高，电弧温度高，因此母材输入热量大，焊接速度快，弧柱细而集中，焊缝有较大的熔透率。这是利用氦气进行电弧焊的主要优点，但电弧相对稳定性稍差于氩弧焊。

氦气的原子质量轻，密度小，要有效地保护焊接区域，其流量要比氩气大得多。由于氦气价格昂贵，只在某些具有特殊要求的场合下应用，如核反应堆的冷却棒、大厚度的铝合金等关键零部件的焊接。

4. 氮气($N_2$)

氮气在空气中体积含量约为 78%，沸点 -196℃，氮气的电离势较低，相对原子质量较氩气小，氮气分解时吸收热量较大。氮气可用作焊接时的保护气体；由于氮气导热及携热性较好，也常用作等离子弧切割的工作气体，有较长的弧柱，又有分子复合热能，因此可以切割厚度较大的金属板。但因原子相对质量较氩气小，因此用于等离子弧切割时，要求电源有很高的空载电压。

氮气在高温时能与金属发生反应，等离子弧切割时，对电极的侵蚀作用较强，尤其在气体压力较高的情况下，宜加入氩或氢。另外，用氮气作为工作气体时，会使切割表面氮化，切割时产生较多氮的氧化物。

5. 氧气($O_2$)

氧气在常温常压下是一种无色、无臭、无味、无毒的气体。在标准状态(0℃,0.1MPa)下的密度为1.429kg/m$^3$，比空气大。氧的液化温度为－182.96℃，液态氧呈浅蓝色。常温时，氧以化合物和游离态大量存在于空气和水中。

氧气本身并不能燃烧，但它是一种化学性质极为活泼的助燃气体，能与很多元素化合，生成氧化物。通常情况下把激烈的氧化反应称为燃烧，气焊和切割正是利用可燃气体和氧燃烧所放出的热量作为热源的。

氧气的化合能力随着压力的增大和温度的升高而增强，因此工业上的高压氧气与油脂类等易燃物质接触时，会发生剧烈的氧化而使易燃物自行燃烧，甚至发生爆炸。所以氧气瓶在使用时严禁接触带有油脂的物品。

焊接时，氧进入熔池后会使金属元素氧化，起有害的作用。但当氧-氩、氧-二氧化碳气体混合后可进行混合气体保护焊。

氧气的存储和运输一般都将氧气装在专用的氧气瓶中，并且氧气瓶外部应涂上天蓝色油漆，用黑色油漆写上“氧气”两字以作标志。氧气瓶在使用过程中每隔3～5年应在充气工厂进行检验，即检查气瓶的容积、质量，查看气瓶的腐蚀和破裂程度。

由于工业用氧气通常都是采用液化空气法制取的，所以在氧气中常含有氮，焊接和切割时有氮气的存在，不但使火焰温度降低，影响生产效率，而且氮气还会与熔化的铁水化合，使之变成氮化铁，降低焊缝的强度。因此氧气的纯度对气焊、切割的效率和质量有很大影响，用于气焊和切割的氧气纯度越高越好。

工业用氧气分为两个等级，其中，一级纯度不低于99.2%；二级纯度不低于98.5%。对质量要求高的气焊、切割应采用纯度高的Ⅰ类或Ⅱ类一级氧气，以获得所需要的导热强度。气割时，氧气纯度不低于98.5%。氧气也常用作惰性气体保护焊时的附加气体，以起到细化熔滴，克服电弧阴极斑点的飘移，增加母材热量输入，提高焊接速度等作用。

**小知识** 液化空气法制氧

制取氧气的方法很多，如化学法、电解水法及液化空气法等。但在工业上大量制取氧气时，都采用液化空气法，就是将空气压缩，并且冷却到－196℃以下，使空气变成液体，然后再升高温度，当液体空气的温度上升到－196℃时，空气中的氮蒸发变成气体，但温度继续升高到－183℃时，氧开始汽化。再用压缩机将气体氧压缩装入专用的氧气瓶中，以便使用和储存。

6. 乙炔($C_2H_2$)

焊接用可燃性气体种类繁多，但目前在气焊、切割中应用最多的是乙炔气($C_2H_2$)，其次是石油气。也有根据本地区的条件或所焊(割)材料采用氢气、天然气或煤气等作为可燃气体。

乙炔是未饱和的碳氢化合物($C_2H_2$)，在常温和1标准大气压(101325Pa)下是无色气体。一般情况下焊接用乙炔，因含有$H_2S$及$PH_3$等杂质而有一种特殊的刺激性气味，人吸入过多能引起头晕、中毒。

乙炔在纯氧中燃烧的火焰，温度可达3150℃左右，热量比较集中，是目前在气焊和切割中应用最为广泛的一种可燃性气体。

乙炔的沸点为－82.4℃，温度在－83.6℃时成为液体，温度低于－85℃时成为固体。标准状态下，乙炔的密度为 1.173kg/m$^3$，比空气小。乙炔稍溶入水，能溶于酒精，大量溶于丙酮。在 15℃和 1 大气压下，1L 丙酮中能溶解 23L 乙炔，压力增大时，乙炔在丙酮中的溶解度增大。当压力增加到 1.42MPa 时，1L 丙酮中能溶解约 400L 乙炔。

乙炔属于易爆炸气体，乙炔当压力超过 0.15MPa 时很容易发生爆炸。如果气体温度达到 580～600℃时，乙炔就会自行爆炸。当乙炔的含量在 2.2%～81% 范围内与空气形成混合气体，或乙炔的含量在 2.8%～90% 范围内与氧气形成混合气体，如果混合气体达到自燃温度（乙炔和空气混合气体的自燃温度为 305℃，乙炔与氧气混合气体的自燃温度为 300℃）或遇到明火时，会立即发生爆炸。因此，刚装入电石的乙炔发生器应首先将混有空气的乙炔排出后才能使用，装卸电石时应特别注意明火。乙炔气瓶中的乙炔严禁用尽，以免空气流入瓶内，也应严防氧气流入乙炔瓶或乙炔发生器内。

乙炔如与铜、银等长期接触也能生成乙炔铜和乙炔银等爆炸性的化合物，因此与乙炔接触的设备或器具，禁止用银或纯铜制造。乙炔与氯气、次氯酸盐等化合会燃烧爆炸，因此乙炔燃烧时禁止用四氯化碳灭火。

由于乙炔受压时容易引起爆炸，因此不能采取加压直接装瓶的方法来储存。工业上通常利用其在丙酮中溶解度大的特性，将乙炔灌装在盛有丙酮或多孔物质的容器中，通常称为溶解乙炔或瓶装乙炔。

乙炔瓶体通常被漆成白色，并漆有“乙炔”红色字样。瓶内装有浸满丙酮的多孔性填料，可使乙炔以 1.5MPa 的压力安全地储存在瓶内。使用时，必须使用乙炔减压器将乙炔压力降低到低于 0.103MPa 方可使用。多孔性填料通常用质轻而多孔的活性炭、木屑、浮石和硅藻土等混合制作。

焊接时，一般要求乙炔的纯度大于 98%，规定的灌装条件是：温度 15℃时，充装压力不得大于 1.55MPa。瓶装乙炔由于具有安全、方便、经济等优点，是目前大力推广应用的一种乙炔供给方法。

7. 石油气

石油气是石油加工过程中的产品或副产品。切割中使用的石油气有单质气体，如丙烷、乙烯；也有炼油的副产品——多组分混合气，通常为丙烷、丁烷、戊烷和丁烯等混合物。

液化石油气就是这样一种混合气，主要成分为丙烷（$C_3H_8$）、丁烷（$C_4H_{10}$）、丙烯（$C_3H_6$）、丁烯（$C_4H_8$）和少量的乙炔（$C_2H_2$）、乙烯（$C_2H_4$）、戊烷（$C_5H_{12}$）等碳氢化合物。液化石油气在普通温度和大气压下以气态存在，但只要加上约为 0.8～1.5MPa 的压力就会变为液体，以便于瓶装存储和运输。

液化石油气的几种主要成分均能与空气或氧气构成具有爆炸性的混合气体，但爆炸混合比值范围较小，与使用乙炔相比价格便宜，比较安全，不会发生回火。液化石油气安全燃烧所需氧气量比乙炔大，火焰温度较乙炔低，燃烧速度也较慢，故液化石油气的割炬也应做相应的改制，要求割炬有较大的混合气体喷出截面，以降低流出速度，保证良好的燃烧。

8. 天然气

天然气是油田气的产物，其成分随产地而异，主要成分是甲烷（$CH_4$），也属于碳氢化合物。甲烷在常温下为无色、有轻微臭味的气体，其液化温度为 -162℃，与空气或氧气混合时也会发生爆炸，甲烷与氧的混合气体爆炸范围为 5.4%～59.2%（体积分数）。甲烷在氧气中燃烧速度为 5.5m/s。甲烷在纯氧中完全燃烧时的化学反应式为 $CH_4 + 2O_2 \longrightarrow CO_2 + 2H_2O$。由其反应式可知，其理论耗氧量为1∶2，空气中燃烧时形成中性火焰的实际耗氧量为1∶1.5，火焰温度约为2540℃，比乙炔低得多，因此切割时需要预热较长的时间。通常在天然气丰富的地区用作切割的燃气。

9. 氢气($H_2$)

氢是无色无味的可燃性气体，氢的相对原子质量最小，可溶于水。氢气具有最大的扩散速度和很高的导热性，其热导率比空气大7倍，极易泄漏，点火能量低，是一种最危险的易燃易爆气体。在空气中的自燃点为560℃，在氧气中的自燃点为450℃，氢氧火焰温度可达2660℃(中性焰)。氢气具有很强的还原性，在高温下，它可以从金属氧化物中使金属还原。

氢气常被用于等离子弧的切割和焊接；有时也用于铅的焊接；在熔化极气体保护焊时在Ar中加入适量$H_2$，可增大母材的输入热量，提高焊接速度和效率。

焊接常用气体的钢瓶颜色标记见表2-45。

**表2-45 焊接常用气体的钢瓶颜色标记**

| 气体 | 符号 | 瓶色 | 字样 | 字色 | 色环 |
|---|---|---|---|---|---|
| 氢 | $H_2$ | 淡绿 | 氢 | 大红 | 淡黄 |
| 氧 | $O_2$ | 淡蓝 | 氧 | 黑 | 白 |
| 空气 | — | 黑 | 空气 | 白 | 白 |
| 氮 | $N_2$ | 黑 | 氮 | 淡黄 | 白 |
| 乙炔 | $C_2H_2$ | 白 | 乙炔不可近火 | 大红 | — |
| 二氧化碳 | $CO_2$ | 铝白 | 液化二氧化碳 | 黄 | 黑 |
| 甲烷 | $CH_4$ | 棕 | 甲烷 | 白 | 淡黄 |
| 丙烷 | $C_3H_8$ | 棕 | 液化丙烷 | 白 | — |
| 丙烯 | $C_3H_6$ | 棕 | 液化丙烯 | 淡黄 | — |
| 氩 | Ar | 银灰 | 氩 | 深绿 | 白 |
| 氦 | He | 银灰 | 氦 | 深绿 | 白 |
| 液化石油气 | — | 银灰 | 液化石油气 | 大红 | — |

## 能力知识点2 焊接用气体的类型及选用

1. 焊接用气体的类型

根据各种气体在焊接生产中主要用途的不同，焊接用气体可分为焊接用保护气体和气焊气割用气体二种类型。

(1) 焊接用保护气体　焊接用保护气体主要包括二氧化碳($CO_2$)、氩气(Ar)、氦气(He)、氮气($N_2$)和氢气($H_2$)、水蒸气等。它又可分为惰性气体、还原性气体、氧化性气体和混合气体数种类型。

1) 惰性气体。惰性气体有氩气和氦气，其中以氩气使用最为普遍。目前，氩弧焊已从焊接化学性质较活泼的金属发展到焊接常用金属(低碳钢)。氦气由于价格昂贵、且气体消耗量大，使用还不普遍，常与氩气混合使用。

2) 还原性气体。还原性气体有氮气和氢气。因氮气不溶于铜，故可专用于铜及铜合金的焊接。氢气用作原子氢中的保护气体，目前这种焊接方法已逐渐被淘汰。氮气和氢气也常和其他气体混合使用。

3）氧化性气体。氧化性气体有 $CO_2$ 和水蒸气。这种气体来源广、成本低、值得推广应用，特别是 $CO_2$ 气体保护焊，近年来发展很快，主要用于碳钢和合金钢的焊接。水蒸气仅用于电弧堆焊的保护气体。

4）混合气体。混合气体是在一种保护气体中加入适当分量的另一种(或两种)其他气体。混合气体能细化熔滴、减少飞溅、提高电弧稳定性，在生产中已逐步得到推广使用。

（2）气焊气割用气体　根据气体的性质，气焊气割用气体又可以分为两类，即助燃气体($O_2$)和可燃气体。可燃气体与氧气混合燃烧时，放出大量的热，形成热量集中的高温火焰(火焰中的最高温度一般可达 2000 ~ 3000℃)，可将金属加热和熔化。气焊、切割时常用的可燃气体是乙炔，目前推广使用的可燃气体还有丙烷、丙烯、液化石油气(以丙烷为主)、天然气(以甲烷为主)、氢气等。

2. 焊接用气体的选用

（1）根据焊接方法选用气体　焊接用气体的选择主要取决于焊接、切割方法。根据在施焊过程所采用的焊接方法不同，焊接、切割或气体保护焊用的气体也不相同。焊接方法与焊接用气体的选用见表 2-46。

**表 2-46　焊接方法与焊接用气体的选用**

<table>
<tr><th colspan="2">焊 接 方 法</th><th colspan="6">焊 接 气 体</th></tr>
<tr><td colspan="2">气焊</td><td colspan="3">$C_2H_2+O_2$</td><td colspan="3">$H_2+O_2$</td></tr>
<tr><td colspan="2">气割</td><td>$C_2H_2+O_2$</td><td colspan="2">液化石油气 + $O_2$</td><td>煤气 + $O_2$</td><td colspan="2">天然气 + $O_2$</td></tr>
<tr><td colspan="2">等离子弧切割</td><td>空气</td><td colspan="2">$N_2$</td><td>$Ar+N_2$</td><td>$Ar+H_2$</td><td>$N_2+H_2$</td></tr>
<tr><td colspan="2">钨极惰性气体保护焊(TIG)</td><td>Ar</td><td colspan="2">He</td><td colspan="3">Ar + He</td></tr>
<tr><td rowspan="3">实芯焊丝</td><td>熔化极惰性气体保护焊(MIG)</td><td>Ar</td><td colspan="2">He</td><td colspan="3">Ar + He</td></tr>
<tr><td>熔化极活性气体保护焊(MAG)</td><td>$Ar+O_2$</td><td colspan="2">$Ar+CO_2$</td><td colspan="3">$Ar+CO_2+O_2$</td></tr>
<tr><td>$CO_2$ 气体保护焊</td><td>$CO_2$</td><td colspan="5">$CO_2+O_2$</td></tr>
<tr><td colspan="3">药芯焊丝</td><td>$CO_2$</td><td colspan="2">$Ar+O_2$</td><td colspan="2">$Ar+CO_2$</td></tr>
</table>

（2）根据被焊材料选用气体　除了依据焊接方法之外，焊接用气体的选用还与被焊金属的性质、接头质量要求、焊件厚度和焊接位置及工艺方法等因素有关。

对于低碳钢、低合金高强钢、不锈钢和耐热钢等，焊接时宜选用活性气体(如 $CO_2$、$Ar+CO_2$ 或 $Ar+O_2$)保护，以细化过渡熔滴，克服电弧阴极斑点飘移及焊道边缘咬边等缺陷。有时也可采用惰性气体保护。

对于铝及铝合金、钛及钛合金、铜及铜合金、镍及镍合金、高温合金等容易氧化或难熔的金属，焊接时应选用惰性气体(如 Ar 或 Ar + He 混合气体)作为保护气体，以获得优质的焊缝金属。

焊接时，保护气体的选用还必须与焊丝相匹配。惰性气体(Ar)保护焊时，焊丝成分与熔敷金属成分相近，合金元素基本没有什么损失；而活性气体保护焊时，由于 $CO_2$ 气体的强氧化作用，焊丝合金过渡系数降低，熔敷金属成分与焊丝成分产生较大差异。保护气氛中 $CO_2$ 气体所占比例越大，氧化性越强，合金过渡系数越低。因此，采用 $CO_2$ 作为保护气体时，焊丝中必须含有足够量的脱氧合金元素，满足 Mn、Si 联合脱氧的要求，以保护焊缝金属中合适的含氧量，改善焊缝的组织和性能。

含较高 Mn、Si 含量的 $CO_2$ 焊焊丝用于富氩条件时，熔敷金属合金含量偏高，强度增高；反之，富氩条件所用的焊丝用 $CO_2$ 气体保护时，由于合金元素的氧化烧损，合金过渡系数低，焊缝性能下降。因此，对于氧化性强的保护气体，须匹配高锰高硅焊丝，而对于富 Ar 混合气体，则应匹配低硅焊丝。

（3）混合气体的性质及选用　在单一气体的基础上加入一定比例的某些气体形成混合气体，在焊接及切割过程中具有一系列的优点，如可以改变电弧形态、提高电弧能量、改善焊缝成形及力学性能、提高焊接生产率等。

焊接时，用纯 $CO_2$ 作保护气体，电弧稳定性较差，熔滴呈非轴向过渡，飞溅大，焊缝成形较差。用纯 Ar 焊接低合金钢时，阴极斑点飘移大，也易造成电弧不稳。向 Ar 中加入少量氧化性气体，如 $O_2$ 和 $CO_2$ 等，可显著提高电弧稳定性，使熔滴细化，增加过渡效率，有利于改善焊缝成形和提高抗气孔能力。MIG 焊接时一般采用 Ar + 2% $O_2$ 或 Ar + 5% $CO_2$；MAG 焊接时采用 $CO_2$、Ar + $CO_2$ 或 Ar + $O_2$。MAG 焊接是 $CO_2$ 和 Ar 加上超过 5% 的 $CO_2$ 或超过 2% 的 $O_2$ 等混合气体保护焊的总称。由于加入了一定量的 $CO_2$ 或 $O_2$，氧化性较强。MIG 焊接是纯 Ar 或在 Ar 中加入少量活性气体（≤2% 的 $O_2$ 或≤5% 的 $CO_2$）。

混合气体一般也是根据焊接方法、被焊材料以及混合比对焊接工艺的影响等进行选用。如焊接低合金高强钢时，从减少氧化物夹杂和焊缝含氧量出发，希望采用纯 Ar 作保护气体；从稳定电弧和焊缝成形出发，希望向 Ar 中加入氧化性气体。综合考虑，以采用弱氧化性气体为宜。对于惰性气体氩弧焊射流过渡推荐采用 Ar +（1%～2%）$O_2$ 的混合气体；而对短路过渡的活性气体保护焊采用 20% $CO_2$ + 80% Ar 的混合气体应用效果最佳。

从生产效率方面考虑，钨极氩弧焊时在 Ar 气中加入 He、$N_2$、$H_2$、$CO_2$ 或 $O_2$ 等气体可增加母材的热量输入，提高焊接速度。例如，焊接大厚度铝板，推荐选用 Ar + He 混合气体；焊接低碳钢或低合金钢时，在 $CO_2$ 气体中加入一定量的 $O_2$，或者在 Ar 中加入一定量的 $CO_2$ 或 $O_2$，可产生明显效果。此外，采用混合气体进行保护，还可增大熔深，消除未焊透、裂纹及气孔等缺陷。

近年来还推广应用了粗 Ar 混合气体，其成分为 Ar = 96%、$O_2$ ≤4%、$H_2O$ ≤0.0057%、$N_2$ ≤0.1%。粗 Ar 混合气体不但能改善焊缝成形，减少飞溅，提高焊接效率，而且用于焊接抗拉强度 500～800MPa 的低合金高强钢时，焊缝金属力学性能与使用高纯 Ar 时相当。粗 Ar 混合气体价格便宜，经济效益好。

不同材料焊接时所用保护气体的类型及其主要特性见表 2-47。

**表 2-47　不同材料焊接时所用保护气体的类型及其主要特性**

| 被焊材料 | 保护气体 | 混合比/% | 化学性质 | 焊接方法 | 主要特性 |
|---|---|---|---|---|---|
| 铝及铝合金 | Ar |  | 惰性 | TIG<br>MIG | TIG 焊采用交流。MIG 焊采用直流反接，有阴极破碎作用，焊缝表面光洁 |
|  | Ar + He | He10（MIG）<br>He10～90<br>（TIG 焊） | 惰性 | TIG<br>MIG | He 的传热系数大，在相同电弧长度下，电弧电压比用 Ar 时高。电弧温度高，母材热输入大，熔化速度较高。适于焊接厚铝板，可增大熔深，减少气孔，提高生产效率。但如加入 He 的比例过大，则飞溅较多 |

（续）

| 被焊材料 | 保护气体 | 混合比/% | 化学性质 | 焊接方法 | 主要特性 |
|---|---|---|---|---|---|
| 钛、锆及其合金 | Ar | | 惰性 | TIG<br>MIG | 电弧稳定燃烧，保护效果好 |
| | Ar + He | 75/25 | 惰性 | TIG<br>MIG | 可增加热量输入。适用于射流电弧、脉冲电弧及短路电弧，可改善熔深及焊缝金属的润湿 |
| 铜及铜合金 | Ar | | 惰性 | TIG<br>MIG | 产生稳定的射流电弧，但板厚大于5～6mm时需预热 |
| | $N_2$ | | — | 熔化极气保焊 | 输入热量大，可降低或取消预热，有飞溅及烟雾，一般仅在脱氧铜焊接时使用氮弧焊，氮气来源方便，价格便宜 |
| | Ar + He | 50/50或30/70 | 惰性 | TIG<br>MIG | 可改善焊缝金属的润温性，提高焊接质量。输入热量比纯Ar大 |
| | Ar + $N_2$ | 80/20 | — | 熔化极气保焊 | 输入热量比纯Ar大，但有一定飞溅和烟雾，成形较差 |
| 不锈钢及高强度钢 | Ar | | 惰性 | TIG | 适用于薄板焊接 |
| | Ar + $O_2$ | $O_2$ 1～2 | 氧化性 | 熔化极气保焊（MAG） | 细化熔滴，降低射流过渡的临界电流，减小液体金属的粘度和表面张力，从而防止产生气孔和咬边等缺陷。焊接不锈钢时加入$O_2$的体积分数不宜超过2%，否则焊缝表面氧化严重，会降低焊接接头质量。用于射流电弧及脉冲电弧 |
| | Ar + $N_2$ | $N_2$ 1～4 | 惰性 | TIG | 可提高电弧刚度，改善焊缝成形 |
| | Ar + $O_2$ + $CO_2$ | $O_2$ 2<br>$CO_2$ 5 | 氧化性 | MAG | 用于射流电弧、脉冲电弧及短路电弧 |
| | Ar + $CO_2$ | $CO_2$ 2.5 | 氧化性 | MAG | 用于短路电弧。焊接不锈钢时加入$CO_2$的体积分数最大量应小于5%，否则渗碳严重 |
| | Ar + $O_2$ | $O_2$ 1～5或20 | 氧化性 | MAG | 生产率较高，抗气孔性能优。用于射流电弧及对焊缝要求较高的场合 |
| 碳钢及低合金钢 | $CO_2$ | | 氧化性 | MAG | 适于短路电弧，有一定飞溅 |
| | Ar + $CO_2$ | 70(80)/30(20) | 氧化性 | MAG | 有良好的熔深，可用于短路过渡及射流过渡电弧 |
| | Ar + $O_2$ + $CO_2$ | 80/15/5 | 氧化性 | MAG | 有较佳的熔深，可用于射流、脉冲及短路电弧 |
| 镍基合金 | Ar | | 惰性 | TIG<br>MIG | 对于射流、脉冲及短路电弧均适用，是焊接镍基合金的主要气体 |
| | Ar + He | He20～25 | 惰性 | TIG<br>MIG | 热输入量比纯Ar大 |
| | Ar + $H_2$ | $H_2$ <6 | 还原性 | 非熔化极 | 可以抑制和消除焊缝中的CO气孔，提高电弧温度，增加热输入量 |

## 【综合训练】

### 一、理论部分

（一）判断题（正确的划"√"，错误的划"×"）

（　　）1. 焊接用 $CO_2$ 气体和氩气一样，瓶里装的都是气态。

（　　）2. 用于焊接的 $CO_2$ 气体要求其体积分数不小于99.9%。

（　　）3. $CO_2$ 气体中的水分是影响 $CO_2$ 气体保护焊焊接质量的重要因素。

（　　）4. $CO_2$ 气体中水分的含量与气压有关，气体压力越低，气体中水分的含量越低。

（　　）5. 使用 $CO_2$ 气体保护焊要解决好熔池金属的氧化问题，一般是采用含有脱氧剂的焊丝来进行焊接。

（　　）6. 氩气比空气轻使用时易漂浮散失因此焊接时必须加大氩气流量。

（　　）7. $CO_2$ 气体钢瓶外表涂成白色。

（　　）8. 氧化性气体由于本身氧化性较强，所以不适宜作为保护气体。

（　　）9. 工业上常用的等离子气体是 $CO_2$。

（　　）10. Ar + He 混合气体常用来焊接大厚度的铝及铝合金以及高导热材料。

（二）选择题（将正确答案的选项字母填入每题前的括号内）

（　　）1. 对同一型号的焊丝，当使用 $CO_2$ 气体保护焊时，熔敷金属中的 Mn、Si 和其他脱氧元素的含量将会________。

A. 减少　　B. 不变　　C. 增加　　D. 不一定

（　　）2. $CO_2$ 气体具有氧化性，可以抑制________气孔的产生。

A. 氢气孔　　B. 一氧化碳气孔　　C. 氮气孔　　D. 氧气孔

（　　）3. ________作为焊接的保护气时，电弧一旦引燃，燃烧就很稳定，适合手工焊接。

A. 氩气　　B. $CO_2$　　C. $CO_2$ + 氧　　D. 氩气 + $CO_2$

（　　）4. 氩气瓶的外表涂成________。

A. 白色　　B. 银灰色　　C. 天蓝色　　D. 铝白色

（　　）5. $CO_2$ 气瓶的外表涂成________。

A. 白色　　B. 银灰色　　C. 天蓝色　　D. 铝白色

（　　）6. 焊接用的 $CO_2$ 气体一般纯度要求不低于________。

A. 98.5%　　B. 99.5%　　C. 99.95%　　D. 99.99%

（　　）7. 为了防止焊缝产生气孔，要求 $CO_2$ 气瓶内的压力不低于________MPa。

A. 0.098　　B. 0.98　　C. 4.8　　D. 9.8

（　　）8. 气体保护焊焊接不锈钢时的混合气体为________。

A. Ar + $O_2$　　B. Ar + $H_2O$　　C. Ar + He　　D. Ar + CO

### 二、实践部分

焊接保护气体选用

1. 训练目标

1）了解各种焊接保护气体的工艺性能，冶金性能的特点。

2）根据焊接母材成分、所选焊丝、焊接方法及对焊缝的成分性能要求来选用不同焊接保护气体。

2. 训练准备

1）人员准备：分组进行，每组由8~10人组成。

2）资料准备：实训指导书、任务书。

3. 训练地点

实验室或实训场地。

4. 训练办法

1）先通过试验让学生了解各种焊接保护气体的工艺性能，冶金性能的特点。

2）通读任务书，使学生了解焊接母材成分、所选焊丝、焊接方法及对焊缝的成分性能要求。

3）让学生选配焊接保护气体。

4）让学生用自己选配的焊接保护气体进行焊接操作，对比各种不同选配的效果。

## 综合知识模块五　其他焊接材料

### 能力知识点1　钨极的种类与性能

由钨金属棒作为钨极氩弧焊（TIG）或等离子弧焊（PAW）的电极称为钨电极，简称钨极，属于非熔化电极的一种。焊接过程中对非熔化电极的基本要求是：能传导电流、发射电子的能力强、在高温下工作不熔化并且使用寿命长等。金属钨能导电，其熔点（3410℃）和沸点（5900℃）比其他金属都高，电子逸出功为4.5eV，与铁相当，在高温时有强烈的电子发射能力，所以金属钨是最适合作钨极氩弧焊或等离子弧焊所用电极的非熔化电极材料。

钨极氩弧焊用的电极材料与等离子弧焊相同，目前常用的钨极主要有纯钨、铈钨、钍钨和锆钨等四种。

（1）纯钨极　纯钨极熔点和沸点高，不易熔化蒸发、烧损，是使用最早的一种电极。但纯钨极电子发射能力较其他钨极差，要求焊机具有高的空载电压，不利于电弧稳定燃烧。用交流电进行焊接时，纯钨极的载流能力较低且抗污染性能差，目前生产中很少使用。由于纯钨极价格不太昂贵，一般用于对焊接质量要求不太严格的情况下。

（2）钍钨极　在钨中加入质量分数为30%以下的氧化钍，构成钍钨极。钍钨极的电子发射能力强，电子逸出功为2.7eV，允许的电流密度大，载流能力较好。钍钨极寿命比较长，抗污染性能较好，易引弧，电弧燃烧较稳定。但钍元素具有一定的放射性，在磨削电极时要注意防护，国外较常采用。

（3）铈钨极　在钨中加入质量分数为2%以下的氧化铈，构成铈钨极。铈钨极电子逸出功低（2.4eV），引弧和稳弧性能不亚于钍钨极，化学稳定性高。铈钨极比钍钨极具有更多的优点，弧束细长，热量集中，允许的电流密度大，可提高电流密度5%~8%，燃损率低，寿命长，无放射性。铈钨极的优越性尤其表现在大电流焊接或等离子弧切割时，其损耗率与小电流焊接时相比更小。对于铈钨极，它是我国研制成功的产品，由于其性能优越，完全可以取代钍钨极，是目前国内普遍采用的一种。

(4) 锆钨极 美国产锆钨极，是在钨中加入质量分数为0.15%~0.40%的氧化锆。锆钨极的各种性能介于纯钨极和钍钨极之间，其载流能力和引弧性能均比纯钨极好，但比钍钨极差。在需要防止电极污染焊缝金属的特殊条件下使用。焊接时，电极尖端易保持半球形，适于交流焊接。

总之，我国不生产锆钨极，但有铈钨极，铈钨极的综合性能优于钍钨极，若价格和供货条件允许，可以取代钍钨极。常用钨极直径有 $\phi$0.5mm、$\phi$1.6mm、$\phi$2.4mm、$\phi$3.2mm、$\phi$4.0mm 等几种。为了使用方便，钨极的一端常涂有颜色以便识别。通常钍钨极涂红色，铈钨极涂灰色，纯钨极涂绿色。

一般厚板焊接时要求能获得较大的熔深，为此应采用直流正接和大电流来进行焊接，宜选用载流能力强的钍钨极或铈钨极；薄板焊接要求熔深较浅，所以焊接时电流宜小，应采用直流反接的方法，但容易使电极发热，因此，电极宜选用引弧容易、稳定性好、载流能力强的钍钨极或铈钨极。铝、镁及其合金的焊接要求采用交流电，这种情况下电极烧损的程度比直流反接时的小，可以选用较为便宜的纯钨极。

不同金属钨极氩弧焊时推荐用的钨极及保护气体见表2-48。

**表2-48 不同金属钨极氩弧焊时推荐用的钨极及保护气体**

| 金属种类 | 金属厚度 | 电流类型 | 电极 | 保护气体 |
|---|---|---|---|---|
| 铝 | 所有厚度 | 交流 | 纯钨或锆钨极 | Ar 或 Ar + He |
| | 厚件 | 直流正接 | 钍钨或铈钨极 | Ar + He 或 Ar |
| | 薄件 | 直流反接 | 铈钨、钍钨或锆钨极 | Ar |
| 铜及铜合金 | 所有厚度 | 直流正接 | 铈钨或钍钨极 | Ar + He 或 Ar |
| | 薄件 | 交流 | 纯钨或锆钨极 | Ar |
| 镁合金 | 所有厚度 | 交流 | 纯钨或锆钨极 | Ar |
| | 薄件 | 直流反接 | 锆钨、铈钨或钍钨极 | Ar |
| 镍及镍合金 | 所有厚度 | 直流正接 | 铈钨或钍钨极 | Ar |
| 低碳、低合金钢 | 所有厚度 | 直流正接 | 铈钨或钍钨极 | Ar + He 或 Ar |
| | 薄件 | 交流 | 纯钨或锆钨极 | Ar |
| 不锈钢 | 所有厚度 | 直流正接 | 铈钨或钍钨极 | Ar + He 或 Ar |
| | 薄件 | 交流 | 纯钨或锆钨极 | Ar |
| 钛 | 所有厚度 | 直流正接 | 铈钨或钍钨极 | Ar |

## 能力知识点2 气焊熔剂

气焊熔剂(又称气剂或焊粉)是气焊时的助熔剂，主要作用是去除焊接过程中生成的氧化物，改善母材润湿性能，促使获得致密的焊缝组织等。气焊低碳钢时，由于气体火焰能充分保护焊接区，一般不需使用熔剂。但在使用气体火焰焊接有色金属(如铜、铝及其合金等)、铸铁和不锈钢等材料时，必须采用熔剂。一般是在焊前把熔剂直接撒在被焊件坡口上，或者沾在焊丝上加入到熔池内。

1. 气焊熔剂的牌号

1）牌号前加“CJ”表示气焊熔剂。

2）牌号一般由三位数字组成，第一位数字表示气焊熔剂的用途及适用材料：“1”表示不锈钢及耐热钢气焊用熔剂；“2”表示铸铁气焊用熔剂；“3”表示铜及铜合金气焊用熔剂；“4”表示铝及铝合金气焊用熔剂。

3）第二、第三位数字表示同一类型气焊熔剂的不同编号。

气焊熔剂的牌号举例如下：

CJ 2 01

01——表示编号为01

2——表示铸铁气焊用熔剂

CJ——表示气焊熔剂

2. 气焊熔剂的化学成分、用途、性能及焊接注意事项

常用气焊熔剂的化学成分、用途、性能及焊接注意事项见表2-49。

**表2-49　常用气焊熔剂的化学成分、用途、性能及焊接注意事项**

| 牌号 | 名称 | 熔点/℃ | 熔剂成分/% | 用途及性能 | 焊接注意事项 |
|---|---|---|---|---|---|
| CJ101 | 不锈钢及耐热钢气焊熔剂 | 900 | 瓷土粉30，大理石28，钛白粉20，低碳锰铁10，硅铁6，钛铁6 | 用作不锈钢及耐热钢气焊时的助熔剂，焊接时有助于焊丝的润湿作用，能防止熔化金属被氧化，焊后覆盖在焊缝金属表面的熔渣易去除 | 1）焊前对施焊部位擦刷干净<br>2）焊前将熔剂用密度为1.3g/cm³的水玻璃均匀搅拌成糊状<br>3）用刷子将调好的熔剂均匀地涂在焊接处反面，厚度不小于0.4mm，焊丝上也涂上少许熔剂<br>4）涂完后约隔30min施焊 |
| CJ201 | 铸铁气焊熔剂 | 650 | $H_3BO_3$ 18，$Na_2CO_3$ 40，$NaHCO_3$ 20，$MnO_2$ 7，$NaNO_3$ 15 | 用作铸铁件气焊时的助熔剂，有潮解性，能有效地去除铸铁在气焊过程中产生的硅酸盐和氧化物，有加速金属熔化的功能 | 1）焊前将焊丝一端加热沾上熔剂，在焊接部位红热时撒上熔剂<br>2）焊接时不断用焊丝搅动，使熔剂充分发挥作用，焊渣容易浮起<br>3）如焊渣浮起过多，可用焊丝将焊渣随时拨去 |
| CJ301 | 铜气焊熔剂 | 650 | $H_3BO_3$ 76～79，$Na_2B_4O_7$ 16.5～18.5，$AlPO_4$ 4～5.5 | 紫铜及黄铜气焊或钎焊助熔剂，能有效地溶解氧化铜和氧化亚铜，焊接时呈液态熔渣覆盖于焊缝表面，防止金属氧化 | 1）焊前将施焊部位擦刷干净<br>2）焊接时将焊丝一端加热，沾上熔剂即可施焊 |
| CJ401 | 铝气焊熔剂 | 560 | KCl 49.5～52，NaCl 27～30，LiCl 13.5～15，NaF 7.5～9 | 铝及铝合金气焊熔剂，起精炼作用，也可用作气焊铝青铜熔剂 | 1）焊前将焊接部位及焊丝洗刷干净<br>2）焊丝涂上用水调成糊状的熔剂，或焊丝一端加热沾取适量的干熔剂立即施焊<br>3）焊后必须将焊件表面的熔剂熔渣用热水洗刷干净，以免引起腐蚀 |

## 能力知识点3 其他焊接材料

1. 碳棒

碳棒在碳弧气刨时作为电极，用于传导电流和引燃电弧。常用的是镀铜实芯碳棒，镀铜的目的是更好地传导电流。外形有圆碳棒和扁碳棒两种，圆碳棒主要用于在焊缝反面挑焊根及清焊根；扁碳棒刨槽较宽，可以用于开坡口、刨焊瘤或切割大量金属的场合。

对碳棒的要求是耐高温、导电性良好和不易开裂。圆形碳棒的直径通常有 $\phi$3mm、$\phi$4mm、$\phi$5mm、$\phi$6mm、$\phi$7mm、$\phi$8mm、$\phi$9mm、$\phi$10mm、$\phi$12mm、$\phi$14mm、$\phi$16mm 等规格，长度为355mm。其直径越粗，适用的焊接电流也越大。

2. 管极涂料

管极涂料是管极电渣焊所使用的一种焊接材料。在管极电渣焊中，管状焊条的外表应涂有2～3mm厚的管极涂料。管极涂料应具有一定的绝缘性能以防管极与工件发生电接触，且熔入熔池后应能保证稳定的电渣焊过程。管极涂料应具有良好的粘着力，以防在焊接过程中由于管极受热而脱落。

3. 防止飞溅粘结用涂料

防止飞溅粘结用涂料的配方（质量分数）：硅石30%；白垩粉30%；水玻璃40%。

## 【综合训练】

（一）判断题（正确的划“√”，错误的划“×”）

（　　）1. 在钨极氩弧焊中，使用最多的电极材料是铈钨极。

（　　）2. 钍钨极的使用性能不好，所以现在使用得不多。

（　　）3. 为了使用方便，钨极的一端常涂有颜色以便识别，铈钨极为灰色。

（　　）4. 钨极氩弧焊采用直流反接时，可提高许用电流，且钨极烧损小。

（二）选择题（将正确答案的选项字母填入每题前的括号内）

（　　）1. 钨极主要起传导________、引燃电弧和维持电弧正常燃烧的作用。

A. 电感　　B. 电光　　C. 电能　　D. 电流

（　　）2. 有微量放射性的钨极是________。

A. 纯钨极　　B. 钍钨极　　C. 铈钨极　　D. 以上说法都不对

（　　）3. 目前________是一种理想的电极材料，是我国建议尽量采用的钨极。

A. 纯钨极　　B. 钍钨极　　C. 铈钨极　　D. 锆钨极

（　　）4. 铸铁气焊用熔剂的牌号是________。

A. CJ101　　B. CJ201　　C. CJ301　　D. CJ401

（　　）5. 铝气焊用熔剂的牌号是________。

A. CJ101　　B. CJ201　　C. CJ301　　D. CJ401

(　　)6. 铜气焊用熔剂的牌号是________。

A. CJ101　　B. CJ201　　C. CJ301　　D. CJ401

(　　)7. 碳弧气刨用的电极材料应该是________。

A. 含钾碳棒　　B. 含钍碳棒　　C. 纯碳棒　　D. 含铈碳榨

(　　)8. 碳弧气刨用的碳棒表面应该镀的金属是________。

A. 铜　　B. 铝　　C. 铬　　D. 镍

# 第三单元　焊接缺陷的产生及防止

【学习目标】 通过本单元的学习，使学生明确焊接缺陷的种类、特征及危害；掌握常见焊接缺陷——气孔、结晶裂纹和冷裂纹的产生原因、影响因素及防止措施；对其他焊接缺陷的产生原因及防止措施有一定的了解。

## 综合知识模块一　焊接缺陷的种类及特征

### 能力知识点1　焊接缺陷的类型

1. 焊接缺欠与焊接缺陷

在焊接接头中存在的不连续性、不均匀性以及其他不健全的缺损，称为焊接缺欠。在焊接缺欠中，根据产品设计或工艺文件的要求，凡是不符合焊接产品使用性能要求的焊接缺欠称为焊接缺陷，即焊接过程中所形成的焊缝不足、不完善的地方也可以说是焊缝本身的缺损或损伤。焊接缺陷是焊接缺欠中不可接受的、不合格的缺欠，必须经过返修合格后才能使用，否则此焊接产品就是废品。

**想一想**　焊接缺欠和焊接缺陷的关系如何？

焊接缺欠是绝对的，是焊接接头中客观存在的某种间断或不完整，而焊接缺陷是相对的。同一类型、同一尺寸的焊接缺欠，出现在制造要求高的产品中，可能被认为是焊接缺陷，必须返修，但出现在制造要求低的产品中，可能认为是可接受的、合格的焊接缺欠，不需要返修。因此，判别焊接缺欠是否是焊接缺陷要根据产品相应的法规、标准和制造技术要求进行评定。在这些法规、标准和制造技术条件中，依据焊接产品使用性能，从焊接质量、可靠性和经济性之间的平衡综合考虑，规定什么焊接缺欠相对制造技术条件的产品是可能接受的，什么焊接缺欠是对产品运行构成危险的、不可接受的焊接缺陷。例如：0.4mm 深度的咬边，如果出现在“不允许有任何咬边存在”的高压容器焊接接头中，可判断为焊接缺陷；如果出现在技术条件规定“咬边深度不得超过 0.5mm”的普通容器焊接接头中，则被认为是

**想一想**　你在实际操作中都看到过哪些焊接缺陷？

可以接受的焊接缺欠，而不是焊接缺陷。

2. 焊接缺陷的分类

1）按照焊接缺陷的性质，金属熔焊接头常见的焊接缺陷共分为裂纹、孔穴、固体夹杂、未熔合与未焊透、形状缺陷和其他缺陷等。

2）按焊接缺陷的可见性分为表面缺陷和内部缺陷。焊接缺陷位于焊缝外表面的称为表面缺陷；位于焊缝内部的称为内部缺陷，见表3-1。

**表3-1 焊接的表面缺陷和内部缺陷**

| 缺陷类型 | 主要表现 | 检测手段 |
|---|---|---|
| 表面缺陷 | 焊缝尺寸与形状不符合要求、咬边、焊瘤、凹坑与弧坑、表面气孔、表面裂纹、塌陷与烧穿等 | 用肉眼或借助低倍放大镜检视 |
| 内部缺陷 | 未熔合、未焊透、内部气孔、夹渣、裂纹等 | 需用无损探伤方法或破坏性试验方法检测 |

3）按焊接缺陷的成因分类可分为三种，见表3-2。

**表3-2 焊接缺陷按成因分类**

| 缺陷类型 | 主要表现 | 产生原因 |
|---|---|---|
| 结构缺陷 | 焊缝布置不合理、结构不连续、错边 | 与设计结构有关 |
| 工艺缺陷 | 咬边、未熔合、未焊透、未焊满、焊瘤、夹渣、焊缝外观不符合要求、尺寸不合格 | 与工艺因素有关 |
| 冶金缺陷 | 裂纹、气孔 | 与冶金因素有关 |

## 能力知识点2 常见焊接缺陷的特征及危害

焊接缺陷的存在，不仅会降低焊接接头的使用性能，影响结构的安全使用，严重时还将导致脆性破坏，引起重大事故。有害程度较大的焊接缺陷有五种，按有害程度递减的顺序排列为：裂纹、未熔合和未焊透、咬边、夹渣、气孔。常见焊接缺陷的特征及危害见表3-3。

**想一想** 酸性焊条进行平角焊时易产生什么缺陷？

**表3-3 常见焊接缺陷的特征及危害**

| 缺陷名称 | 特征 | 危害 |
|---|---|---|
| 焊缝尺寸及形状不符合要求 | 焊接变形造成焊缝形状翘曲或尺寸超差；焊缝存在过高或过低、过宽或过窄及不平滑过渡的现象 | 造成焊缝成形不美观，降低焊缝与基本金属的结合强度，易造成应力集中，不利于焊件结构的安全使用 |
| 咬边 | 沿焊缝的母材部位产生的沟槽或凹陷 | 不但减小焊件母材的工作截面，而且产生很大的局部应力集中，易引起裂纹，使焊接接头的强度降低 |

（续）

| 缺陷名称 | 特征 | 危害 |
|---|---|---|
| 焊瘤 | 熔化金属流淌到焊缝之外未熔化的母材上所形成的金属瘤 | 不仅影响焊缝外表的美观，而且在焊瘤内往往存在夹渣和未焊透，易造成应力集中。如果存在于管道内部，还会影响管道内的有效面积，甚至造成堵塞现象 |
| 气孔 | 熔池金属中的气体在金属冷却以前未来得及逸出而残留下来所形成的空穴 | 会削弱焊缝的有效工作截面，降低焊缝金属的强度和塑性，尤其是冲击韧度和疲劳强度 |
| 夹渣 | 焊后残留在焊缝中的焊渣 | 会降低焊缝的力学性能。因夹渣多是不规则的多边形，其尖角会引起很大的应力集中，易使焊接结构在承载时遭到破坏 |
| 未熔合 | 母材与焊缝金属之间，焊缝与焊缝金属之间未完全熔合在一起 | 直接降低了焊接接头的力学性能，严重的未熔合会使焊接结构根本无法承载 |
| 未焊透 | 焊接时，接头的根部未完全熔透的现象 | 不仅降低接头的力学性能，而且造成应力集中，承载后往往引起裂纹 |
| 裂纹 | 将在综合知识模块三和综合知识模块四中进行详细的介绍 | |

**【综合训练】**

（一）名词解释

1. 焊接缺欠　　2. 焊接缺陷

（二）填空题

1. 按焊接缺陷的可见性分________和________两大类。

2. 焊接缺陷按有害程度递减的顺序排列为：________、未熔合和未焊透、________、夹渣、________。

3. 气孔的存在降低焊缝金属的________和塑性，并减少焊缝有效________，降低焊接接头的强度。

（三）简答题

焊接缺欠与焊接缺陷的关系如何？

## 综合知识模块二　焊缝中的气孔与夹杂物

### 能力知识点 1　气孔的分类与特征

焊接时，熔池中的气泡在凝固时未能逸出而残留下来所形成的空穴，称为气孔。

焊缝中的气孔是常见的焊接冶金缺陷之一。气孔的危害性比裂纹小，但气孔的尺寸和数量超过一定范围时，就是不允许存在的焊接缺陷。根据气孔的性质、数量、形状、位置等，可分为以下几种：

1. 根据产生气孔的气体种类分类

气孔可分为氢气孔、一氧化碳气孔、氮气孔和水蒸气气孔等。

2. 根据气孔的分布情况分类

**资料卡** 缩孔和气孔都属于孔穴缺陷。

缩孔是指熔化金属在凝固过程中收缩而产生的残留在焊缝中的孔穴。

(1) 均布气孔 大量气孔比较均匀地分布在整个焊缝金属中(图3-1a)。均布气孔的产生是由于不合适的焊接操作技术或不恰当的气体保护、焊件表面污染或材料缺陷所致。

(2) 密集气孔 形状不规则的成群气孔呈区域化分布(图3-1b)。它是由于不正确的引弧或收弧引起的。电弧偏吹也可促使产生密集气体。

(3) 链状气孔 平行于焊缝轴线的成串气孔(图3-1c)。它主要是在污染的缺欠处由于气体的逸出引起的。这种气孔可沿焊缝根部或焊道边界之间呈直线分布。

(4) 条状气孔 长度大于宽度且长度方向与焊缝轴线近似平行的非球形的长气孔(图3-1d)。

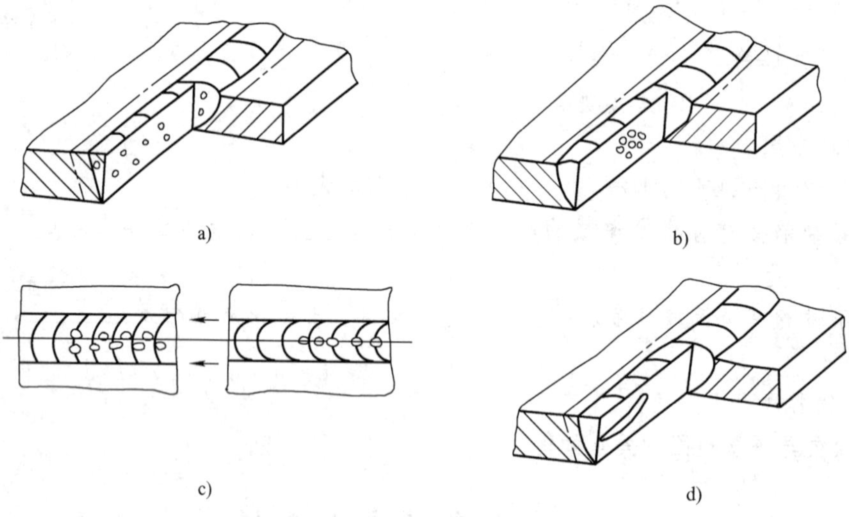


图3-1 各种分布的气孔

a) 均布气孔 b) 密集气孔 c) 链状气孔 d) 条状气孔

3. 根据气孔的形成位置分类

根据气孔的形成位置可分为内部气孔(存在于焊缝内部的气孔)和表面气孔(暴露在焊缝表面的气孔)。对一条焊缝而言，按生成气孔的位置，又可分为引弧处气孔，焊道中气孔和弧坑气孔等。

## 能力知识点2　气孔产生的原因及影响因素

1. 气孔的产生过程及原因

（1）形成气孔的气体来源　焊缝中形成气孔的气体来源于两个方面：一种是来自外部的溶解度有限的气体（如氢、氮）；另一种是熔池中的冶金反应产物（如一氧化碳、水蒸气等）。在高温金属熔池的冷却过程中，熔池中的气体，由于溶解度降低而处于饱和状态，就会急剧向外逸出，来不及逸出的气体，被凝固的焊缝金属包围，就形成气孔。所以在焊接过程中促使焊缝形成气孔的气体有氢气、氮气和一氧化碳气体。氢气孔、氮气孔大多出现在焊缝表面；一氧化碳气孔多产生于焊缝内部并沿结晶方向分布。

（2）焊缝中气孔的形成过程　气孔的形成，一般经历了四个过程：气体的吸收过程；气体的析出过程；气泡的长大过程；气泡的上浮过程，最后形成气孔，如图3-2所示。

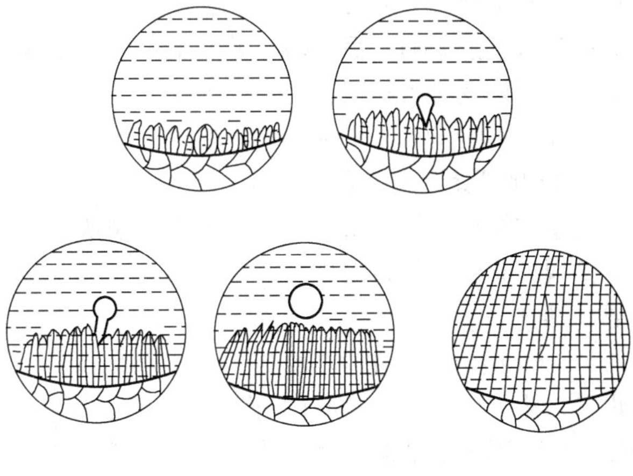

图3-2　气孔的形成示意图

1）气体的吸收：在焊接过程中，熔池的周围存在着各种成分复杂的气体，这些气体的分子在电弧高温作用下，很快被分解成原子状态，并被金属熔滴所吸附，不断地向液体熔池内部扩散和溶解。温度越高，金属中溶解气体的量越多。

2）气体的析出：气体的析出是指气体从液体金属内析出并形成气泡。随着在焊接过程中熔池金属温度的降低，气体在液体金属中的溶解度也相应减小，因而一部分气体要析出，此时析出的气体极易被吸附在熔池底部成长的柱状晶粒的表面上，产生了气泡的核心。

**想一想**　在你的实际操作中，产生气孔的主要因素是什么？

3）气泡的长大：由于熔池温度的不断降低，析出气体不断被凝固的晶粒所吸附，气泡内部压力大于阻碍气泡长大的外界压力，便使气泡不断长大。

4）气泡的上浮：在气泡核形成之后，又经过一个短暂的长大过程，当气泡长大到一定的尺寸时，开始脱离结晶表面的吸附而上浮。当气泡的上浮速度小于金属熔池的结晶速度，那么气泡就可能残留在凝固的焊缝金属中，成为气孔。

（3）氢气孔和氮气孔产生的主要原因及其特征　在焊接低碳钢和低合金钢时，大多数情况下，氢气孔出现在焊缝的表面上，断面为螺钉状，在焊缝的表面上看呈喇叭口形，气孔的内壁光滑，这是由于氢气是在液态金属和枝晶界面上凝聚析出，随枝晶生长而逐渐形成气孔的。在个别情况下，氢气孔也会出现在焊缝的内部，是小圆球状，如焊条药皮中含有较多的结晶水，使焊缝中的含氢量过高，或在焊接有色金属时，由于液态金属中氢溶解度随温度下降而急剧降低，析出气体，在凝固时来不及上浮而残存在焊缝内部。

氮气孔的形成机理与氢气孔相似，氮气孔也多出现在焊缝表面，但多数情况下是成堆出现的，呈蜂窝状。氮主要来自焊接区周围的空气，但一般产生氮气孔的机会较少，只有在熔池保护不好，有较多的空气侵入焊接区的情况下才会产生。

（4）一氧化碳气孔产生的原因及其特征　在焊接碳钢时易产生 CO 气孔。CO 气孔在多数情况下存在于焊缝内部，且沿结晶方向分布，呈条虫状，表面光滑，内壁有氧化颜色。

CO 气孔的产生原因是焊接时钢中的碳由于冶金反应而产生大量的 CO 气体，即

$$C + O = CO$$

$$FeO + C = CO + Fe$$

$$MnO + C = CO + Mn$$

这些反应可以发生在熔滴过渡过程中，也可以发生在熔池中。由于 CO 不溶于金属，所以在高温时生成的 CO 就会以气泡的形式从液态金属中高速逸出，形成飞溅，而不会形成气孔。但是，当热源离开后，熔池开始凝固时，熔池金属的粘度不断增大，所有反应的 CO 不易逸出，且该反应为吸热反应，会促使结晶速度加快，使 CO 形成的气泡来不及逸出时便产生了气孔。由于 CO 形成的气泡是在结晶界面上产生的，所以 CO 气孔常呈条虫状。

2. 影响焊缝形成气孔的因素

能增加焊接区气体来源的各种因素，如铁锈、水分、油污等杂质，都会增加焊缝形成气孔的倾向。此外，母材的成分、熔渣的组成与性能、焊接的工艺条件等对气孔的形成也具有重要的影响。

（1）焊接熔渣氧化性的影响　熔渣氧化性的强弱对焊缝的气孔敏感性具有很大的影响。当焊接熔渣中含有氟化物时(如萤石)，能起良好的去氢作用。因为氟与氢化合生成稳定的 HF，而 HF 不溶于液态金属，从而减少氢气孔的产生。另外，当熔渣中含有一定量的氧化性物质时，如 MnO、FeO、MgO、$SiO_2$ 等，也能起到清除氢气孔的作用。因为这些氧化物中的氧在高温时能与氢化合，生成稳定的、不溶于液体金属的 OH，从而减少焊缝金属的含氢量，但氧化性过强时，则有可能产生 CO 气孔。

总之，无论是酸性熔渣还是碱性熔渣，当熔渣的氧化性增加时，氢气孔的倾向减小，而 CO 气孔的倾向增加。相反，当熔渣的氧化性减小，还原性增加时，则氢气孔的倾向增加，而 CO 气孔的倾向减小。

（2）铁锈、水分及其他杂质影响　焊件或焊接材料中的水分、氧化铁皮、铁锈、油污等杂质也是焊缝出现气孔的重要因素，其中尤其铁锈的影响最大。

铁锈是钢铁腐蚀后的产物，是氧化铁的水化物(通式为 $mFe_2O_3 \cdot nH_2O$)，也包含($Fe_3O_4 \cdot H_2O$)的水化物，即铁锈含有较多铁的高级氧化物 $Fe_2O_3$ 和结晶水，在电弧焊接的条件下，这些以结晶水形式存在的水分，便产生大量的水蒸气，从而使铁氧化产生 $H_2$。

$$Fe + H_2O = FeO + H_2$$

$$3FeO + H_2O = Fe_3O_4 + H_2$$

$$2Fe_3O_4 + H_2O = 3Fe_2O_3 + H_2$$

当液态金属具有足够高的温度时，这些氢便以原子或正离子的形式溶入，扩散至熔池金属中，这就是焊接有铁锈金属时产生氢气孔的主要原因。铁锈的存在一方面增加了熔池的氧化作用，在结晶时促使生成 CO 气孔，另一方面也增加了生成氢气孔的可能性，所以，铁锈是一种极其有害的杂质。

钢板上氧化铁皮的主要成分是 $Fe_3O_4$ 和少量的 $Fe_2O_3$，虽然没有结晶水，但对产生 CO 气孔仍有较大的影响，因此，在焊接生产中要尽量清除焊件上的铁锈、氧化铁皮等杂质。

焊剂和焊条药皮受潮或烘干不足、空气中或母材金属表面的水分，受电弧高温的影响，生成氢进入焊接熔池中，同样易增加产生气孔的倾向。

（3）焊接参数的影响　焊接参数，如焊接电流、焊接速度、电弧电压等，主要是影响焊接熔池的存在时间，如果熔池存在的时间越短，气体逸出越困难，形成气孔的倾向也越大。

增大焊接电流可增加熔池存在的时间，有利于气体的逸出，但熔滴变细，增加了熔池对气体的吸收量，同时熔深也增加，反而不利于气体的逸出，增大了生成气孔的倾向。使用不锈钢焊条时，焊接电流增大，焊芯的电阻热增大，会使焊条末端药皮发红，药皮中的某些组成物（如碳酸盐）提前分解，影响了造气保护效果，因而也增加了气孔的倾向。

电弧电压升高，弧长增加，空气中的氮气易侵入熔池形成氮气孔，其中焊条电弧焊和自保护药芯焊丝电弧焊最为敏感。

当电弧的功率不变（即焊接电流和电弧电压的乘积不变）时，焊接速度增大，熔池存在的时间变短，加快了结晶速度，从而增大了产生气孔的倾向。

（4）电流种类和极性的影响　生产经验证明，电流的种类和极性不仅影响电弧的稳定性，还对氢气孔的产生有较大的影响。使用交流电源焊接时，使用未烘干的焊条，焊缝易产生气孔。用直流正接法时，生成气孔的倾向较小，而用直流反接法时，生成气孔的倾向最小。这是因为氢气实际上是以正离子形式溶入熔池，当熔池处于阴极时（反接），弧柱空间的氢正离子在熔池表面遇到电子，与之复合为氢原子，从而阻碍了氢的溶解。在使用交流电源时，氢离子在电流改变方向通过零点的瞬间，顺利进入熔池，因此产生气孔的倾向最大。

（5）工艺操作方面的影响　在生产中由于工艺操作不当也易产生气孔。例如：

1）焊前未严格按规定要求烘干焊条、焊剂或烘干后放置时间过长。

2）焊前未对焊件、焊丝上的铁锈、水分、油质等污物按要求进行清除。

3）焊接时的规范不稳定，特别是使用碱性焊条时未采用短弧焊接等。

## 能力知识点3　防止气孔产生的措施

防止气孔产生的根本措施是限制气体的来源和排除熔池中存在的气体。

1. 消除产生气孔的气体来源

1）对焊件及焊丝（焊芯）表面上的油污、铁锈、氧化膜等进行仔细清除，特别是焊缝两侧 20～30mm 范围内进行除锈、去污。

2）焊接材料的防潮和烘干。各种焊接材料应防潮包装与存放。按规定烘干焊条或焊剂，控制烘干的焊条或焊剂在大气中的暴露时间，防止吸潮。

2. 加强对熔池的保护

1）不使用偏心焊条和药皮脱落的焊条，焊剂或保护气体送给不能中断。

2）掌握正确的引弧方法，电弧不得随意拉长，采用短弧焊接，并要配以适当的动作，以利于气体的逸出。

3）装配间隙要符合要求，不要太大，防止空气从根部熔池侵入。

3. 正确选择焊接材料和保护气体

通过控制焊接材料的氧化性和还原性，降低气孔的敏感性。

4. 控制焊接工艺条件

控制焊接工艺条件的目的是创造熔池中气体逸出的有利条件，同时限制焊接电弧外围的气体熔入熔池。

1）正确选择焊接参数，运条速度不能太快。

2）对导热快、散热面积大的焊件，若周围环境温度较低，应进行预热，以降低冷却速度。

## 能力知识点4 焊缝中的夹杂物

焊缝中的夹杂物是焊接冶金反应产生的，是焊后残留在焊缝金属中的微观非金属杂质（如氧化物、硫化物等）。焊缝中的夹杂物是固体夹杂的一种，但它有别于夹渣和金属夹杂。夹渣是指焊后残留在焊缝中的焊渣，是由于焊接参数选择不当或操作技术的原因所引起的；金属夹杂是残留在焊缝金属中的来自外部的金属颗粒（如夹钨）；而夹杂物是由于焊接化学冶金反应产生的。

> **想一想** 焊缝中的夹杂、夹渣和金属夹杂有什么区别？

1. 夹杂物的危害

夹杂物的存在不仅降低焊缝金属的塑性，增大低温脆性，降低韧性和疲劳强度，在外力作用下，夹杂物周围会产生应力集中，使夹杂物通常成为裂纹源而增加产生热裂纹的倾向。

2. 夹杂物产生的原因

氧化物夹杂产生的原因主要是熔池脱氧不完全，其中的 FeO 与其他元素作用而生成，一般多以复合硅酸盐形式存在。这类夹杂物基本上都属于低熔点的物质，在焊缝结晶时最后凝固，少量液体夹杂物存在于固体晶粒之间。这些夹杂物是由于焊工操作不当而混入焊缝中的，导致焊缝的韧性降低。

氮化物的产生原因主要是在保护不良的情况下，焊接碳钢和低合金钢时，液态金属与空气中的氮反应后，主要以氮化物 $Fe_4N$ 夹杂的形式存在，残留在焊缝金属中。氮化物在时效过程中以针状夹杂形式存在于焊缝金属中，对焊缝的力学性能有较大的影响，使抗拉强度提高，塑性和韧性下降，焊缝变脆。但在良好保护条件下焊接时，生成氮化物的几率是很小的。

当母材、焊丝、药皮等材料的含硫量较高时，就会在焊缝中形成硫化物夹杂。硫在焊缝中主要以 FeS 和 MnS 两种硫化物的形态存在。其中以 FeS 对焊缝的危害最大，因为 FeS 沿晶界析出与 Fe 或 FeO 形成低熔点共晶，增加了生成热裂纹的倾向。

3. 防止和减少焊缝中形成夹杂物的措施

在焊缝中分布细小、均匀的夹杂物，对焊缝的塑性和韧性不会有明显的影响，反而还可改善焊缝金属的韧性与塑性，但对于粗大的夹杂物则必须采取措施防止或消除。

防止和减少焊缝中形成夹杂物的主要措施从以下两个方面着手：

（1）控制夹杂物的来源　正确选择焊条、药芯焊丝、焊剂的渣系，以便在焊接过程中能充分脱氧、脱硫。另外还要严格控制原材料中的杂质含量，以杜绝夹杂物的来源。

（2）采取相应的工艺措施　选用较大的热输入，使熔池有足够的存在时间；焊条电弧焊时，焊条要作适当的摆动，使熔池搅动，以促使夹杂物的浮出；多层焊时，层间的清渣要彻底，防止残留的焊渣在焊接下一层时，进入熔池而形成夹杂物；采用短弧焊接，以保护焊接熔池免受空气中氮的侵入。

## 【综 合 训 练】

（一）名词解释

1. 气孔　　　2. 焊缝中的夹杂物

（二）填空题

1. 在其他条件不变的情况下，焊接速度增加时，气孔倾向________；焊接电流增大时，气孔倾向________；电弧电压升高时，气孔倾向________。

2. 气孔的存在降低焊缝金属的________和塑性，并减少焊缝有效________，降低焊接接头的强度。

3. 根据产生气孔的气体种类，焊缝中主要产生的气孔是________、________、________。

4. 气孔的形成一般经历________、________、________和________四个过程形成。

5. ________气孔沿结晶方向分布，呈长条形，在内部呈椭圆形；________气孔一般在表面呈旋涡形，内部呈球形。

（三）选择题(将正确答案的选项字母填入每题前的括号内)

(　　)1. 当采用未经很好烘干的焊条进行焊接时，使用________电源，焊缝最易出现气孔，使用________电源，气孔出现倾向最小。

A. 直流正接　　B. 直流反接　　C. 交流　　D. 直流正接或反接

(　　)2. 气孔在重要的焊接结构接头中是________存在的一种缺陷。

A. 允许　　B. 不允许　　C. 数量不多时允许

(　　)3. 焊条电弧焊时采取________措施可减少气孔的产生。

A. 减小焊接电流　B. 增加焊接速度　C. 增加电弧长度　D. 严格烘干焊条

（四）简答题

1. 防止气孔产生的措施有哪些？

2. 防止焊缝中形成夹杂物的措施是什么？

# 综合知识模块三　焊接结晶裂纹

## 能力知识点1　结晶裂纹的特征

焊接裂纹是指在焊接应力及其他致脆因素共同作用下，焊接接头中局部地区的金属原子结合力遭到破坏而形成的新界面所产生的缝隙。它具有缺口尖锐和长宽比大的特征。裂纹是焊接结构中危险性较大的缺陷之一，由于裂纹在承载时可能会不断地延伸和扩大，这样，轻者会使产品报废，重者会引起严重的灾害事故。

焊接裂纹按产生的本质来分，可分为五大类：热裂纹、再热裂纹、冷裂纹、应力腐蚀裂纹和层状撕裂，其中，热裂纹和冷裂纹最为常见。

结晶裂纹是最常见的热裂纹。结晶裂纹主要产生在含杂质（含 S、P、C、Si 偏高）较多的碳钢、低中合金钢、奥氏体钢、镍基合金和某些铝合金焊缝中。结晶裂纹大多数产生在焊缝中部，呈纵向分布在焊缝中心，也有些呈弧形分布在焊缝中心线的两侧，与焊波呈垂直分布。纵向裂纹较长、较深，而弧形裂纹较短、较浅。通常弧坑裂纹（也叫火口裂纹）产生在焊缝收尾处，也属于结晶裂纹，如图 3-3 所示。

**小知识**　热裂纹是在焊接过程中，焊缝和热影响区金属冷却到固相线附近的高温区所产生的焊接裂纹。

根据所焊金属的材料不同（低合金高强钢、不锈钢、铸铁和某些特种金属等），产生热裂纹的形态、温度区间和主要原因也各有不同。热裂纹又分结晶裂纹、液化裂纹和多边化裂纹等三类。

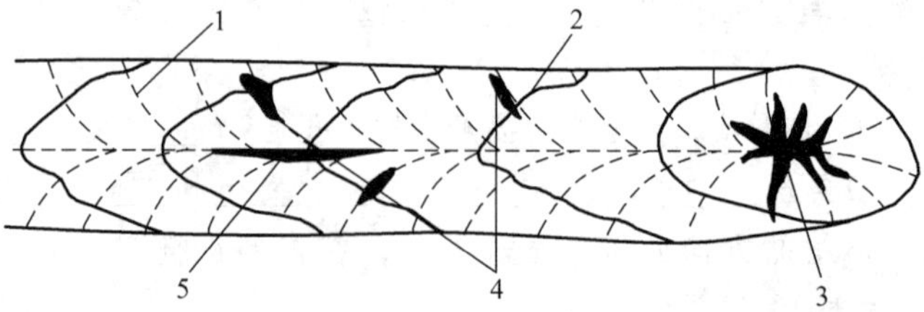


图 3-3　结晶裂纹的位置、走向与焊缝结晶方向的关系示意图

1—金相腐蚀后显示出的柱状晶界　2—焊缝表面的焊波　3—弧坑裂纹

4—焊缝中心线两侧的弧形结晶裂纹　5—焊缝中心线的纵向结晶裂纹

## 能力知识点 2　结晶裂纹产生的原因

结晶裂纹是在焊缝结晶过程中，在固相线的附近，由于凝固金属的收缩，残余液体金属不足，不能及时填满晶界间的间隙，在应力作用下沿晶界出现的裂纹。

结晶裂纹产生的原因主要是两个方面：一是冶金因素；二是力的因素。因为焊缝结晶时，先结晶的金属比较纯，后结晶的金属含杂质及合金成分较多，随着柱状晶的不断长大，杂质及合金元素不断被排挤到焊缝中心或平行生长的柱状晶交界处。这种成分偏析的结果使这些地方富集了较多的杂质或合金，与基体金属形成低熔点共晶。当焊缝中的含硫量偏高时，能形成 FeS，与铁形成低熔点共晶（FeS-Fe 的熔点 988℃）。在结晶后期，当相对较纯的焊缝金属已凝固为晶粒时，这些残存在晶界的低熔点共晶尚未凝固，并且呈液态薄膜状覆盖在晶粒边界上，割断了晶粒之间的联系。由于先凝固的焊缝金属收缩，使后冷却的焊缝中心区域受到了一定的拉伸内应力，这时在焊缝中的液态薄膜就会被拉开形成结晶裂纹。当金属承受的拉伸变形超过它自身所具有的塑性时，就会在结晶过程中出现裂纹，这就是结晶裂纹。所以，液态薄膜是产生结晶裂纹的根本原因，而拉应力是产生结晶裂纹的必要条件。

## 能力知识点 3 影响结晶裂纹产生的因素

冶金和工艺因素是影响结晶裂纹的主要因素。

1. 冶金因素

（1）合金元素和杂质的影响 各种元素尤其是形成低熔点薄膜的杂质是影响结晶裂纹产生的最重要的因素。

1）硫和磷是钢中最有害的元素，在钢中能形成多种低熔点共晶，因此，在结晶过程中很容易形成液态共晶薄膜，使脆性温度区间的塑性大大降低，硫和磷又极易偏析，从而增加了脆性温度区间范围。

2）碳是钢中必不可少的元素，也是影响结晶裂纹的主要元素，并且还能加剧其他元素的有害作用（如硫、磷等），所以，对含碳量较高的钢，要严格控制其硫、磷的含量。

3）锰是防止结晶裂纹的有益元素，它具有脱硫的作用，能置换 FeS 为 MnS，同时也能改善硫化物的分布形态，使薄膜状 FeS 改变为球状分布，从而提高了焊缝的抗裂性。

（2）凝固结晶组织形态的影响 焊缝一次结晶组织的晶粒度越粗大，柱状晶的方向越明显，越容易促使杂质偏析，在固液阶段形成连续的液态共晶薄膜，产生结晶裂纹的倾向增大。

2. 工艺因素

工艺因素主要影响有害杂质偏析的情况及应变增长率的大小。

1）焊接热输入过大，使近缝区的晶粒长大后，引起焊缝晶粒过大。

2）熔合比增大，含杂质和碳较多的母材将向焊缝转移较多杂质和碳元素，增大裂纹倾向。

3）焊缝成形系数（$\psi$）对结晶裂纹的影响如图 3-4 所示。图 3-4a 中，$\psi$ 值过小，杂质聚集在焊缝中心柱状晶对生面间，与焊缝收缩拉应力垂直，结晶裂纹倾向大。图 3-4b 中，$\psi$ 值适中，杂质偏析于焊缝上部，与焊缝收缩拉应力成一定角度，结晶裂纹倾向小。图 3-4c 中，$\psi$ 值过大，低熔点共晶虽然在焊缝表面，但晶粒的取向垂直于应力的方向，结晶裂纹倾向大。

**小知识** 焊缝成形系数是熔焊时，在单道焊缝横截面上焊缝宽度 $B$ 与焊缝计算厚度 $H$ 的比值

$$\psi = B/H$$

4）焊接速度对结晶裂纹的产生也有较大的影响。增大焊接速度，不仅会增大冷却速度，提高应变增长率，而且还使熔池呈泪滴形，柱状晶近乎垂直地向焊缝轴线方向生长，在会合面处形成偏析薄弱面，从而增大形成结晶裂纹的倾向。

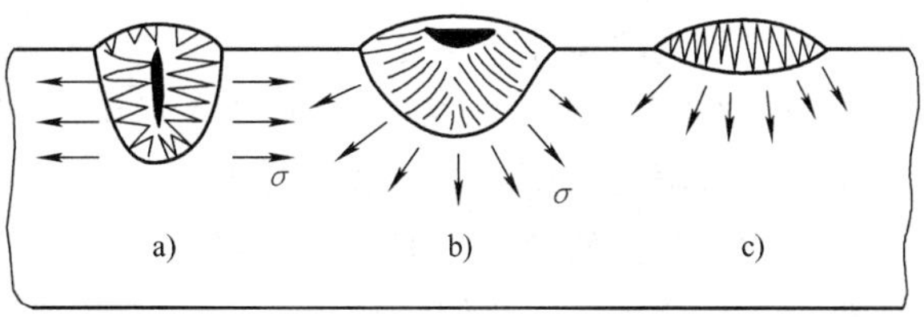


图 3-4 焊缝成形系数对结晶裂纹的影响

a）$\psi$ 值过小，产生结晶裂纹的倾向大 b）$\psi$ 值适中，产生结晶裂纹的倾向小 c）$\psi$ 值过大，产生结晶裂纹的倾向大

5）其他因素，如：焊接顺序不合

理，导致后焊的焊缝不能自由收缩；焊缝附近的刚度大(如大厚度、高拘束的焊件)；接头形式不合理，如熔深较大的对接接头和各种角焊缝抗裂性差；接头附近有应力集中(如密集、交叉的焊缝)等方面的因素都有增大结晶裂纹产生的可能性。

## 能力知识点4 防止结晶裂纹的措施

防止结晶裂纹的措施主要从控制焊缝金属成分和调整焊接工艺两方面着手。

1. 控制焊缝金属成分

1）控制母材和焊接材料的化学成分，严把材料关。严格限制焊缝中的碳、硫、磷含量，是防止产生结晶裂纹的根本措施。同时适当提高锰含量，也可抵消部分碳、硫、磷等杂质的不利影响。各类焊接结构用钢的硫、磷的质量分数应小于0.05%，碳的质量分数应小于0.20%。不同钢材的碳、硫、磷含量按技术标准严格控制。优质焊条中硫的质量分数一般应不大于0.035%，磷的质量分数不大于0.04%。因低氢型焊条及碱性焊剂具有较强的脱硫、脱磷能力，所以焊接结晶裂纹倾向大的钢时，应尽量选用碱性焊条和焊剂。

2）加变质剂。在焊缝或母材中加入一些细化晶粒的元素，如钛、铝、锆、硼或稀土金属铈和镧等变质剂，能起到细化晶粒，增加晶界面积的作用，同时又打乱了柱状晶的结晶方向，减少了杂质的偏析，破坏了液态薄膜的连续性，增加了抗裂性。最常用的变质剂是钛。

3）形成双相组织。在焊接18-8不锈钢时，通过调整母材和焊接材料成分，使焊缝中存在约5%的$\delta$相，形成$\gamma+\delta$双相组织，也可细化晶粒和打乱柱状晶的生长方向，使焊缝组织变细，从面提高了焊缝的抗裂性。

2. 调整焊接工艺

1）减少热输入(如采用小的焊接电流)，避免焊缝中产生粗大的柱状组织，得到晶粒细小的组织，打乱柱状晶的结晶方向。防止杂质聚集在焊缝中心柱状晶对生处，在垂直应力作用下，形成结晶裂纹。

2）调整合理的焊接参数来控制焊缝成形系数。焊缝成形系数随电流的增大而减小，随电压的增大而增大。提高焊缝成形系数可以降低结晶裂纹倾向。但$\psi$值过大，由于焊缝太浅，抗裂能力反而下降。$\psi$值过小，焊缝窄而深，同样会增大结晶裂纹的倾向。所以尽量使焊缝成形适中，如图3-4b所示，即选择合理的焊接参数，如小电流、低焊速、避免熔池过大，或采用多层多道焊等，来防止结晶裂纹的产生。

3）选择合理的焊接顺序。焊接顺序直接影响焊缝金属在冷却中能否自由收缩，如果焊接顺序选择不当，也会具有较大的裂纹倾向。选择合理焊接顺序的原则是：尽量使大多数焊缝能在较小刚性的条件下焊接，使各条焊缝都有收缩的可能，以减小焊接应力。

4）调整冷却速度。接头的冷却速度越大，变形速度也越大，产生结晶裂纹的倾向越大，因此，含碳量较高和厚壁结构的焊接，需要采取适当的预热措施来减小焊缝的变形率，从而降低结晶裂纹的倾向。但不能用增大热输入的办法来降低冷却速度，因为热输入增大时，促使晶粒粗大，增加偏析倾向，产生结晶裂纹的倾向加大。

5）采用碱性焊条和焊剂。因为碱性焊条和焊剂的熔渣脱硫、脱氧能力强，杂质少，形成低熔点化合物的可能性小，所以有较高的抗裂能力。

## 【综合训练】

（一）名词解释

1. 焊接裂纹　　2. 热裂纹　　3. 焊缝成形系数

（二）填空题

1. 促使形成结晶裂纹的三个主要元素是________、________、________。

2. 焊缝成形系数对焊缝内部质量的影响特别大，当选择不当时，会使焊缝内部生成________、________、________等缺陷。

3. ________是产生结晶裂纹的根本原因，而________是产生结晶裂纹的必要条件。

4. 焊接裂纹按产生的本质来分，可分为五大类：________、________、________、________和________。

5. ________的焊缝成形，容易产生结晶裂纹。

（三）选择题（将正确答案的选项字母填入每题前的括号内）

（　　）1. 结晶裂纹产生的部位，通常在________。

A. 熔合线附近　　B. 焊缝中　　C. 焊趾处　　D. 热影响区

（　　）2. 在焊接过程中硫、磷的主要危害是产生________。

A. 气孔　　B. 飞溅　　C. 裂纹　　D. 夹渣

（　　）3. 熔池在结晶过程中产生的裂纹叫________。

A. 结晶裂纹　　B. 冷裂纹　　C. 再热裂纹　　D. 延迟裂纹

（　　）4. 在所有的焊接缺陷中对脆性断裂影响最大的是________。

A. 未焊透　　B. 气孔　　C. 焊接裂纹

（　　）5. 提高焊缝成形系数可以降低________倾向。

A. 结晶裂纹　　B. 冷裂纹　　C. 未焊透　　D. 夹渣

（　　）6. 熔池中的低熔点共晶是形成________的主要原因之一。

A. 结晶裂纹　　B. 冷裂纹　　C. 未熔合　　D. 气孔

（　　）7. 焊接裂纹在重要的焊接结构中是________存在的一种缺陷。

A. 允许　　B. 数量不多时允许　　C. 不允许

（四）判断题（正确的划“√”，错误的划“×”）

（　　）1. 窄而深的焊缝比宽而浅的焊缝更易形成热裂纹。

（　　）2. 焊缝成形系数越小越好。

（　　）3. 提高焊缝成形系数可防止气孔。

（　　）4. 焊接接头中最危险的焊接缺陷是气孔。

（　　）5. 影响形成结晶裂纹的三个主要元素是硫、磷、碳。

（　　）6. 热裂纹是在焊接结晶过程中产生的。

（五）简答题

1. 焊接裂纹有什么危害？

2. 简述结晶裂纹产生的原因及防止措施？

# 综合知识模块四　焊接冷裂纹

## 能力知识点1　焊接冷裂纹的类型

冷裂纹是焊接接头冷却到较低温度下（对于钢来说，在 200～300℃以下）时产生的焊接裂纹。

想一想　冷裂纹与结晶裂纹的主要区别是什么？

1. 冷裂纹的特征

（1）产生的温度和时间　冷裂纹是在焊后较低温度下产生的。温度区间都在材料的马氏体转变点 $M_S$ 以下。冷裂纹不是在焊接过程中产生的，它可能在焊后立即出现，也有可能是在焊后延续一定时间后才产生，如果钢的焊接接头冷却到室温后，并在一定时间（几小时、几天、甚至十几天）才出现的焊接冷裂纹就称为延迟裂纹，它是冷裂纹中比较普遍的一种形态，也是最危险的焊接缺陷。

（2）产生的部位和方向　冷裂纹主要发生在低合金钢、中合金钢和高碳钢的热影响区，焊接超高强钢或某些钛合金时冷裂纹也出现在焊缝上。从焊缝的表面看，热影响区的冷裂纹主要沿熔合线呈纵向分布，焊缝上的冷裂纹则呈横向分布。

（3）断口特征　冷裂纹产生的温度较低，断口没有氧化色彩而呈闪亮的金属光泽。冷裂纹的断口沿晶界开裂或是穿晶扩展，呈冰糖状或岩石状，棱角分明。

2. 冷裂纹的类型

根据冷裂纹产生的部位，可分为以下几种类型，如图 3-5 所示。

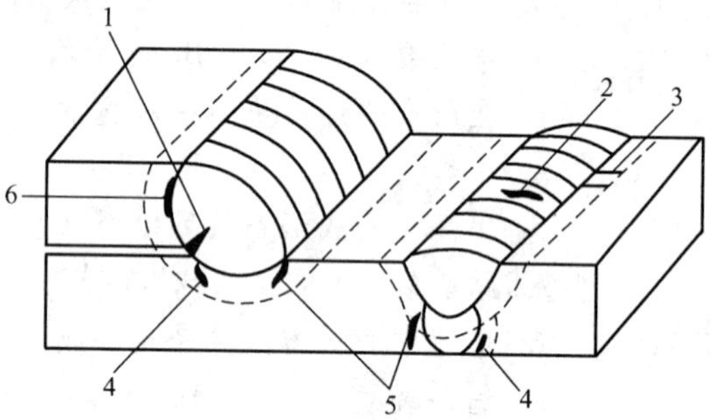


图 3-5　冷裂纹分布形态示意图

1—焊缝纵向裂纹　2—焊缝横向裂纹　3—热影响区横向裂纹　4—焊根裂纹　5—焊趾裂纹　6—焊道下裂纹

（1）焊趾裂纹　沿应力集中的焊趾处所形成的焊接冷裂纹称为焊趾裂纹。裂纹起源于焊趾部位的应力集中处，从表面出发，往厚度的纵深方向扩展，止于焊接接头近缝区粗晶部分的边缘。裂纹的走向与焊道平行。

（2）焊根裂纹　沿应力集中的焊缝根部所形成的焊接冷裂纹称为焊根裂纹。裂纹起源于坡口根部间隙处，视应力集中源的位置及母材和焊缝金属的强度水平的不同，裂纹可以起源于母材的近缝区金属，在近缝区基本上平行于熔合线扩展，或进入焊缝金属中；也可以起源于焊缝金属的根部，在焊缝金属中扩展。

（3）焊道下裂纹　在靠近堆焊焊道的热影响区内所形成的焊接冷裂纹称为焊道下裂纹。这种裂纹经常发生在淬硬倾向较大、含氢量较高的焊接热影响区。裂纹的走向基本上与焊缝平行，且不显露在表面。

（4）焊缝横向裂纹　横向裂纹常起源于淬硬倾向较大的合金钢焊缝边界，延伸至焊缝和热影响区，裂纹走向均垂直于焊缝边界，尺寸不大，但常显现于表面。在多层焊时，裂纹发生在距焊缝表面有一小段距离的焊缝内部。

## 能力知识点 2　焊接冷裂纹产生的原因

产生焊接冷裂纹的主要原因是：钢的淬硬倾向、焊缝中扩散氢的作用和焊接接头金属所承受的拉应力造成的金属塑性下降三个因素交互作用的结果。

1. 钢的淬硬倾向

钢的淬硬倾向主要取决于钢的化学成分、结构的板厚、焊接工艺和冷却条件等。焊接时，钢的淬硬倾向越大，越易产生冷裂纹。因为淬硬倾向越大的钢，在焊接条件下，近缝区的加热温度很高（达 1350 ~ 1400℃），使奥氏体晶粒严重长大，快冷时，转变为粗大马氏体，而马氏体是一种脆硬的组织，由于变形能力低，易发生脆性断裂而形成裂纹。

2. 扩散氢的作用

氢是引起高强钢焊接时产生冷裂纹的重要因素之一，且具有延迟的特征。焊缝和热影响区的含氢量较高时，焊缝中的氢在结晶过程中向热影响区扩散，当焊缝的冷却速度快，这些氢不能逸出时，就聚集在离熔合线不远的热影响区中。当热影响区存在显微缺陷时，氢便会在这些缺陷处聚集，并由原子状态转变为分子状态，造成很大的局部应力，再加上焊接应力和组织应力的共同作用，促使显微缺陷扩大，从而形成裂纹。氢的扩散、聚集、产生应力和裂纹需要一定的时间，所以裂纹具有延迟的特征。

**想一想**　焊缝中氢的来源是什么？

3. 焊接接头的拉应力

在焊接过程中主要存在以下三种应力：

1）焊接时焊缝和热影响区的不均匀加热和冷却而产生的温度应力。这种应力的大小与母材和填充金属的热物理性质及结构刚度有关。在应力的作用下，会引起氢的聚集、诱发氢致裂纹。

2）焊缝和热影响区金属在相变时，体积变化而引起的组织应力。

3）焊件在焊接过程中，由于结构的刚度和自重、焊接顺序和焊缝位置等引起的外部应力。

## 能力知识点 3　防止焊接冷裂纹的措施

防止产生冷裂纹的主要措施，就是在焊接时尽量减少三大因素的不利影响。

（1）焊前预热和焊后缓冷　焊前预热可对焊件整体加热，也可以对焊缝附近区域局部加热，或边焊接边不断补充加热。焊后缓冷可采用包扎绝热材料（石棉布、玻璃纤维等）的方法。通过预热和缓冷措施，能加速氢的扩散逸出，减少扩散氢含量，改善焊接接头的组织，降低热影响区的硬度和脆性，提高塑性，还能起到减小焊接应力的作用。

（2）减少氢的来源　焊前严格按要求将焊条、焊剂烘干，并且随用随取。仔细清理坡口周围的油污、水分和铁锈等污物。正确选择电源与极性，注意操作方法，严格控制氢的来源。

**小知识**　去氢处理是指焊件焊后立即在 200～350℃的温度下保温 2～6h，然后缓冷的措施。去氢处理的目的是使焊缝金属中的扩散氢加速逸出。

（3）选择合适的焊接材料　采用碱性低氢型焊条，减少带入焊缝中的氢。采用奥氏体焊条焊接某些淬硬倾向较大的低中合金高强钢可防止焊接接头的冷裂纹，因为奥氏体塑性好，可减缓拘束应力。

（4）选择适当的热输入　焊接热输入过小时，接头的冷却速度过快，易产生淬火组织，也不利于氢的逸出。增大焊接热输入，使高温停留时间增加，热影响区粗晶区晶粒长大，使氢脆性增大，同时热影响的韧性下降。所以选择适当的热输入，既能减少热影响区的淬硬倾向，又有利于氢的扩散逸出，焊接接头的冷裂倾向减小。

（5）选用合理的装焊顺序　合理的装焊顺序、焊接方向，能改善焊件的应力状态。

（6）焊后处理　及时进行消除应力热处理和去氢处理，改善接头的组织和性能，消除残余应力，使氢从焊接接头中充分逸出。

## 【综 合 训 练】

（一）名词解释

1. 冷裂纹　　2. 焊趾裂纹　　3. 焊根裂纹

4. 焊道下裂纹　　5. 去氢处理

（二）填空题

1. 产生冷裂纹的三个因素是________、________和________。

2. 氢是形成________和产生________的主要原因。

3. 焊接区的氢主要来自________和母材表面的________油脂等物质。

（三）选择题(将正确答案的选项字母填入每题前的括号内)

(　　)1. 焊件焊后进行去氢处理的目的是________。

A. 消除应力　　B. 防止产生冷裂纹　　C. 防止氢气孔　　D. 稳定组织

(　　)2. 氢对焊接质量的影响较大，可采用________方法减少接头中的氢。

A. 预热　　B. 烘干焊条或焊剂　　C. 短弧焊

D. 对焊件除油、锈　　E. 后热

(　　)3. 低合金高强度钢焊接时最易出现的焊接裂纹是________。

A. 结晶裂纹　　B. 冷裂纹　　C. 再热裂纹

(　　)4. 去氢处理的目的主要是使焊缝金属中的扩散氢迅速逸出，降低焊缝及热影响区的氢含量、防止产生________。

A. 冷裂纹　　B. 结晶裂纹　　C. 再热裂纹

(　　)5. 促使冷裂纹形成的气体是________。

A. $N_2$　　B. $H_2$　　C. $O_2$　　D. CO

（四）判断题（正确的划“√”，错误的划“×”）

(　　)1. 冷裂纹都具有延时性质，所以又称为延时裂纹。

(　　)2. 焊接应力是产生裂纹的必要条件之一。

(　　)3. 易淬硬钢焊接冷裂纹一般发生在马氏体转变温度以下。

(　　)4. 冷裂纹大都产生在热影响区或熔合线上。

(　　)5. 焊条烘干的目的是为了防止产生气孔而不是防止产生裂纹。

（五）简答题

1. 冷裂纹的特征是什么？

2. 简述产生冷裂纹的三大因素？

3. 防止产生冷裂纹的工艺措施有哪些？

# 综合知识模块五　其他焊接缺陷

## 能力知识点1　咬　边

由于焊接参数选择不当或操作方法不正确，沿焊趾的母材部位产生的沟槽或凹陷称为咬边，如图3-6所示。

1. 咬边产生的部位

咬边一般位于焊缝和母材连接处、角焊缝的焊趾处或坡口焊缝的熔合线处，也可出现在单面焊接的坡口焊缝根部。平焊时一般较少出现咬边，咬边容易出现在立位置、横位置、仰位置焊接时。

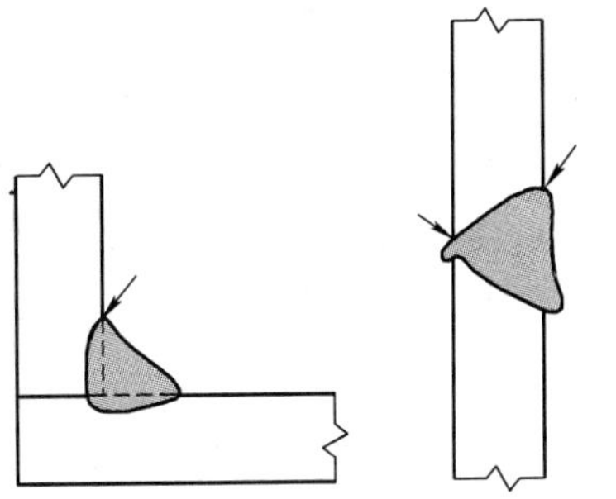

图3-6　咬边

2. 咬边的一般特征

有些咬边呈弧形缺口，而有些咬边呈尖锐缺口。咬边产生的缺口越深越尖锐，则缺陷越严重。仔细检查，所有的焊缝都有不同程度的咬边。只有当咬边的深度超过了允许的数值时，才被视为不可接受的焊接缺陷。

3. 咬边产生原因

1）焊接参数的选择不当，如焊接电流过大，电弧过长。

2）焊接操作不恰当，如焊条的角度和摆动不正确。

3）焊条端部药皮的电弧偏吹以及焊件的位置安放不当等。

4. 防止产生咬边的方法

正确选择焊接电流及焊接速度，适当掌握电弧的长度，正确应用运条方法和焊条角度，在平、立、仰焊位置焊接时，焊条沿焊缝中心线保持均匀对称的摆动。横焊时，焊条角度应保证熔滴平稳地向熔池过渡而无下淌现象。

## 能力知识点2 焊瘤

焊接过程中，熔化金属流淌到焊缝之外未熔化的母材上所形成的金属瘤就是焊瘤，如图3-7所示。

1. 焊瘤产生的部位

焊瘤是由于焊缝金属铺展或流溢而超出未熔化的焊趾或焊缝，从而在未熔化的母材上形成的金属瘤。

2. 焊瘤产生的原因

焊缝间隙太大，操作不当，焊条位置和运条方法不正确，焊接电流过大或焊接速度太低、电弧过长或焊条熔化太快都可能产生焊瘤。

3. 防止产生焊瘤的方法

正确选择焊接参数，装配间隙不能过大。提高操作者的技术水平，灵活调整焊条角度和运用正确的运条方法。严格控制立、仰焊时的熔池温度，不使其过高。

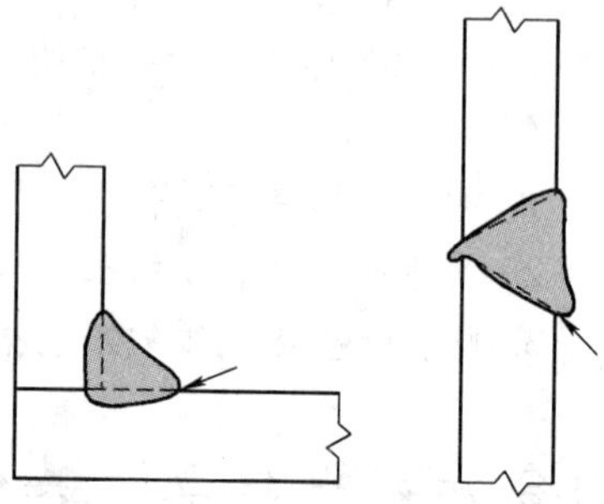

图3-7 焊瘤

## 能力知识点3 凹坑与弧坑

焊后在焊缝表面或焊缝背面形成的低于母材表面的局部低洼部分称为凹坑，如图3-8a所示。弧坑是凹坑的一种，是在焊缝收弧处产生的凹陷现象，如图3-8b所示。

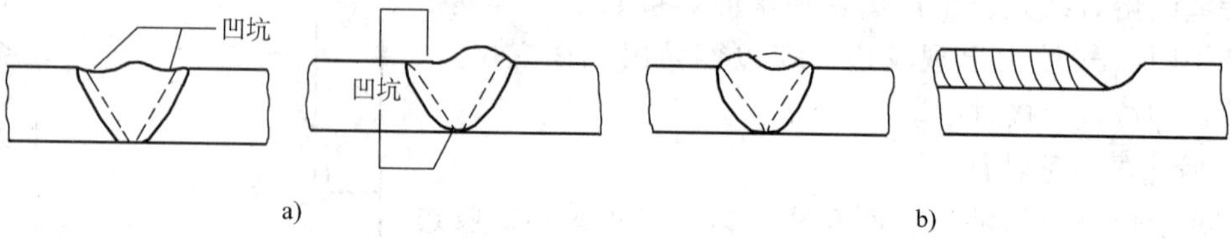


图3-8 凹坑与弧坑
a）凹坑 b）弧坑

1. 凹坑与弧坑危害

凹坑减小了焊缝的有效截面，降低焊缝的承载能力。而弧坑，由于杂质的集中，还会导致弧坑裂纹的产生。

2. 凹坑与弧坑产生的原因

操作技术不熟练，不能很好地控制熔池形状；焊接电流过大，电弧拉得过长，焊条又未做适当的摆动，或过早进行表面焊缝的焊接，收尾熄弧时，未填满弧坑等均会产生凹坑或弧坑。

3. 防止凹坑与弧坑产生的方法

采用短弧焊接，熟练掌握操作技能，焊后填满弧坑。对于重要的焊接结构要设置引出板，在收弧时将电弧过渡到引出板上，避免在焊件上出现弧坑。

## 能力知识点4　未焊透与未熔合

1. 未焊透

未焊透是焊接时接头根部未完全熔透的现象，如图3-9所示。对于对接焊缝也指焊缝深度未达到设计要求的现象。

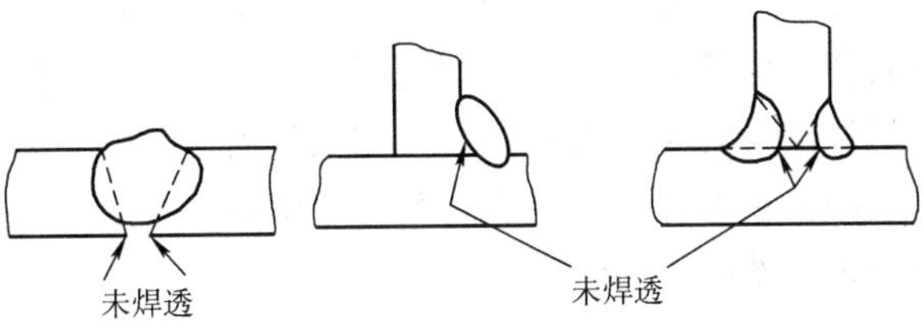


图3-9　未焊透

（1）未焊透产生的原因　焊接坡口钝边过大，坡口角度太小，间隙太小，操作时，无法将焊条伸入根部；焊接电流太小，速度过快；运条角度不当或电弧发生偏吹；氧化物和熔渣等阻碍了金属间充分的熔合等。凡是造成焊条金属和基体金属不能充分熔合的因素都会引起未焊透。

**想一想**　未焊透和未熔合是同一种缺陷吗？为什么？

（2）防止产生未焊透的方法　正确选择坡口形式和装配间隙；选用适当的焊接电流和焊接速度；正确掌握焊条角度和运条方法，认真操作，防止焊偏。

2. 未熔合

未熔合是指熔焊时，焊道与母材之间或焊道与焊道之间，未完全熔化结合的部分，如图3-10所示。

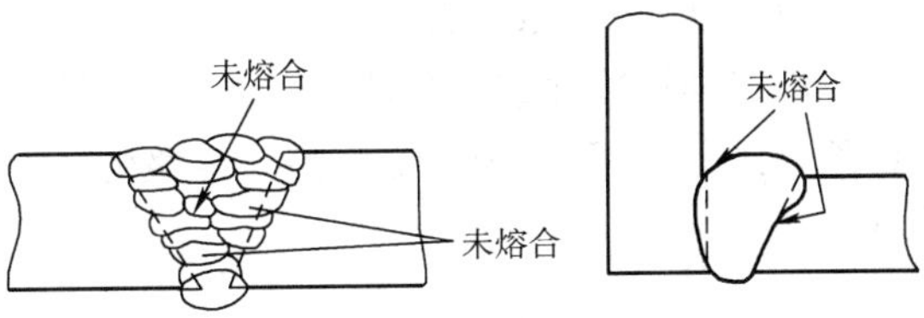


图3-10　未熔合

（1）未熔合产生的原因　焊条偏心或运条方法不当，电弧发生偏吹；焊接电流太小；焊接速度太高；坡口侧壁有锈垢和污物；焊层间清渣不彻底等。

（2）防止未熔合产生的方法　正确选择焊接电流、焊接速度；加强坡口清理和层间清渣；焊条偏心时应调整角度，使电弧处于正确方向。焊接时注意运条角度和边缘停留时间，使坡口边缘充分熔化以保证熔合。

## 能力知识点5　下塌与烧穿

1. 下塌

下塌是在单面熔化焊时，由于焊接工艺不当，造成焊缝金属大量透过背面，而使焊缝正面塌陷，背面凸起的现象，如图3-11所示。下塌产生的原因主要是装配间隙或焊接电流过大。

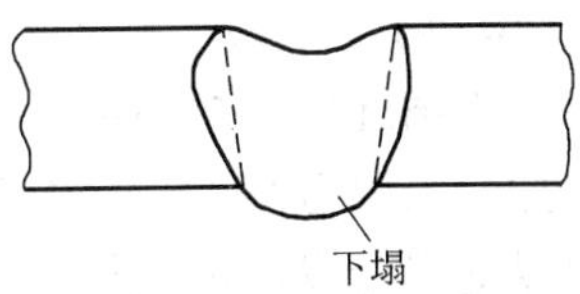


图3-11　下塌

2. 烧穿

烧穿是在焊接过程中，熔化金属自坡口背面流出，形成穿孔的缺陷，如图3-12所示。

（1）烧穿的危害　烧穿缺陷不仅影响焊缝外观，还使该处的焊缝强度减弱，甚至还会使焊接接头失去承载能力，所以烧穿是一种不允许存在的焊接缺陷。

（2）产生烧穿的原因　焊件的装配间隙太大或钝边太薄；焊接电流过大，焊接速度太低以及电弧在焊缝某处停留的时间太长使焊件加热过度。

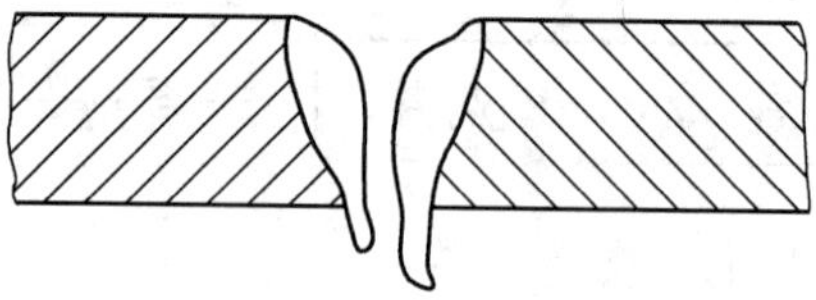

图3-12　烧穿

（3）防止产生烧穿的方法　严格控制焊件的装配间隙，选用适当的焊接参数，减少熔池在某一处停留的时间。

## 能力知识点6　夹　渣

焊后残留在焊缝中的焊渣称为夹渣，如图3-13所示。夹渣是固体夹杂物中的一种形式。

1. 夹渣产生的原因

焊接速度过快，使熔渣来不及上浮到熔池表面。焊接电流太小，使熔渣和铁液分不清；多层焊时，层间清渣不干净；焊缝成形系数过小；焊接材料质量不好，熔渣太稠；焊接时焊条角度不正确等。

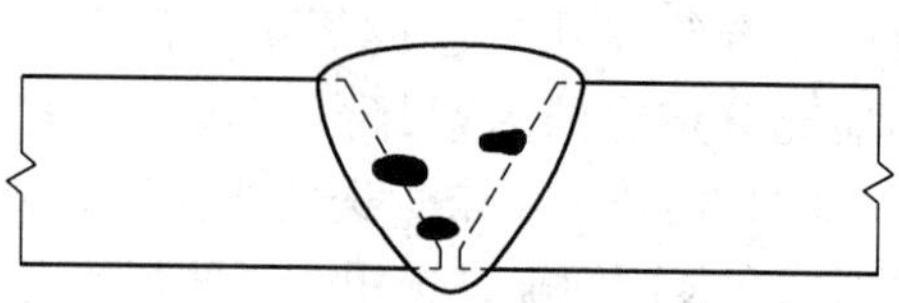

图3-13　夹渣

2. 防止夹渣产生的方法

正确选择焊接参数；做好焊前及焊层间的清理工作；根据熔化情况，随时调整焊条角度和运条方法；正确选择焊接材料，调整焊条药皮和焊剂的化学成分，降低熔渣的熔点和粘度。

## 能力知识点7　焊缝尺寸与形状不符合要求

焊缝尺寸与形状不符合要求主要表现为焊缝表面形状高低不平、宽窄不一、尺寸过大或过小、角焊缝单边尺寸以及焊脚尺寸不符合要求等现象，如图3-14所示。

1. 产生原因

焊接电流过大或过小；焊件坡口角度不对，装配间隙不均匀；焊条质量差或焊接过程中电弧产生偏吹；焊条角度不对或焊接速度选择不当和运条手法不正确等。

2. 防止方法

正确选择焊接参数，特别是焊接电流的选择，采用适当的焊条角度和运条手法，从而保证焊缝成形的均匀一致；选择适当的坡口角度和装配间隙。

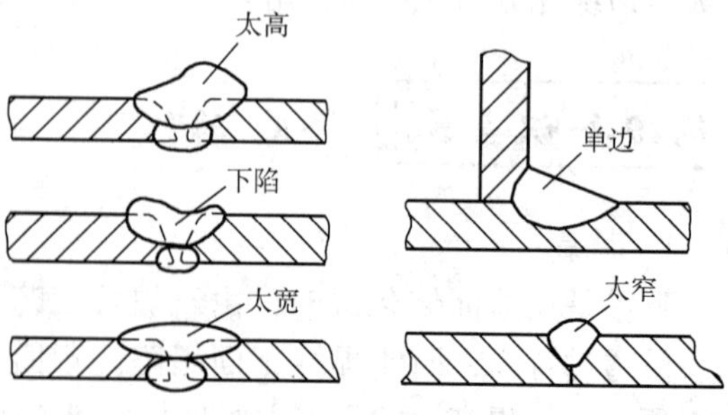


图3-14　焊缝表面尺寸不符要求

## 【综 合 训 练】

（一）名词解释

1. 咬边　　2. 焊瘤　　3. 凹坑　　4. 未焊透

5. 未熔合　　6. 烧穿　　7. 夹渣

（二）选择题(将正确答案的选项字母填入每题前的括号内)

(　　)1. ________是指产生在焊件母材与焊缝连接处(焊趾)的沟槽和凹陷。

A. 夹渣　　B. 气孔　　C. 裂纹　　D. 咬边

(　　)2. 在多层焊或多层多道焊时，若层间焊接清理不干净或运条不当时，则焊缝容易产生________。

A. 夹渣　　B. 气孔　　C. 冷裂纹　　D. 咬边

(　　)3. ________是指在焊接过程中由于焊接参数选择不当，以及坡口不合适或操作不当，会在焊缝根部使母材金属未熔化或未填满。

A. 未熔合　　B. 夹渣　　C. 未焊透　　D. 咬边

(　　)4. ________将会产生烧穿。

A. 焊接速度太快　　B. 坡口钝边太大

C. 焊件装配间隙太小　　D. 焊接电流太大

(　　)5. ________将会产生咬边。

A. 焊接速度太快　　B. 坡口钝边太大

C. 焊件装配间隙太小　　D. 焊接电流太大

(　　)6. 焊件的坡口钝边如太大，在焊接时容易产生________。

A. 焊瘤　　B. 夹渣　　C. 咬边　　D. 未焊透

（三）简答题

1. 产生夹渣的原因及防止措施是什么？

2. 产生未熔合的原因和防止措施是什么？

3. 焊缝形状和尺寸不符合要求有什么危害？

4. 咬边有什么危害？产生的原因和防止措施是什么？

# 第四单元　金属的焊接性及其评定

【学习目标】 通过本单元的学习，了解金属焊接性的概念，影响焊接性的因素，焊接性的分析方法，焊接性的试验内容、方法分类及选择原则和常用的一些焊接性试验方法及应用。

## 综合知识模块一　金属的焊接性

### 能力知识点1　金属焊接性的概念

金属材料的焊接性是焊接金属材料的一项非常重要的性能指标，用来评定在一定的焊接工艺条件下，获得优质焊接接头的难易程度。

金属的焊接性是指材料在限定的施工条件下焊接成按规定设计要求的构件，并满足预定服役要求的能力(即是指金属材料对焊接加工的适应性)。它包括两个方面的内容：一是工艺焊接性；二是使用焊接性。

1. 工艺焊接性

工艺焊接性是指在一定的焊接工艺条件下，获得优质焊接接头的能力。焊接性是一个相对的概念，对于某些金属来说，在简单的焊接工艺条件下，就能获得较好的接头，满足相应的使用要求，就可认为其焊接性优良。而对于一些必须要采用很特殊的、很复杂的焊接工艺才能获得优质接头的金属材料，则认为其焊接性较差。

焊接过程与分析研究金属材料的工艺焊接性有关。对于一般熔焊来说，焊接过程都要经历加热、熔化、冶金反应和冷却四个过程，所以，工艺焊接性又分为热焊接性和冶金焊接性。

(1) 热焊接性　热焊接性是指在焊接过程中，对焊接热影响区组织性能及产生缺陷的影响程度。热焊接性是用来评定被焊金属对热作用的敏感性(晶粒长大及组织性能变化等)，它主要受被焊材质及焊接工艺条件的影响。

(2) 冶金焊接性　冶金焊接性是指冶金反应对焊缝性能和产生缺陷的影响程度。合金元素的氧化、还原、氮化、蒸发，氢、氧、氮的溶解，以及对气孔、夹杂、裂纹等缺陷的敏感性等方面，都影响着焊缝金属的化学成分和组织性能。

2. 使用焊接性

使用焊接性是指焊接接头或整体结构满足各种使用性能的程度。使用焊接性主要是通过焊接工艺评定实现。包括常规力学性能、低温韧性、抗脆断性能、高温蠕变、疲劳性能、持久强度、耐蚀性、耐磨性能等。由于结构的使用条件不同，所要求的焊接接头性能也有所不同。因此，焊接技术必须满足不同使用条件下各种性能的要求。

## 能力知识点2　影响焊接性的因素

影响焊接性的因素很多，对于钢铁材料来说，可归纳为材料、设计、工艺及服役条件四类因素。

1. 材料因素

钢的化学成分、冶炼轧制状态、热处理条件、组织状态和力学性能等因素都对焊接性有较大的影响，其中影响最大的是化学成分(包括杂质的分布)。对焊接性影响较大的元素有碳、硫、磷、氢、氧和氮等。还有一些为了满足钢的某种性能而加入的元素，如锰、硅、铬、镍、钼、钛、钒、铌、铜和硼等合金元素，但它们却又不同程度地增加了钢的淬硬倾向和焊接裂纹的敏感性。

2. 设计因素

设计因素主要是指结构的形式，它对焊接接头的应力状态有影响，从而对焊接性产生影响。如：结构的刚度过大、接口断面的突变、焊接接头的缺口效应、过大的焊缝体积等，对造成脆性破坏都有不同程度的影响。在某些部位，焊缝过度集中和多向应力状态对结构的安全性也会产生不良影响。

3. 工艺因素

工艺因素包括施工时所采用的焊接方法、焊接工艺规程和焊后热处理等。对于相同的焊件，采用不同的焊接方法和工艺措施时，所表现出来的焊接性也是不一样的。如对于有过热敏感的高强度钢，从防止过热出发，应选用窄间隙焊接、等离子弧焊接等方法，改善其焊接性。而对于灰铸铁的焊接，从防止白口组织角度出发，应选用气焊和电渣焊等方法。

4. 服役条件因素

服役条件指焊接结构的工作温度、受载类别和工作环境，如在高温条件下工作时，可能产生蠕变；在低温或冲击载荷下工作时，易发生脆性破坏；在腐蚀介质下工作时，接头会发生腐蚀等。

总之，焊接结构的服役条件越不利，焊接性就越难保证。

## 能力知识点3　评定焊接性的程序

对于一些新的材料、新的结构或新的工艺方法，在正式施工制造之前，都要经过焊接性分析和试验，预测在焊接过程中可能存在的问题，以评定其工艺焊接性及使用焊接性是否能达到要求。

评价焊接性的准则一般包括两方面的内容：一是评定焊接接头产生工艺缺陷的倾向，为制定出合理的焊接工艺提供依据；二是评定焊接接头能否满足结构使用性能的要求。

评定焊接接头工艺缺陷的敏感性，通常是进行抗裂性试验及气孔敏感性试验。评定焊接接头或结构的使用性能，要根据结构的工作条件和设计提出的技术要求来确定试验内容。

## 【综 合 训 练】

（一）名词解释

1. 焊接性　　2. 工艺焊接性　　3. 使用焊接性

（二）填空题

1. 金属的焊接性包括________和________两方面的内容。

2. 影响金属材料焊接性的因素有________、________、________和________。

3. 材料因素对焊接性有较大的影响，其中影响最大的是材料的________。

（三）判断题(正确的划"√",错误的划"×")

(　　)金属材料的焊接性与使用的焊接方法无关。

（四）简答题

评定焊接性的准则是什么？

# 综合知识模块二　分析金属焊接性的方法

## 能力知识点1　利用化学成分分析

分析和研究焊接性的目的，在于查明给定的钢种或材料在指定的焊接工艺条件下可能产生的问题及原因，以确定焊接工艺的合理性和钢种或材料材质的改进方向。通常分析是从工艺焊接性和使用焊接性这两个方面去考察该材料对焊接的适应能力。工艺焊接性是要解决该材料能不能焊的问题，使用焊接性是要解决焊后能不能使用的问题。其中按材料中合金元素及其含量间接地评估合金结构钢的焊接性是最常用的化学成分分析方法。如碳当量法和冷裂纹敏感性指数法。

**小知识**　冷裂纹敏感性指数法是专门评定根部裂纹的碳当量法，根据裂纹敏感指数 $P_{cM}$ 进行评定：$P_{cM}$ 值越低，热影响区的冷裂纹敏感性越低。为了克服单纯用碳当量评定冷裂倾向的缺点，可进一步把氢和板厚（代表应力）作为延迟裂纹的因素综合一起考虑，得到冷裂纹敏感性指数 $P_w$。

1. 碳当量法的概念

碳当量鉴定法是间接判断焊接性最简便的方法。所谓碳当量法是把钢中合金元素（包括碳）的含量按其作用换算成碳的相当含量。可作为评定钢材焊接性的一种参考指标。

在钢的各种化学元素中，对焊接性影响最大的元素是碳，碳是引起淬硬的主要元素，所以把钢中含碳量的多少作为判断焊接性的主要指标。钢中含碳量越高，其焊接性就越差。钢中除碳元素外的其他合金元素如锰、铬、钼、铜、镍等对淬硬都有一定的影响，将这些元素根据它们对焊接性的影响大小，折合成相当的碳元素的含量，即碳当量，来间接判别焊接性的好坏。

2. 碳当量的估算公式

碳当量的估算公式在世界各国根据本国的具体情况相继建立了很多公式。其中以国际焊接学会推荐的估算碳钢及低合金钢的公式应用较为广泛，为

$$C_E = w_C + \frac{w_{Mn}}{6} + \frac{w_{Cr} + w_{Mo} + w_V}{5} + \frac{w_{Ni} + w_{Cu}}{15} \quad (4\text{-}1)$$

在计算碳当量时，元素含量均取其成分范围的上限。

3. 用碳当量法对焊接性的评价

公式计算出的结果，数值越高，被焊钢材的淬硬倾向越大，热影响区越易产生冷裂纹。因此，一般可用碳当量预测某钢种的焊接性，以便确定是否需要采取预热和其他工艺措施。根据经验：当 $C_E < 0.4\%$ 时，钢材的淬硬倾向不大，焊接性良好，焊接时不需预热；当 $C_E = 0.4\% \sim 0.6\%$ 时，特别是大于 0.5% 时，钢材的淬硬倾向逐渐明显，焊接时必须预热；当 $C_E > 0.6\%$ 时，钢材塑性较低，强度较高，淬硬倾向很强，焊接性不好，工件焊前经预热到较高温度，焊接时采取减少焊接应力和防止开裂的工艺措施，焊后还应进行热处理，确保焊接接头质量。

必须指出：碳当量法只考虑金属的化学成分，没有考虑影响焊接性的其他因素，如冷却速度、焊接热循环中的最高加热温度和高温停留时间等，所以不能反映其真实的焊接性，只能作为评定钢材焊接性的一种参考指标。如：16Mn 钢的碳当量约为 0.34%～0.44%，焊接性良好，但板厚增大时，焊接性会逐渐变差。

## 能力知识点 2　利用连续冷却转变图分析

钢的焊接连续冷却转变图是焊接连续冷却组织转变图，连续冷却转变图的绘制是利用快速热膨胀仪或热模拟试验装置来建立某种钢的连续冷却转变图的，通过连续冷却转变图可得到在不同冷却速度下的组织。

焊接连续冷却转变图用来估计有无冷裂的危险和焊后接头的大致性能(硬度值)，即根据已知钢材的焊接连续冷却转变图可以较方便地预测焊接热影响区的组织、性能和硬度，从而可预测某钢材在一定焊接条件下的淬硬倾向和冷裂纹敏感性。同时也是正确选择焊接材料、确定最佳焊接工艺、消除焊接裂纹、制订焊后热处理规范的重要依据。

影响连续冷却转变图的因素有：母材的化学成分、冷却速度、峰值温度、晶粒粗化及应力应变等。

## 能力知识点 3　利用材料的物理性能分析

金属的熔点、热导率、密度、线膨胀系数、热容量等因素，都对焊接热循环、熔化、结晶、相变等过程产生影响，从而影响金属材料的焊接性。根据金属材料物理性能的特点，可以预计出在焊接过程中出现的问题，并设法加以预防及解决。

如纯铜热导率高，焊接时热量散失迅速，升温的范围很宽，坡口不易熔化，焊接时需要较强烈地加热。如果热源功率不足，就会产生熔透不足的缺陷。铜、铝等热导率高的材料，熔池结晶快，易于产生气孔。钛、不锈钢等热导率低的材料，焊接时温度梯度大，残余应力

高，变形大，而且由于高温停留时间长，热影响区晶粒长大，对接头性能不利。铝和奥氏体不锈钢线膨胀系数大、接头的变形和应力较为严重。铝及其合金的密度小，焊接时，熔池中的气泡和非金属夹杂物不易上浮逸出，就会在焊缝中残留气孔和夹渣。

## 能力知识点4 利用材料的化学性能分析

从材料化学性能方面来分析焊接性，主要是看金属与氧的亲和力的强弱，如铝、钛合金与氧的亲和力较强，在焊接高温下极易氧化，有些金属对氢、氮等气体很敏感，因而需要采取较可靠的保护方法，如：惰性气体保护焊，真空中焊接等。否则焊接就难以实现。因此，保护方法是否恰当也会影响金属焊接性的效果。对于异种金属焊接，也只有其理化性能和晶体结构接近的金属才比较容易实现焊接。

## 【综 合 训 练】

（一）名词解释

碳当量法

（二）填空题

1. 根据经验当 $C_E<$________时，钢材的焊接性良好；当 $C_E=$________时，焊前需要预热；当 $C_E>$________时，属于难焊材料。

2. 冷裂纹敏感性指数 $P_w$，由于考虑到了________和________两者对冷裂纹的影响，所以比较切合实际。

（三）选择题(将正确答案的选项字母填入每题前的括号内)

(　　)1. 碳当量值越大，钢材淬硬倾向越大，冷裂纹敏感性也越大，经验指出：当碳当量________时，淬硬倾向大，属于难焊的材料，需要采取较高的预热温度和严格的工艺措施。

A. $C_E<0.4\%$　　B. $C_E=0.4\%\sim0.6\%$　　C. $C_E>0.6\%$

(　　)2. 由于计算碳当量时没有考虑残余应力、扩散氢含量、焊缝受到的拘束等，故________材料的焊接性。

A. 直接计算　　B. 精确地估算　　C. 只能粗略地估计

（四）判断题(正确的划"√",错误的划"×")

(　　)1. 含碳量愈高的钢，其焊接性能愈好。

(　　)2. 对于焊接性较差的金属，焊前焊后都应采用适当的措施，改善焊接组织。

(　　)3. 利用碳当量可以准确地判断材料焊接性的好坏。

(　　)4. 碳当量法是根据钢材的化学成分与焊接热影响区淬硬性的关系，把钢中合金元素的含量，按其作用折算成碳的相当含量作为精确地评价钢材焊接性的一个指标。

(　　)5. 由于计算碳当量时没有考虑残余应力、扩散氢含量、焊缝受到的拘束等，故只能粗略地估计材料的焊接性。

(　　)6. 碳当量数值越大，表示该材料的焊接性越好。

（五）简答题

简述焊接连续冷却转变图的作用。

（六）计算题

1. 已知20g钢的化学成分质量分数为：C：0.17%~0.24%；Si：0.17%~0.37%；Mn：0.35%~0.65%；Cr≤0.25%；Mo≤0.25%，请按国际焊接学会推荐的碳当量公式计算碳当量并评价该钢材的焊接性。

2. 已知钢材18MnMoNb的化学成分质量分数见表4-1：

**表 4-1**

| C | Mn | Si | Nb | Mo |
|---|---|---|---|---|
| 0.17%~0.23% | 1.35% ~1.65% | 0.17%~0.37% | 0.025%~0.050% | 0.45%~0.65% |

请用国际焊接学会推荐的碳当量估算公式，求该钢材的碳当量 $C_E$ 值是多少，并评定其焊接性如何？

## 综合知识模块三　金属焊接性试验

### 能力知识点1　焊接性试验的内容

焊接性试验是指评定母材焊接性的试验，例如：焊接裂纹试验、接头力学性能试验、接头腐蚀试验等。

焊接性试验的目的是评定母材焊接性的好坏，通过焊接性试验，可以选定适合于母材的焊接材料，确定合适的焊接参数及焊后热处理工艺参数，还可用来研制新的焊接材料。

按材料的不同特点和不同使用要求，焊接性试验的内容主要有以下几种：

1. 焊缝金属抗热裂纹能力的测定

热裂纹是一种较常发生的危害性严重的焊接缺陷，是熔池金属结晶过程中，由于存在一些有害元素（如低熔点共晶物）并受热应力作用而在结晶末期发生的焊接缺陷。热裂纹的产生既与母材有关，又与焊接材料有关，因此测定焊缝金属抵抗热裂纹的能力是焊接性试验的一项重要内容。

2. 焊缝及热影响区金属抗冷裂纹能力的测定

冷裂纹在低合金高强钢焊接中是最常见的缺陷，该缺陷的发生具有延迟性，所以危害性更大。测定焊缝及热影响区金属抗冷裂纹的能力是焊接性试验中很重要又最常做的一项试验内容。

3. 焊接接头抗脆性断裂能力的测定

对于承受冲击载荷和在低温下工作的焊接结构，可能经过焊接的冶金反应、结晶、固态相变等一系列过程，焊接接头会发生粗晶脆化、组织脆化、热应变时效脆化等现象。使接头韧性严重下降，即焊接接头发生脆性转变。所以，对这类焊接结构用材料，要做抗脆断（或抗脆性转变）能力的试验。

4. 焊接接头使用性能的测定

根据焊接结构使用条件对焊接性提出的性能要求来确定试验内容。例如：在腐蚀介质下工作的焊接结构要求抗腐蚀能力，就采用做焊接接头的耐晶间腐蚀能力或耐应力腐蚀能力等试验；厚板钢结构要求抗层状撕裂性能时，就要做 Z 向拉伸或 Z 向窗口试验，以测定该钢材抗层状撕裂的能力。

## 能力知识点 2　焊接性试验方法分类

研究和评定金属材料焊接性的试验方法很多，根据试验内容和特点可以分为工艺焊接性和使用焊接性两大方面的试验，每一大方面又可分为直接法和间接法两种类型。金属材料焊接性试验方法分类可归纳成图 4-1 所示。

1. 直接法

直接法有两种情况：一种情况是模拟实际焊接条件，通过实际焊接过程考察是否发生某种焊接缺陷，或发生缺陷的严重程度，根据结果直接评价材料焊接性（即焊接性对比试验）；也可以通过试验确定出获得符合要求的焊接接头所需的焊接条件（即工艺适应性试验），这种情况一般用于工艺焊接性试验；另一种情况是直接在实际产品上进行焊接性试验，例如压力容器的焊接试板，主要用于使用焊接性试验。

2. 间接法

间接法一般不需要焊接，只需对产品使用的材料做化学成分、金相组织或力学性能的试验分析与测定，根据结果和经验推测材料的焊接性。其中碳当量法、冷裂敏感性指数法及热影响区最高硬度法是常用的焊接冷裂纹的间接评定方法。

- 焊接性试验方法分类
  - 工艺焊接性
    - 直接法
      - 焊接热裂纹试验
      - 焊接冷裂纹试验
      - 再热裂纹试验
      - 层状撕裂试验
      - 热应变时效脆化试验
      - 焊接气孔敏感性试验
    - 间接法
      - 由碳当量推测焊接性
      - 裂纹敏感指数及临界应力为判据
      - 连续冷却组织转变图
      - 断口分析及相组织分析
      - 焊接热影响区最高硬度
      - 焊接热、应力模拟试验
  - 使用焊接性
    - 直接法
      - 实际产品结构运行的服役试验
      - 压力容器的爆破试验
    - 间接法
      - 焊缝及接头的常规力学性能试验
      - 焊缝及接头的低温脆性试验
      - 焊缝及接头的断裂韧性试验
      - 焊缝及接头的高温性能试验（蠕变、持久等）
      - 焊缝及接头疲劳、动载试验
      - 焊缝及接头抗腐性、耐磨性及应力腐蚀开裂试

图 4-1　焊接性试验方法的分类

## 能力知识点3　焊接性试验方法的选择原则

从图4-1可以看出，焊接性试验方法很多，随着技术的进步，要求的提高，焊接性试验方法还会不断增加，在选择焊接性试验方法时一般应考虑以下原则：

1. 可比性

在试验条件完全相同下，两个试验的结果就具有可比性。应该优先选择国家或国际上已经颁布的标准试验方法，并严格按标准的规定进行试验。还没有建立标准的，应选择国内外同行业中较为通用的或公认的试验方法进行。如果没有标准可供遵循，必须自行设计焊接性试验方法时，应把试验条件规定得明确具体，同时还要说明试验结果是在什么试验条件下得出的。

2. 针对性

在选择试验方法时，其试验条件要尽量与实际焊接时的条件一致（如母材、焊接材料、接头形式、接头受力状态、焊接参数等），同时试验条件还应考虑到产品的使用条件，尽量使之接近。只有这样才使焊接性试验具有良好的针对性，其试验结果才能较准确地显示出实际生产时可能发生的问题或可能出现的现象。

3. 再现性

焊接性试验的结果要稳定可靠，具有较好的再现性。为了找出变化规律和导出正确的结论，试验数据不可过于分散。因此，试验方法应尽量减少或避免人为因素的影响，多采用自动化、机械化的操作，少用人工操作。试验条件和试验程序要规定得严格，防止随意性。

4. 经济性

在符合上述原则并能获得可靠结果的前提下，力求减少人力、物力和财力消耗，节省试验费用。

## 【综合训练】

（一）填空题

选择焊接性试验方法时应该考虑________、________、________和________四个方面原则。

（二）判断题

(　　)1. 测定焊缝及热影响区金属抗冷裂纹的能力是焊接性试验中很重要又最常做的一项试验内容。

(　　)2. 抗脆断（或抗脆性转变）能力的试验是测定焊缝金属抗热裂缝能力的试验。

(　　)3. 焊接性试验有两大方面的试验：工艺焊接性试验和使用焊接性试验。

（三）简答题

1. 焊接性试验的目的是什么？

2. 焊接性试验的内容有哪些？

# 综合知识模块四　常用的焊接性试验方法

## 能力知识点1　斜Y形坡口焊接裂纹试验方法

斜Y形坡口焊接裂纹试验方法又称小铁研法，是金属工艺焊接性的直接试验方法之一，广泛应用于评定碳素钢和低合金高强钢焊接热影响区的冷裂纹敏感性，也可作为根据母材选择匹配焊条的裂纹试验。

本试验方法所产生的裂纹多出现于焊根尖角处的热影响区，当焊缝金属的抗裂性能不好时，裂纹也可能扩展到焊缝金属，甚至贯穿至焊缝表面。

此试验方法用料省，试件易加工，不需特殊装置，试验结果可靠。因此低合金钢多采用这种方法评定其抗冷裂性能。缺点是试验周期较长。

1. 试件的制备

试件的形状及尺寸如图4-2所示。试件的厚度不作规定，一般用厚度为9～38mm，坡口采用机械切削加工。每一种试验条件要制备两块以上的试件。

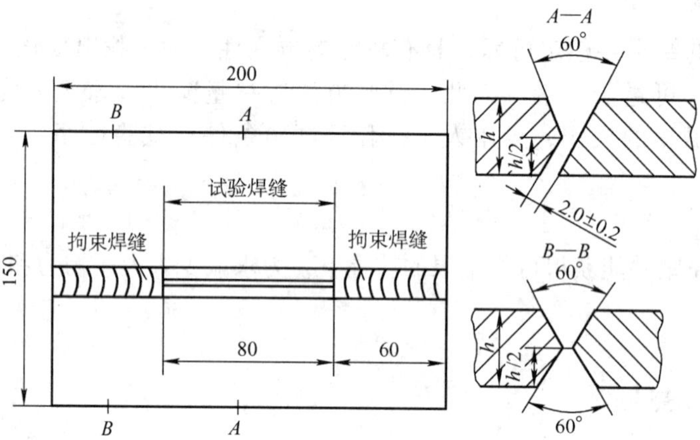


图4-2　试件的形状及尺寸

2. 试验方法

两端各在60mm范围内施焊拘束焊缝，采用双面焊透。保证待焊试验部位处有2mm的间隙且不产生角变形。拘束焊缝焊接一般采用低氢型焊条，直径为4～5mm，先从背面焊接第一层，再焊正面一侧的第一层，以下各层正、背面交替焊接，直到焊完。

在焊接试验焊缝前，要把焊接拘束焊缝时所附着的飞溅物清除干净，并去除坡口周围的水分、油污及铁锈等，最后用丙酮洗净。试验焊缝所用的焊条原则上与试验钢材相匹配，焊前要严格烘干焊条，推荐采用下列参数：焊条直径4mm，焊接电流170A±10A，电弧电压24V±2V，焊接速度(150±10)mm/min。图4-3和图4-4是用焊条电弧焊和用焊条自动送进装置进行施焊的试验焊缝。只焊一道焊缝不填满坡口，焊完后的试件经48h后，才能开始进行裂纹的检测和解剖。用肉眼和手持放大镜来检测焊接接头的表面和断面是否有裂纹。

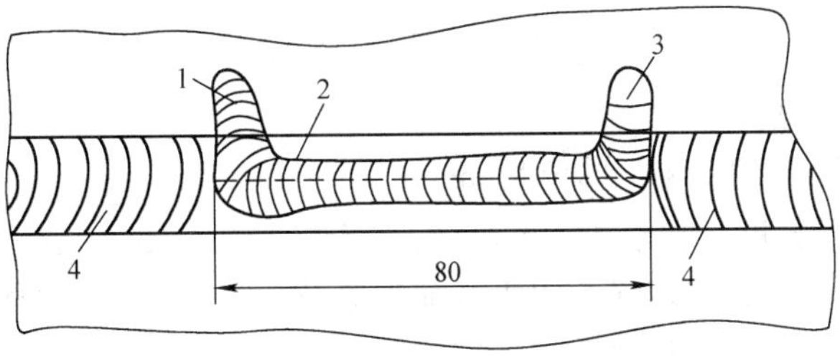


图 4-3 焊条电弧焊的试验焊缝

1—始端 2—试验焊缝 3—弧坑 4—拘束焊缝

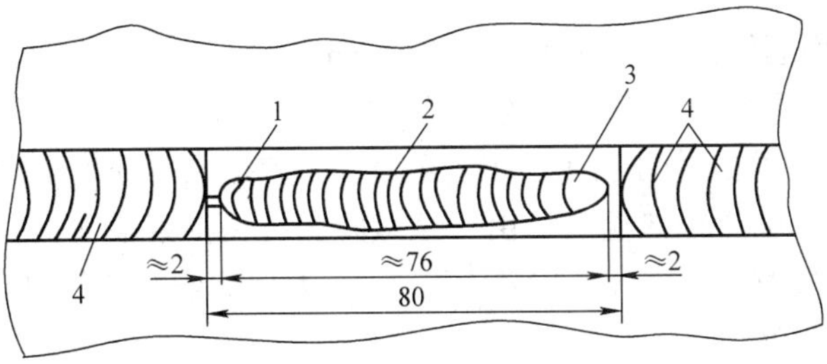


图 4-4 焊条自动送进的试验焊缝

1—引弧处 2—试验焊缝 3—弧坑 4—拘束焊缝

3. 计算方法

检测裂纹时可直接用眼睛或借助 5 ~ 10 倍放大镜仔细检查焊接接头表面和断面是否有裂纹，并按下列方法分别计算表面、根部和断面的裂纹率。试样裂纹长度的计算按图 4-5 所示进行。

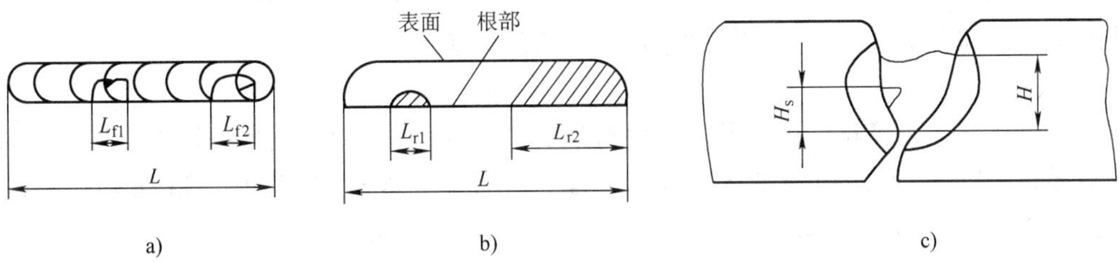


图 4-5 试样裂纹长度计算

a）表面裂纹 b）根部裂纹 c）断面裂纹

（1）表面裂纹率的计算 计算方法见式(4-2)。

$$C_f = \frac{\sum L_f}{L} \times 100\% \tag{4-2}$$

式中 $C_f$——表面裂纹率(%)；

$\sum L_f$——表面裂纹长度之和，单位为 mm，见图 4-5a；

$L$——试验焊缝的长度，单位为 mm。

（2）根部裂纹率 用适当的方法着色后拉断或弯断，然后按图 4-5b 检测根部裂纹，并按式(4-3)计算根部裂纹率。

$$C_r = \frac{\sum L_r}{L} \times 100\% \qquad (4\text{-}3)$$

式中　$C_r$——根部裂纹(%)；

$\sum L_r$——根部裂纹长度之和，单位为 mm；

$L$——试验焊缝长度，单位为 mm。

(3) 断面裂纹率　在试验焊缝上用机械加工等分地切出 4 ~6 块试样，检查五个横断面上的裂纹深度 $H_s$，见图 4-5c。按式 4-4 计算断面裂纹率：

$$C_s = \frac{\sum H_s}{\sum H} \times 100\% \qquad (4\text{-}4)$$

式中　$C_s$——断面裂纹率(%)；

$\sum H_s$——5 个断面裂纹深度的总和，单位为 mm；

$\sum H$——5 个断面焊缝的最小厚度的总和，单位为 mm。

斜 Y 形坡口焊接裂纹试验方法所测得的各种裂纹率可作为钢材冷裂敏感性的相对比较，还可测得防止冷裂纹的临介预热温度。由于该试验的接头拘束度很大，根部尖角又有应力集中，所以试验条件比较苛刻，对于低合金钢一般认为表面裂纹率小于 20%，用于生产是安全的，但不应有根部裂纹。

除斜 Y 形坡口试件外，还可以仿照此标准作直 Y 形坡口对接裂纹试验，用于考核焊条金属对根部裂纹的敏感性。

## 能力知识点 2　焊接热影响区最高硬度试验方法

焊接热影响区最高硬度试验方法是金属工艺焊接性的间接评估方法之一，它的特点是考虑到了组织因素，但没有涉及氢和焊接应力，不能借以判断实际焊接产品的冷裂倾向，因此此方法只能间接判断被焊钢材的淬硬倾向和冷裂纹敏感性。

1. 试件的制备

热影响区最高硬度试件的形状和尺寸分别见图 4-6 和表 4-2。试件的标准厚度为 20mm，若板厚超过 20mm，则用机械加工成 20mm 厚，并保留一个轧制表面。若板厚小于 20mm，则不须加工。1 号、2 号试件各备一块。

2. 试验条件

试件焊前应清除表面油、锈、氧化皮等污物，焊前要把试件两端支撑架空，下面应有足够的空间。1 号试件在室温下，2 号试件在预热温度下进行焊接。如图 4-6 所示，采用平焊位置，沿试件轧制表面的中心线焊出长 125mm ± 10mm 的焊缝。焊接参数为：焊条直径 4mm，焊接速度 150mm/min ± 10mm/min，焊接电流 170A ± 10A。焊后在静止空气中自然冷却，不能进

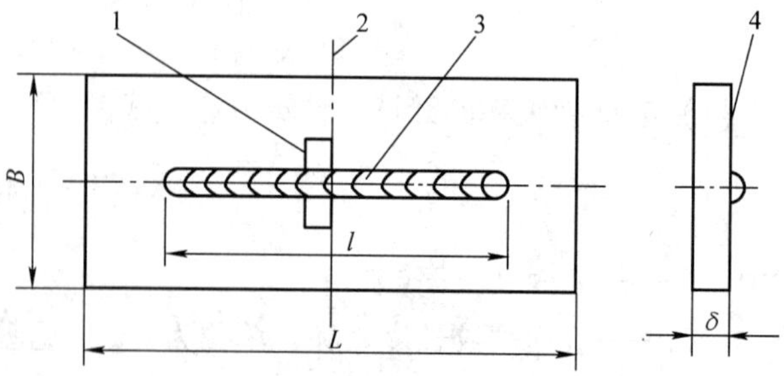


图 4-6　热影响区最高硬度试件的形状

1—硬度测定试样　2—检测断面　3—焊缝　4—轧制表面

行任何热处理。

表 4-2　热影响区最高硬度试件尺寸　（单位：mm）

| 试件名称 | L | B | l | 试件名称 | L | B | l |
|---|---|---|---|---|---|---|---|
| 1 号试件 | 200 | 75 | 125 ± 10 | 2 号试件 | 200 | 150 | 125 ± 10 |

3. 硬度的测定

焊后经 12h 冷却后，在室温下用机械加工方法垂直切割焊缝中部，然后在此断面上取测量硬度的试样。试样的检测面经研磨后进行腐蚀，按图 4-7 所示位置，在 0 点两侧各取 7 个以上的点作为硬度的测定点，各点的间距为 0.5mm，硬度测定用载荷为 10kg 的维氏硬度方法进行。一般焊接用的钢材都应提供其最高硬度值。

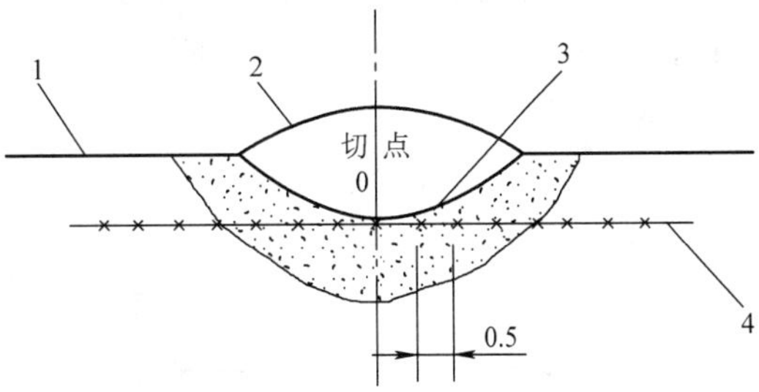


图 4-7　测定硬度的位置

1—轧制表面　2—焊缝金属　3—熔合线　4—硬度测定线

## 能力知识点 3　插销试验

插销试验是一种简便而又节省材料的试验方法，同样是金属工艺焊接性的直接试验方法之一，此方法主要用于定量测定钢材焊接热影响区对冷裂纹的敏感性，即主要用来评定氢致延迟裂纹的焊根裂纹。目前在国内外广泛应用。我国已制定了国家标准（GB/T 9446—1988《焊接用插销冷裂纹试验方法》）。

1. 基本原理

插销试验是把被焊钢材做成直径为 8mm（或 6mm）的圆柱形试棒（即插销），插入与试棒直径相同的底板孔中，其上端与底板的上表面平齐，试棒的上端有环形或螺形缺口，然后在底板上按规定的焊接线能量熔敷一道焊缝，尽量使焊缝中心线通过插销的端面中心，该焊道的熔深应保证缺口位于热影响区的粗晶部位，如图 4-8 所示。

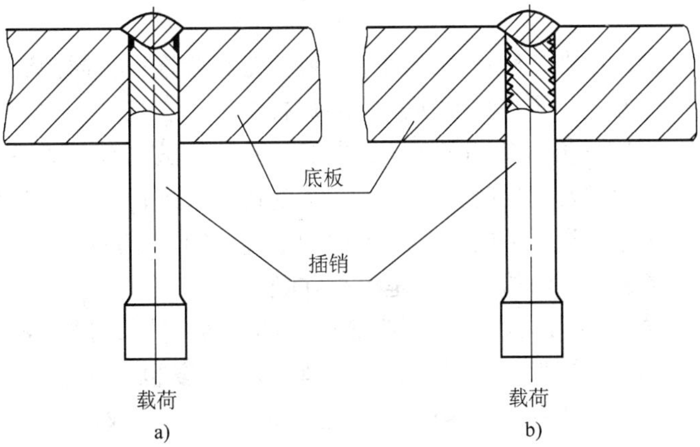


图 4-8　插销试棒缺口处于焊接热影响区粗晶部位

a）环形缺口试样　b）螺形缺口试样

在不预热的条件下，待焊后冷至100~150℃时加载，如有预热，应高出初始温度50~70℃时加载，并在1min内，且在冷却到100℃前加载完毕。如有后热，应在后热前加载。加载的方式用机械加载。无预热、后热时，需要保持载荷16h；有预热或预热加后热时，需要保持载荷24h。

2. 试件的制备

插销试棒应从被焊的钢材或产品(轧材、锻件、铸件、焊缝、焊接构件)中制取，同时必须注明插销的取向和相对厚度方向的位置，如图4-9所示。底板材料应与被焊钢材相同或热物理常数基本一致。

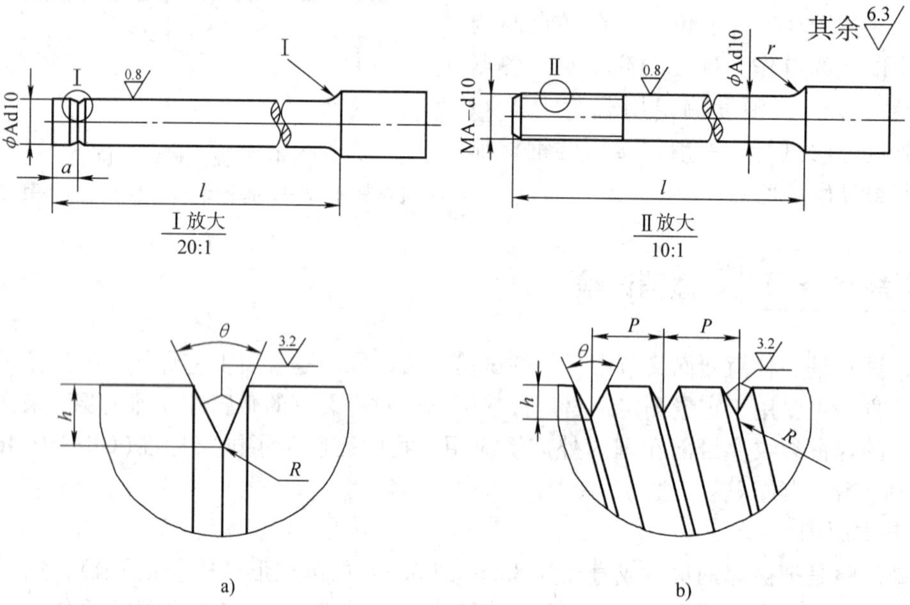


图4-9 插销试棒的形状

a）环形缺口插销 b）螺形缺口插销

3. 试验程序

检查插销试棒尺寸，特别是缺口尖端的圆角尺寸是否合格；将插销试棒插入底板相应的孔中，按所选用的焊接方法，严格控制所规定的焊接参数，在底板上进行堆焊(垂直底板纵向,并通过插销顶端的中心)长100~150mm的焊缝。不预热试验时，试件的初始温度应为室温；预热试验时，试件的初始温度为预热温度。按前述要求进行加载，在此过程中观察和记录插销是否拉断以及从加载到断裂的时间。当达到上述时间(载荷保持16h或24h)仍不断裂时即可卸载，用金相或氧化方法检测缺口是否存在裂纹。

通常情况是施加的拉应力越大，断裂或开裂的时间越短；减小拉应力，断裂或开裂的时间延长。当应力降到某一数值时，插销既不断裂也不开裂，这一应力值称为临界应力 $\sigma_{cr}$，用 $\sigma_{cr}$ 可以对钢材冷裂敏感性进行评价；$\sigma_{cr}$ 越小，钢材冷裂纹敏感性越大。

## 能力知识点4　其他试验方法

如前所述，焊接性试验有两大方面的试验：工艺焊接性试验和使用焊接性试验，前面介绍了几种金属工艺焊接性的试验方法，本节将简单介绍几种使用焊接性试验的方法。使用焊接性试验主要是根据焊接产品使用条件对焊接接头提出的要求而进行的试验，包括了焊接接头常规力学性能试验、焊接接头抗脆性断裂试验、焊接接头疲劳与动载试验、焊接接头高温性能试验、焊接接头耐腐蚀试验和其他有特殊性能要求的试验等。试验用的焊接接头通常是由相关标准规定的或根据产品生产相同的焊接工艺在规定的试板上焊成。

1. 焊接接头力学性能试验

焊接接头力学性能试验主要是测定焊接接头在不同载荷作用下的强度、塑性和韧性，主要是通过焊接接头的拉伸、弯曲、冲击和硬度等试验方法加以确定。

2. 焊接接头抗脆断性能试验

常用转变温度法和断裂力学法对焊接接头抗脆断性能进行评定。

**小知识**　脆性转变温度是金属材料随着温度的降低，由韧性状态过渡到脆性状态的温度。

3. 焊接接头疲劳试验

焊接接头的焊缝区不可避免地存在各种微小的宏观缺陷、应力集中和残余应力，因此，该区是结构最易发生疲劳断裂的部位。研究焊接接头的疲劳强度及其影响因素，可为产品设计和制造工艺提供技术依据，有助于提高产品使用寿命。该试验方法分为高周疲劳（循环周次大于$10^5$）和低周疲劳（循环周次在$10^4$～$10^5$以下），是采用一定的应力循环特性的载荷进行多次反复加载试验，测得使试样破坏所需要的加载循环次数$N$。将破坏应力与$N$绘成疲劳曲线，获得不同循环下的疲劳强度及疲劳寿命。

4. 焊接接头的抗腐蚀试验

不锈钢焊接接头发生的腐蚀有多种类型，其中晶间腐蚀和应力腐蚀最为常见，且危害最大，所以评定焊接接头耐腐蚀性能的试验主要是做这两种腐蚀类型的试验。评定晶间腐蚀的试验方法有弯曲法和失重法；评定应力腐蚀的试验方法有恒负荷拉伸试验法和U形弯曲试验法。

5. 焊接接头高温性能试验

焊接接头在高温下性能会发生变化，其强度极限要降低，而且与载荷持续时间有关。目前评定焊接接头高温性能的指标是它的高温短时拉伸强度、高温持久强度和蠕变极限。测定焊接接头高温性能的试验方法基本都参照国家标准规定的金属材料高温性能试验方法进行。

## 【综合训练】

### 一、理论部分

（一）填空题

1. 焊接热影响区最高硬度试验方法的特点是考虑到了________，但没有涉及________和________，所以不能借以判断实际焊接产品的冷裂倾向。

2. 常用冷裂纹的间接评定方法有________、________和________三种。

3. 斜Y形坡口焊接裂纹试验在焊接拘束焊缝时，应采用________焊条；焊后不应产生________和________。

（二）选择题(将正确答案的选项字母填入每题前的括号内)

(　　)1. 利用斜Y形坡口焊接裂纹试验方法产生的裂纹多出现在________。

A. 焊缝根部　B. 焊趾　C. 焊缝表面　D. 焊根尖角处的热影响区

(　　)2. 插销试验主要用来评定________。

A. 氢致延迟裂纹的趾裂纹　B. 氢致延迟裂纹的焊根裂纹

C. 氢致延迟裂纹中的表面裂纹　D. 氢致延迟裂纹中的热影响区裂纹

(　　)3. 焊接接头热影响区的最高硬度可用来判断钢材的________。

A. 焊接性　B. 耐蚀性　C. 抗气孔性　D. 应变时效

(　　)4. 斜Y形坡口焊接裂纹试验主要用以试验钢材的________敏感性。

A. 热裂　B. 冷裂　C. 层状撕裂　D. 气孔

(　　)5. 斜Y形坡口焊接裂纹试验用试件的厚度为________。

A. 6~9mm　B. 9~38mm　C. >38mm　D. 46mm

(　　)6. 斜Y形坡口焊接裂纹试验用焊条直径是________。

A. 2.5mm　B. 3.2mm　C. 4.0mm　D. 5.0mm

(　　)7. 斜Y形坡口焊接裂纹试验拘束焊缝的焊接应采用________。

A. 酸性焊条　B. 低氢焊条　C. 不锈钢焊条　D. 堆焊焊条

(　　)8. 斜Y形坡口焊接裂纹试验焊完的试件应在________，进行裂纹的解剖和检测。

A. 立即　B. 28h以后　C. 48h以后　D. 几天以后

(　　)9. 斜Y形坡口焊接裂纹试验应对试件的________个横断面进行断面裂纹检查。

A. 3　B. 4　C. 5　D. 6

(　　)10. 插销试验属于________试验方法。

A. 冷裂纹　B. 热裂纹　C. 应力腐蚀裂纹　D. 层状撕裂

(　　)11. 试件经预热后进行插销试验时，要保持载荷________。

A. 6h　B. 12h　C. 24h　D. 48h

(　　)12. 插销试验的临界应力值$\sigma_{cr}$越小，表示钢材________敏感性越大。

A. 冷裂　B. 热裂　C. 消除应力裂纹　D. 应力腐蚀裂纹

(　　)13. 插销法主要用于评定氢致延迟裂纹中的________。

A. 焊趾裂纹　B. 焊根裂纹　C. 焊缝裂纹　D. 焊道下裂纹

（三）判断题(正确的划“√”,错误的划“×”)

(　　)1. 评定材料抗冷裂性最好的方法是热影响区最高硬度法，因为它考虑到了氢和应力两个因素。

(　　)2. 采用斜Y形坡口焊接裂纹试验方法时，试验一定要在室温进行，试件不得进行预热。

(　　)3. 采用斜Y形坡口焊接裂纹试验方法时，焊后应立即进行检查，以避免产生延迟裂纹。

(　　)4. 冷裂纹敏感性指数和碳当量一样，都没有考虑到材料的含氢量和应力，所以都是不全面的。

(　　)5. 焊接接头热影响区的硬度越高，材料的抗冷裂性越好。

(　　)6. 热影响区最高硬度试验法主要用在相同试验条件下不同母材冷裂倾向的相对比较。

(　　)7. 插销试验时的临界应力越大，则焊接接头产生氢致裂纹的敏感性越大。

(　　)8. 插销试验可用临界应力值直接定量地评定材料对焊根裂纹的敏感性。

(　　)9. 进行插销试验的关键是插销的缺口尖端必须位于焊接热影响区的粗晶区。

(　　)10. 利用插销试验可以直接估计焊接结构中是否出现冷裂纹。

**二、实践部分**

## 【实验】　不同材料的焊接性分析

（一）实验目的

1）分析比较 Q235 钢、Q345 钢、18MnMoNb 钢三种材料的焊接性。

2）掌握斜 Y 形坡口焊接裂纹试验方法。

（二）实验设备及材料

1）弧焊整流器一台。

2）砂轮切片机一台。

3）直流电流表、直流电压表各一块。

4）焊工用具若干套。

5）手持放大镜若干把。

6）量规、钢直尺若干个。

7）砂轮机一台。

8）丙酮、酒精、浸蚀剂。

9）Q235 钢试件、Q345 钢试件、18MnMoNb 钢 200mm × 150mm × (9 ~ 38) mm 标准试件各两套。

10）$\phi$4mm 直径焊条：各若干根。

（三）实验方法及步骤

采用斜 Y 形坡口焊接裂纹试验方法在相同的焊接工艺条件下分别测定 Q235 钢、Q345 钢和 18MnMoNb 钢试验焊缝的表面裂纹率、根部裂纹率和断面裂纹率，并分析比较这三种材料的焊接性。

1）分别将已加工好的 Q235 钢、Q345 钢、18MnMoNb 钢试件按图 4-2 要求组装，为保证试件间隙，在焊接试验焊缝的部位插入比 2mm 略大的塞片，再进行定位焊试件。

2）采用 E4315、E5015、E6015-$D_1$ 分别按要求焊接 Q235 钢、Q345 钢、18MnMoNb 钢试件两端 60mm 范围内的拘束焊缝。拘束焊缝采用双面对称焊接，焊接时要注意不要产生角变形和未焊透。拘束焊缝焊完冷却到室温后拆除塞片。

3）在焊接试验焊缝前，先清除焊接拘束焊缝时所附着的飞溅物和坡口两侧 20mm 范围内的水分、油污、氧化皮及铁锈等，先用钢丝刷刷净后再用丙酮洗净。

4）分别采用与试件材料相匹配的焊条按规定的焊接参数进行试验焊缝的焊接。焊条电弧焊时必须在坡口外引弧和收弧，如图4-3所示。焊前焊条要严格烘干。

5）试件焊完在室温放置48h后，用放大镜检查试验焊缝表面有无裂纹，如有裂纹可量出裂纹长度并做记录。

6）将每种材料的一块试件采用适当的方法着色后拉断或弯断，用放大镜检查根部裂纹的情况并做记录。

7）用砂轮切片机将每种材料的另一块试件的试验焊缝等距离切成4～6片。对横断面进行研磨磨蚀，用放大镜检查断面裂纹情况并做记录。

8）分别按公式计算每种材料试件的表面裂纹率、根部裂纹率和断面裂纹率。

（四）实验报告要求

1）实验目的。

2）实验环境温度、湿度、试件钢号、化学成分、试件状态、试件厚度及其轧制方向。

3）简述斜Y形坡口焊接裂纹试验方法的试验过程。

4）用表格列出各个试件的标号，材料名称，焊接时采用的焊接电源种类和极性，焊条的型号、直径、烘干温度和时间，焊接电流、焊接电压和焊接速度，试件从焊完到开始解剖的时间和解剖方法，并画出表面裂纹、根部裂纹和断面裂纹的示意图，标明裂纹长度。

5）根据试验数据计算各种材料试件的表面裂纹率、根部裂纹率和断面裂纹率。

6）分析比较Q235钢、Q345钢和18MnMoNb钢三种材料的焊接性。

# 第五单元　常用金属材料的焊接

**【学习目标】** 本单元主要讲解常用金属材料的焊接工艺等基础知识，要求通过本单元的学习，理解碳钢的焊接特点与焊接工艺；理解合金结构钢的焊接特点与焊接工艺；了解不锈钢和耐热钢的焊接特点与焊接工艺；了解铸铁的焊接特点与焊接工艺；了解铝及铝合金、铜及铜合金的焊接特点与焊接工艺。

## 综合知识模块一　碳素钢的焊接

碳素钢是以 Fe 为基础，以少量 C 为合金元素的铁碳合金，可以简称为碳钢。碳钢有不同的分类方法，按含 C 量可分为低碳钢、中碳钢和高碳钢；按品质分可分为普通碳素钢、优质碳素钢和高级优质碳素结构钢；按用途可分为结构钢和工具钢；根据某些行业特殊要求及用途，有一些专业用钢，比如：压力容器用碳钢、锅炉用碳钢、船用碳素结构钢等。

**小知识**　什么是铁？什么是钢？钢是如何分类的？

铁（也叫铸铁）是碳的质量分数大于 2.11% 的铁碳合金；钢是碳的质量分数小于 2.11% 的铁碳合金。

钢按化学成分分类可分为非合金钢、低合金钢和合金钢三大类。非合金钢就是我们所说的碳素钢，又叫碳钢。

碳钢的焊接性主要取决于碳含量。随着碳含量的增加，焊接性逐渐变差。碳钢中的 Mn 和 Si 对焊接性也有影响，随着它们含量的增加，焊接性变差，但不及碳作用强烈。把钢中合金元素的含量按其作用换算成碳的相当含量，就叫做碳当量。它可作为评定钢材焊接性的一种参考指标。这样，就可以把 C、Mn 和 Si 对焊接性的影响汇合成一个适用于碳素钢的碳当量 $C_{eq}$ 经验公式：

$$C_{eq} = w_C + 1/6w_{Mn} + 1/24w_{Si}$$

$C_{eq}$ 值增加，产生冷裂纹的敏感性增大，焊接性变差。通常，当 $C_{eq}$ 值小于 0.4% 时，钢材的淬硬倾向不大，焊接性良好，不需预热。$C_{eq}$ 值在 0.4%~0.6% 之间时，钢材的淬硬倾向大，冷裂纹的敏感性将增大，焊接性一般，焊接时需要采取一些工艺措施，如预热等。$C_{eq}$ 值大于 0.6% 时，焊接性变得很差。

碳钢中的杂质（如 S、P、O、N）和一些微量元素（如 Cr、Mo、V、Cu）等对焊接接头的裂纹敏感性和力学性能都有重大影响。实际上，焊接性的好坏不只取决于合金元素的含量，还取决于焊接接头冷却速度。尤其中、高碳钢在某种焊接热循环的作用下，冷却速度较快，碳钢可能在焊缝和热影响区中形成马氏体组织，马氏体量越多，硬度越高，焊接性越差，产生裂纹倾向越大，因此，焊接时控制冷却速度也成为至关重要的问题。

采用预热、控制层间温度和后热，或使用大焊接热输入，都能降低焊接接头冷却速度，从而控制组织和硬度，减小冷裂纹的可能性。

除上述影响碳钢焊接性的诸多因素以外，母材焊前热处理状态对焊接性影响也是碳钢焊接时不容忽视的问题。

## 能力知识点1 低碳钢的焊接

1. 低碳钢的焊接特点

低碳钢碳含量较低，Mn、Si 含量又少，所以，通常情况下不会因焊接而引起严重硬化组织或淬火组织。这种钢材的塑性和冲击韧度优良，焊成的接头塑性和冲击韧度也很好，焊接时，一般不需预热、控制层间温度和后热，焊后也不必采用热处理改善组织。可以说，整个焊接过程中不需要特殊的工艺措施，其焊接性优良。但在少数情况下，低碳钢的焊接性也会不好，焊接时出现困难，例如：低碳钢母材成分不合格，S 、P、O 等杂质含量过高，焊接方法选择不当等。

总之，低碳钢是最容易焊接的钢种，但有时也会出现某种问题。许多焊接方法都适用于低碳钢焊接，并能获得良好的焊接接头。目前，焊条电弧焊、二氧化碳气体保护焊、氩弧焊、埋弧焊、电渣焊、气焊、电阻焊等都是焊接低碳钢的成熟焊接方法。

2. 焊接方法和焊接材料的选择

（1）焊条电弧焊　焊接低碳钢时大多采用焊条电弧焊，低碳钢选用焊条的主要原则是等强度原则，大多使用 E43 × ×系列的焊条，因为低碳钢通常的抗拉强度平均值为 417. 5MPa，而 E43 × ×系列焊条熔敷金属的抗拉强度不小于 420MPa，在力学性能上正好与之匹配。这一系列焊条有多种型号，商品牌号更多，可根据具体母材、受载情况等加以选用，比较重要的结构或受载情况复杂的结构，尽量选用低氢型焊条，表 5-1 为几种情况的举例。其他钢材选用焊条请参照 JB/T 4709—2007 等行业标准或国家标准。

（2）二氧化碳气体保护焊　近年来，二氧化碳气体保护焊用来焊接低碳钢也很普遍。二氧化碳气体保护焊用焊丝可分为实心焊丝和药芯焊丝两大类，低碳钢选用焊丝的主要原则也是等强度原则，举例见表 5-1。其他请参照 GB/T 8110—1995《气体保护焊用碳钢、低合金钢焊丝》等国家标准。焊接用的 $CO_2$ 气体纯度应不低于 99. 5%。

（3）埋弧焊　低碳钢的焊接采用埋弧焊的也很多，尤其是中、厚度钢板。低碳钢埋弧焊一般选用实芯焊丝 H08A 或 H08MnA 等，它们与高锰高硅低氟熔炼焊剂 HJ430、HJ431 或 HJ433 配合，应用甚广。烧结焊剂应用也日益广泛，有的烧结焊剂附加铁粉，可以在衬垫上单面焊双面成形，焊缝美观，效率甚高。几种低碳钢埋弧焊常用焊接材料的选用举例，见表 5-1。

（4）手工 TIG 焊　在比较重要的结构中，低碳钢管对焊时，一般要求焊接接头必须是全焊透结构。许多工厂采用手工 TIG 焊封底，焊条电弧焊填充和盖面的方法或全部采用手工 TIG 焊焊接。低碳钢 TIG 焊用焊丝尽量选用专用焊丝以减少化学成分的变化，保证焊缝一定的力学性能，20、20g、20R 这类钢一般采用 H08Mn2SiA 就可以了，焊接时所用 Ar 气体纯度应不低于99.99%。

低碳钢焊接可采用的焊接方法还有很多，比如窄间隙埋弧焊、气焊、电渣焊等。在锅炉和压力容器制造中，还有不少其他焊接技术以及它们各种组合形式，这主要根据具体条件和工艺要求来选择。

**表5-1　焊接低碳钢常用的焊接材料选用举例**

| 钢　号 | 焊条电弧焊用焊条型号(牌号) | | $CO_2$气保焊用焊丝 | | 埋弧焊用焊剂/焊丝 |
|---|---|---|---|---|---|
| | 一般结构 | 重要或复杂结构 | 实芯焊丝 | 药芯焊丝 | |
| Q235A<br>Q235B<br>Q235C | E4303<br>(J422) | E4315(J427)<br>E4316(J426) | ER49-1<br>(H08Mn2SiA) | EF01-5020 | HJ401-H08A(HJ431)<br>/H08MnA |
| 08 10<br>15 20 | E4303<br>(J422) | E4315(J427)<br>E4316(J426) | ER49-1<br>(H08Mn2SiA) | EF01-5020 | HJ401-H08A(HJ431)<br>/H08MnA |
| 20g<br>20R<br>22g | E4303<br>(J422) | E4315(J427)<br>E4316(J426) | ER50-3 | EF01-5020 | HJ401-H08A(HJ431)<br>/H08MnA或H08MnSi |

3. 焊接工艺要点

(1) 焊前准备　焊前准备包括以下方面：

1) 坡口的制备。坡口的制备宜采用冷加工方法，也可采用热加工方法，焊接坡口应保持平整，不得有裂纹、分层、夹渣等缺陷，尺寸应符合图样或焊接工艺的规定。坡口表面及两侧(焊条电弧焊10mm，埋弧焊20mm)应将水、铁锈、油污、熔渣及其他有害杂质清理干净。

2) 焊条、焊剂按规定进行烘干、保温。焊丝需去除油、锈等杂质。

3) 预热。低碳钢焊接一般不需要采用特殊的工艺措施，但若在寒冷冬季施焊时，焊接接头冷却速度快，裂纹倾向增大，特别是焊接厚度大的刚性结构时更是如此，为避免裂纹的产生，可采取焊前预热、焊接时保持层间温度和后热等工艺措施。预热温度可根据试验结果和相关标准具体确定，不同产品的预热温度不尽相同，见表5-2和表5-3。

**小知识**　坡口的概念及开坡口时应考虑的因素：

焊接坡口是指根据设计和工艺的需要，将焊件的待焊部位加工成一定几何形状的沟槽。坡口应根据图样要求或工艺条件设计，选择坡口形式和尺寸，设计时应考虑下列因素：

a) 焊缝填充金属尽量少；

b) 避免产生焊接缺陷；

c) 减少焊接变形和残余应力；

d) 有利于焊接防护；

e) 焊工操作方便。

**表5-2　常用低碳钢刚性结构焊前预热温度**

| 钢　号 | 材料厚度/mm | 预热温度/℃ |
|---|---|---|
| Q235、08、10、15、20 | ≈50 | |
| | 50~90 | >100 |
| 25、20g、22g、20R | ≈40 | >50 |
| | >60 | >100 |

**表 5-3　常用低温环境下低碳钢焊接的预热温度**

| 环境温度/℃ | 焊件厚度/mm | | 预热温度/℃ |
|---|---|---|---|
| | 梁柱、衍架 | 管道、容器 | |
| -30℃以下 | <30 | <16 | 100~150 |
| -20℃以下 | | 17~30 | |
| -10℃以下 | 35~50 | 31~40 | |
| 0℃以下 | 51~70 | 51~50 | |

4）定位焊。所谓定位焊就是为组装和固定焊件上各零件的位置而进行的焊接，所形成的焊缝叫定位焊缝。定位焊须采用与所焊焊缝相同的焊接材料，按相同的焊接工艺施焊，定位焊缝不得有裂纹，否则必须清除重焊。熔入永久焊缝内的定位焊缝两端应便于接弧，如存在气孔、夹渣时应去除。

（2）焊接要求　焊接要求如下：

1）焊工必须按图纸、工艺文件、技术标准的要求施焊。

2）应在引弧板或坡口内引弧，禁止在非焊接部位引弧。熄弧时，弧坑要填满。

3）施焊过程中应控制层间温度不超过规定的范围，当焊件预热时应控制层间温度不低于预热温度。

4）每条焊缝应尽可能一次焊完，尽量避免中断。

5）焊缝表面的形状尺寸及外观要求应满足相关标准的要求。

6）焊缝表面不得有裂纹、气孔、弧坑和肉眼可见的夹渣等缺陷，焊缝上的熔渣和两侧的飞溅物必须清除。焊缝与母材应圆滑过渡。焊缝表面咬边缺陷应不超出相关标准的规定。

**资料卡**　什么是焊前预热？它的目的是什么？什么是层间温度？

焊前预热是指在正式焊接之前对焊接区域用气焊炬（或其他加热工具）进行加热，或者把整个构件放到加热炉中进行整体加热到某一温度的工艺过程。

预热的目的：是减缓焊接接头加热时的温度梯度和冷却速度，从而减少或避免产生淬硬组织，有利于氢的逸出，可以防止冷裂纹的产生。

层间温度就是在多层多道焊中，在施焊后继焊道时，其前一相邻焊道应保持的最低温度。

## 能力知识点 2　中碳钢的焊接

1. 中碳钢的焊接特点

中碳钢的含 C 量在 0.30%~0.60% 之间。当 $w_C$ 接近 0.30% 而 $w_{Mn}$ 不高时，焊接性良好。随着 $w_C$ 的增加，焊接性逐渐变差。如果 $w_C$ 为 0.50% 左右而仍按焊接低碳钢常用的工艺施焊时，热影响区可能产生脆硬的马氏体组织，易开裂。当焊接材料和焊接过程控制不好时，

甚至焊 $w_C$ 缝也会如此。焊接时，相当数量的母材会熔化进入焊缝使其杂质含量增高，容易产生焊缝热裂纹。特别是杂质 S 控制不严时，更易显示出来。这种热裂纹在弧坑处更为敏感。此外，由于 $w_C$ 增高，气孔敏感性也增大。

中碳钢既可用作强度较高的结构件，也可用作机械部件和工具。用作机械部件和工具时，又常用其坚硬耐磨而非高强度。无论是高强度还是耐磨，常常通过热处理来达到所希望的性能。如果对已经热处理的部件进行焊接，则必须采取措施防止裂纹产生。不过，还需强调的是，焊接的热量会使热影响区软化，为了恢复热影响区性能，焊件需要再进行热处理。

**小知识**　焊接热裂纹和焊接冷裂纹

焊接过程中焊缝和热影响区金属冷却到固相线附近的高温区所产生的焊接裂纹叫做焊接热烈纹。它包括结晶裂纹、液化裂纹和多边化裂纹。焊接冷裂纹是指在较低温度下产生的裂纹。它包括延迟裂纹（也叫氢致裂纹）、淬硬脆化裂纹和低塑性脆化裂纹。

2. 焊接方法和焊接材料的选择

（1）焊条电弧焊　中碳钢焊接性较差，大多用于制造机械零件，所以焊接中碳钢最常用的焊接方法主要是焊条电弧焊。

要求焊缝金属与母材等强度时，应选用级别相当的焊条；在不要求等强度时，可选用强度级别低于母材的焊条。低氢型焊条有一定脱硫能力，熔敷金属塑性和韧性良好，扩散氢量又少，无论对热裂纹或氢致冷裂纹来说，抗裂性都较高，因此应尽量选用。

在个别情况下，也可采用钛铁矿型或钛钙型焊条，但一定要有严格的工艺措施配合，例如认真控制预热温度和尽量减少母材熔深（减少焊缝 $w_C$），方能有满意结果。

特殊情况下，亦可采用铬镍奥氏体不锈钢焊条焊接，这时不需预热，而焊缝金属塑性良好，可以减少焊接接头的应力，避免热影响区冷裂纹产生。中碳钢焊条举例如表 5-4 所示。

**表 5-4　中碳钢焊条举例**

| 钢　　号 | 焊　　条 | | |
|---|---|---|---|
| | 要求等强的构件 | 不要求等强的构件 | 特殊情况 |
| 35、ZG270-500 | J506、J507、J556、J557 | J422、J423、J426、J427 | A102、A302、A307、A402、A407 |
| 45、ZG310-570 | J556、J557、J606、J607 | J422、J423、J426、J427、J506、J507 | |
| 55、ZG340-640 | J606、J607 | | |

（2）其他焊接方法　中碳钢的焊接有时也可以采用其他的焊接方法，这主要根据设计要求和具体情况而定，比如二氧化碳气体保护焊等。选用二氧化碳气体保护焊时，30、35 号钢焊丝一般选用 H08Mn2SiA、H04Mn2SiTiA 和 H04MnSiAlTiA。

3. 焊接工艺要点

（1）焊前准备　焊前应做如下方面准备工作：

1）焊条在使用前应按规定温度进行烘干、保温。

2）补焊前待焊处的缺陷彻底清除掉，认真清理待焊部位工件表面，去除铁锈、油污、水分等杂质。需要定位焊时焊缝不宜过小。

3）预热，控制层间温度。大多数情况下，中碳钢焊接需要预热，焊接时控制层间温度，层间温度一般不能低于预热温度，以降低焊缝和热影响区冷却速度，从而防止产生马氏体，提高焊接接头的塑性，减小残余应力。预热温度取决于碳当量、母材厚度、结构刚性、焊条类型和工艺方法。一般来说，随着碳当量增高，接头厚度增大或电弧中氢含量增高，预热温度增高。通常，35 号钢和 45 号钢预热温度可为 150 ~ 250℃，$w_C$ 再高，或厚度大，或刚性大时，预热温度可在 250 ~ 400℃。如果采用局部预热，坡口两侧的加热范围为 150 ~ 200mm。

（2）焊接要求　焊接中碳钢时，尽量采用窄焊道，短弧焊操作方法。如果是多层焊，前几层焊缝应采用小直径焊条，小焊接电流，以减少母材的熔深，但要熔透。中间层可用较高的线能量来完成。最后一道或几道盖面焊缝尽可能全部熔敷在前一层已熔敷的焊缝金属上，这种做法对原熔敷焊道的热影响区，特别是处在母材中的热影响区起到回火作用，降低该区的硬度和脆性，防止焊后热处理前产生裂纹。

（3）焊后热处理　焊后最好立即做消除应力热处理，特别是大厚度工件、大刚性结构件和苛刻的工况条件下（例如动载荷或冲击载荷）工作的工件更应如此。消除应力热处理温度一般为 600 ~ 650℃。如果不可能立即消除应力，也应当后热，以便扩散氢逸出。后热温度不一定与预热温度相同，视具体情况而定。后热保温时间大约每 10mm 厚度为 1 小时左右。

## 能力知识点 3　高碳钢的焊接

1. 高碳钢的焊接特点

高碳钢 $w_C$ 大于 0.6%，除了高碳结构钢外，还包括高碳碳素钢铸件和碳素工具钢等。高碳钢的 $w_C$ 比中碳钢更高，更容易产生硬脆的高碳马氏体，所以淬硬倾向和裂纹敏感倾向更大，从而焊接性更差。这类钢实际上不用于制造焊接结构，而用于高硬度或耐磨部件、零件和工具以及某些铸件，亦称为工具钢和铸钢，所以它们的焊接也大多数为焊接修复。为了获得高硬度或高耐磨性，高碳钢零件一般都经过热处理，常为淬火 + 回火，因此，焊接前进行退火，可以减少裂纹倾向，焊后再进行热处理，以达到高硬度和高耐磨性要求。

2. 焊接方法和焊接材料的选择

由于高碳钢焊接性差，大多应用于硬度大或耐磨部件、零件和工具，所以焊接高碳钢最常用的焊接方法主要是焊条电弧焊。

焊接材料通常根据钢的含碳量、工件设计和使用条件等，选用合适的填充金属。焊缝要与母材性能完全相同比较困难，这类钢的抗拉强度大多在 675MPa 以上，选用的焊接材料视产品设计要求而定，要求强度高时，一般用 E7015-D2（J707）或 E6015-D2（J607），要求强度不高时，可用 E5016（J506）或 E5015（J507）等焊条，或者分别选用与以上强度等级相当的低合金钢焊条或填充金属，所有焊接材料都应当是低氢型的。

必要时也可以用铬镍奥氏体不锈钢焊条焊接，焊条牌号与中碳钢用焊条相同，例如 E308-16（A102）、E308-15（A107）、E309-16（A302）、EE309-15（A307）等，这时可以不预热，当材料刚度较大时，焊接前适当预热。

3. 焊接工艺要点

（1）焊前准备　高碳钢焊接前应做如下准备工作：

1）高碳钢应先行退火，然后焊接。

2）采用结构钢焊条焊接时，焊前必须预热，预热温度一般在 250～350℃以上。焊接过程中还需要保持与预热一样的层间温度。

3）焊前注意按规定烘干焊条，并放在保温箱或保温筒内，以防焊条吸潮。

4）焊前注意工件表面的清理，不得有水分、油污、铁锈等杂质。

（2）焊接要求　焊接过程中应采取如下措施：

1）采取与中碳钢相同的工艺措施，尽量减小熔合比，小电流，快速焊，焊接过程中应尽量连续施焊不间断。

2）采用预堆法，先在坡口上堆焊，然后再进行焊接。

3）焊件刚度、厚度较大时，应采取减少内应力的措施，例如合理排列焊道、分段倒退焊法、焊后锤击焊道等。

（3）焊后热处理　焊后工件应立即送入炉中，在 650℃保温，进行消除应力热处理。

**想一想**　你能分别总结出低碳钢、中碳钢和高碳钢的焊接特点吗？

## 能力知识点 4　常用碳钢的典型焊接实例

1. 低碳钢的典型焊接实例

（1）焊条电弧焊焊接低碳钢实例　某一化工机械制造企业，制造的二氧化硫产品冷凝器，所用材质是 20R，板厚是 8mm，筒体的纵焊缝是对接接头，开 V 形坡口，采用焊条电弧焊，焊接工艺见表 5-5。

**表 5-5　焊条电弧焊接头焊接工艺卡**

<table>
<tr><td colspan="3">接头焊接工艺卡</td><td>编号：</td></tr>
<tr><td rowspan="6">接头简图：<br>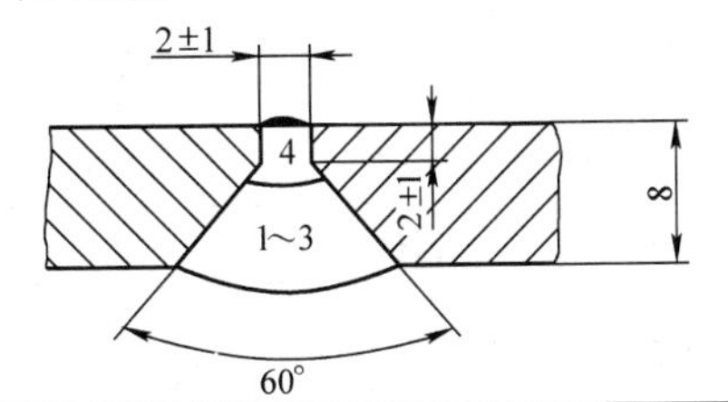<br></td><td>母材材质</td><td>20R</td><td>20R</td></tr>
<tr><td>母材厚度</td><td>8mm</td><td>8mm</td></tr>
<tr><td>焊接位置</td><td colspan="2">平焊</td></tr>
<tr><td>施焊技术</td><td colspan="2">直焊道</td></tr>
<tr><td>预热温度</td><td colspan="2">室温</td></tr>
<tr><td>层间温度</td><td colspan="2">≤150℃</td></tr>
<tr><td colspan="4">焊 接 顺 序</td></tr>
<tr><td>1</td><td colspan="3">检查坡口尺寸和表面质量</td></tr>
<tr><td>2</td><td colspan="3">清除坡口及其附近的油污等脏物</td></tr>
<tr><td>3</td><td colspan="3">用第一层的焊接工艺从外侧进行定位焊，长度 30～50mm</td></tr>
<tr><td>4</td><td colspan="3">焊接内侧第 1～3 层</td></tr>
<tr><td>5</td><td colspan="3">从外侧碳弧气刨清根后砂轮修磨</td></tr>
<tr><td>6</td><td colspan="3">焊接外侧第 4 层</td></tr>
</table>

（续）

| 焊接顺序 | |
|---|---|
| 7 | 焊后清理飞溅 |
| 8 | 外观检查 |
| 9 | 无损检测 |

焊接规范参数

| 层-道 | 焊接方法 | 焊材牌号 | 焊材规格 | 电流种类及极性 | 焊接电流/A | 电弧电压/V | 焊接速度/(mm/根) | 备注 |
|---|---|---|---|---|---|---|---|---|
| 1 | SMAW | J427 | $\phi3.2$ | DCEP | 90～120 | 22～24 | 90～130 | |
| 2～4 | SMAW | J427 | $\phi4$ | DCEP | 140～170 | 22～24 | 140～180 | |

**小知识** 解释符号含义：

SMAW——焊条电弧焊　SAW——埋弧焊　GTAW——钨极氩弧焊

GMAW——熔化极气体保护焊　DCEN——直流正接　DCEP——直流反接

（2）手工 TIG 焊封底，焊条电弧焊填充和盖面焊接低碳钢实例　上述的同一设备，筒体的合拢口焊缝，由于筒体的直径只有 $\phi616$mm，接头要求全焊透结构，工厂采用了 TIG 焊封底，焊条电弧焊填充、盖面的工艺，焊接工艺见表 5-6。

**表 5-6　手工 TIG 焊封底，焊条电弧焊填充和盖面接头焊接工艺卡**

| 接头焊接工艺卡 | | | | | |
|---|---|---|---|---|---|
| 编号： | | | | | |
| 接头简图：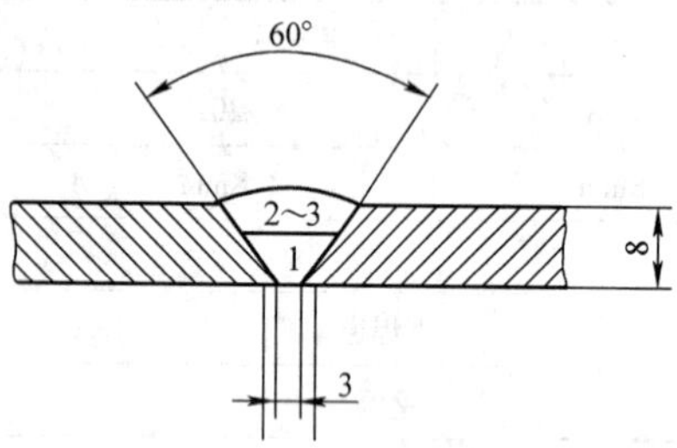 | 母材材质 | | 20R | | 20R |
| | 母材厚度 | | 8mm | | 8mm |
| | 焊接位置 | | 平焊 | | |
| | 施焊技术 | | 直焊道 | | |
| | 预热温度 | | 室温 | | |
| | 层间温度 | | ≤150℃ | | |
| | 喷嘴直径 | | $\phi16$mm | 保护气体 | Ar |
| | 钨极直径 | $\phi2.5$mm | 气体流量 L/min | 正面 | 8～10 |
| | | | | 背面 | |



| 焊接顺序 | |
|---|---|
| 1 | 检查坡口尺寸和表面质量 |
| 2 | 清除坡口及其附近的油污等脏物 |
| 3 | 用第一层的焊接工艺从外侧进行定位焊，长度 10～15mm |
| 4 | 焊接外侧第 1～3 层 |
| 5 | 焊后清理飞溅 |
| 6 | 外观检查 |
| 7 | 无损检测 |

（续）

| 焊接规范参数 | | | | | | | | |
|---|---|---|---|---|---|---|---|---|
| 层-道 | 焊接方法 | 焊材牌号 | 焊材规格 | 电流种类及极性 | 焊接电流/A | 电弧电压/V | 焊接速度<br>/[mm/min(根)] | 备注 |
| 1 | GTAW | H10MnSi | $\phi2.5$ | DCEN | 90～120 | 10～11 | 50～80 | |
| 2 | SMAW | J427 | $\phi4$ | DCEP | 140～170 | 22～24 | 140～180 | |
| 3 | SMAW | J427 | $\phi5$ | DCEP | 170～210 | 22～24 | 150～200 | |

（3）二氧化碳气体保护焊焊接低碳钢实例　有一水轮机支持盖，材质为Q235钢，采用二氧化碳气体保护焊。焊丝为ER49-1(H08Mn2SiA)，$\phi1.6$，焊接工艺见表5-7。

**表5-7　二氧化碳气体保护焊接头焊接工艺卡**

<table>
<tr><td colspan="4">接头焊接工艺卡</td><td>编号：</td></tr>
<tr><td rowspan="9">接头简图：<br>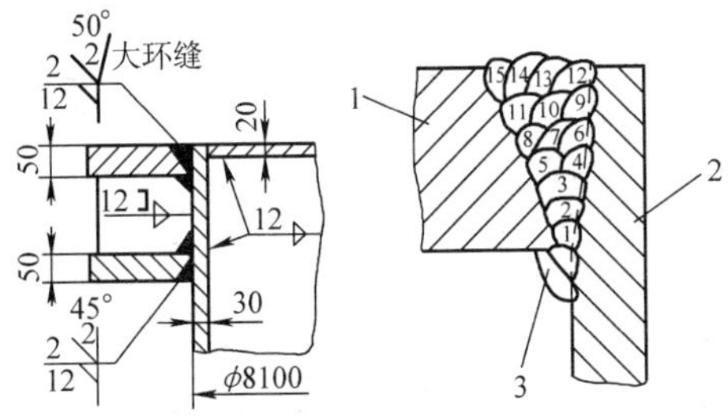
</td><td>母材材质</td><td>Q235</td><td colspan="2">Q235</td></tr>
<tr><td>母材厚度</td><td>30mm</td><td colspan="2">50mm</td></tr>
<tr><td>焊接位置</td><td colspan="3">平焊</td></tr>
<tr><td>施焊技术</td><td colspan="3">直焊道</td></tr>
<tr><td>预热温度</td><td colspan="3">室温</td></tr>
<tr><td>层间温度</td><td colspan="3">≤150℃</td></tr>
<tr><td>喷嘴直径</td><td>$\phi$20mm<br>$\phi$25mm</td><td>保护气体</td><td>$CO_2$</td></tr>
<tr><td rowspan="2">气体流量 L/min</td><td>正面</td><td colspan="2">20～25</td></tr>
<tr><td>背面</td><td colspan="2"></td></tr>
</table>

| 焊 接 顺 序 | |
|---|---|
| 1 | 检查坡口尺寸和表面质量 |
| 2 | 清除坡口及其附近的油污等脏物 |
| 3 | 用第一层的焊接工艺从外侧进行定位焊，长度10～15mm |
| 4 | 焊接第1～2道用$\phi$20mm的喷嘴，焊其余焊道改用$\phi$25喷嘴。为防止侧板处层状撕裂，施焊4、6、9、12焊道时焊丝不摆动，倾向侧板。每层焊道厚度控制在5mm以内 |
| 5 | 焊后清理飞溅 |
| 6 | 外观检查 |
| 7 | 无损检测 |

| 焊接规范参数 | | | | | | | | |
|---|---|---|---|---|---|---|---|---|
| 层-道 | 焊接方法 | 焊材牌号 | 焊材规格 | 焊接电流/A | 电弧电压/V | 气体流量<br>/(L/min) | 摆动频率<br>/(r/min) | 摆幅/mm |
| 1、2 | $CO_2$气保焊 | H08Mn2SiA | $\phi1.6$ | 250～300 | 28～30 | 20 | 50 | 4～6 |
| 4、6、9、12 | 同上 | 同上 | $\phi1.6$ | 200～250 | 26～28 | 20 | — | — |
| 其余 | 同上 | 同上 | $\phi1.6$ | 300～350 | 30～32 | 25 | 50 | 8～12 |

2. 中碳钢的典型焊接实例

（1）焊条电弧焊焊接中碳钢的焊接实例　某船厂35号钢轴与法兰的焊接，焊接工艺见表5-8。

**表5-8　焊条电弧焊焊接中碳钢工艺卡**

| 接头焊接工艺卡 | | | 编号： |
|---|---|---|---|
| 接头简图：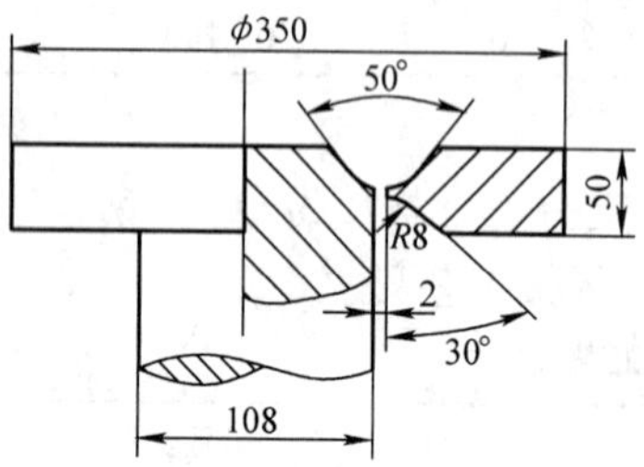 | 母材材质 | 35 | 35 |
| | 母材厚度 | 50mm | 50mm |
| | 焊接位置 | 立焊 | |
| | 施焊技术 | 直焊道 | |
| | 预热温度 | 150～200℃ | |
| | 层间温度 | 150～200℃ | |

| 焊接顺序和要点 | |
|---|---|
| 1 | 检查坡口尺寸和表面质量 |
| 2 | 清除坡口及其附近的油污等脏物 |
| 3 | 进行定位焊，长度50mm |
| 4 | 将装配好的轴置于水平位置进行焊接，在立焊位置施焊，便于清渣 |
| 5 | 将焊缝沿圆周分成6段或4段，采用分段跳焊法，防止变形 |
| 6 | 焊接第一层时运条速度要慢，以免焊缝过薄容易拉断 |
| 7 | 熄弧时，将弧坑填满以避免弧坑裂纹 |
| 8 | 焊接反面前，用角向砂轮打磨焊根，清理干净后施焊 |
| 9 | 按要求做焊后检验 |

焊接规范参数

| 层-道 | 焊接方法 | 焊材牌号 | 焊材规格 | 电流种类及极性 | 焊接电流/A | 电弧电压/V | 焊接速度/(mm/根) | 备注 |
|---|---|---|---|---|---|---|---|---|
| 1 | SMAW | J507 | ϕ4.0 | DCEP | 140～170 | 22～24 | 100～140 | |
| 其余 | SMAW | J507 | ϕ4.0 | DCEP | 140～170 | 22～24 | 140～180 | |

（2）焊条电弧焊修复中碳钢机械零件实例　某厂空气锤锤杆（直径280mm）使用中发现裂纹，采用焊条电弧焊进行修复。首先，在裂纹处开U形坡口，把裂纹彻底清理干净，对工件待焊部位进行局部预热至150℃，用ϕ3.2mm的J507焊条补焊，焊接电流为100～120A。为防止变形，采用对称交替焊。焊后立即用火焰进行局部回火，把焊缝及近缝区加热到暗红色，然后在空气中冷却。焊接完成后，经过一段时间的使用，效果很好。

## 【综合训练】

### 一、理论部分

（一）名词解释

1. 层间温度　　2. 预热　　3. 碳素钢　　4. 坡口　　5. 定位焊

（二）填空题

1. 列入碳当量计算公式中的元素，除碳外，还有________、________，其中起主要作用的是________。

2. 低碳钢选用焊条的主要原则是________原则，大多使用________系列的焊条。

3. 当碳当量________时，焊接性优良；当碳当量为________时，焊接性一般；当碳当量________时，焊接性较差。

4. 碳钢的焊接性主要取决于碳含量，随着碳含量的增加，焊接性逐渐变________。

5. 焊后热处理的目的是________。

6. 定位焊须采用与所焊焊缝相同的________，按相同的________施焊，定位焊缝不得有________，否则必须清除重焊。

7. 预热温度取决于________、________、________、________和工艺方法。

8. 采用结构钢焊条焊接高碳钢时，焊前必须预热，预热温度一般在________以上。焊接过程中还需要保持与________的层间温度。

9. 低碳钢________较低，含锰、硅量又少，所以，通常情况下________因焊接而引起严重硬化组织或淬火组织。

10. 高碳钢的________比中碳钢更高，更容易产生硬脆的高碳马氏体，所以淬硬倾向和裂纹敏感倾向________，从而焊接性________。

（三）判断题（正确的划“√”，错误的划“×”）

(　　)1. 利用碳当量可以直接判断材料焊接性的好坏。

(　　)2. 碳当量数值越高，表示该种材料的焊接性越好。

(　　)3. 低碳钢焊前一般不需要加热。

(　　)4. 低碳钢的焊接缺陷主要是气孔而不是裂纹。

(　　)5. 预热是焊接中碳钢的重要工艺措施之一。

（四）选择题（将正确答案的选项填入每题前的括号内）

(　　)1. 可作为评定钢材焊接性的一个考核指标是________。

A. 含硅量　　B. 碳当量　　C. 含锰量　　D. 含铬量

(　　)2. 碳素钢碳当量计算公式为________。

A. $C_{eq} = C + Mn/6 + (Ni + Cu)/15 + (Cr + Mo + V)/5$

B. $C_{eq} = C + Mn/15 + (Ni + Cu)/6 + (Cr + Mo + O)/5$

C. $C_{eq} = C + Mn/5 + (Ni + Cu)/6 + (Cr + Mo + V)/15$

D. $C_{eq} = w_C + 1/6w_{Mn} + 1/24w_{Si}$

(　　)3. 低碳钢用焊条选用的主要原则应该是________。

A. 等强度　　B. 等成分

(　　)4. 碳素钢的焊接一般按照钢材的________级来选用相应等级的焊条。

A. 强度　　B. 成分　　C. 厚度

(　　)5. 20g 钢管焊接时，如果是比较重要的结构应选用________焊条。

A. J422　　B. J427　　C. J507　　D. J607

（五）简答题

1. 什么叫碳当量？碳当量起什么作用？
2. 简述低碳钢焊接时对定位焊的要求和正式焊接的要求。
3. 中碳钢焊接时的焊接工艺要点是什么？
4. 高碳钢的焊接主要应用于哪些场合？焊接工艺要点是什么？

**二、实践部分**

1. 训练目标

1）熟悉低碳钢焊接时的焊接工艺要点。

2）学会看懂焊接工艺文件。

2. 训练准备

1）人员准备：分组进行，每组由 3～5 人组成。

2）资料准备：焊接工艺卡。

3. 训练地点

实验室或实训场地。

4. 训练办法

1）让学生首先学会看懂焊接工艺文件，然后执行工艺文件。

2）让学生在焊接操作过程中，体会低碳钢的焊接特点并掌握低碳钢的焊接工艺要点。

## 综合知识模块二　低合金钢的焊接

低合金钢是在碳素钢中添加总质量分数不超过 5% 的各种合金元素，以提高钢的强度、塑性、韧性、耐蚀性、耐热性或其他特殊性能的钢材。这些钢种已广泛地用于船舶、桥梁、锅炉、压力容器、管道、常规和核能动力设备、各种车辆、重型机械、海洋和建筑中，目前已成为大型焊接结构中最主要的结构材料。

对焊接生产中常用的一些低合金钢来说，综合考虑了它们的性能和用途后，大致可分为两大类：一类是高强度钢，它主要应用在一些要求常规条件下能承受静载和动载的机械零件和工程结构；另一类是专用钢，它主要用于一些特殊条件下工作的机械零件和工程结构。高强度钢包括的范围很广，凡是屈服点 $\sigma_s \geq 295$MPa、抗拉强度 $\sigma_b \geq 395$MPa 的钢，均称为高强度钢。这类钢中根据屈服点级别及热处理状态，一般又可分为三种类型：热轧及正火钢、低碳低合金调质钢和中碳调质钢。

### 能力知识点 1　热轧及正火钢的焊接

1. 热轧及正火钢的焊接特点

以热轧或正火状态供货和使用的钢称为热轧及正火钢，包括热轧钢和正火钢。这类钢 $\sigma_s = 295 \sim 490$MPa，主要包括 GB/T 1591—2008《低合金高强度结构钢》中的 Q295～Q460 钢。

屈服强度为 295～390MPa 的低合金钢大多属于热轧钢，是靠合金元素锰的固溶强化作用获得的高强度，其中 Q345 是国内应用最广泛的高强度钢。Q345 又可分为 A～E 五个质量等级，其中 Q345A 相当于旧牌号的 16Mn，Q345C 相当于锅炉压力容器用钢中的 16Mng

和16MnR。

屈服强度大于390MPa的低合金钢一般需要在正火或正火加回火状态下使用，如Q420等。正火处理后形成的碳、氮化合物以细小质点形式从固溶体中沉淀析出，在提高钢材强度的同时，保证具有一定的塑性和韧性。

热轧及正火钢含有一定量的合金元素及微量合金化元素，其焊接性与碳钢的差别主要是焊接热影响区组织与性能的变化对焊接热输入较敏感，热影响区淬硬倾向增大，对氢致裂纹敏感性较大，含有碳、氮化合物形成元素的热轧及正火钢还存在再热裂纹的危险等。但总体来看焊接性还是比较好的，只有在掌握各种不同热轧及正火钢焊接性特点和规律的基础上，才能制订正确的焊接工艺，保证焊接质量。

（1）焊接热影响区组织与性能变化　依据焊接热影响区被加热的峰值温度不同，焊接热影响区可分为熔合区、粗晶区、细晶区、不完全相变区及回火区。不同部位热影响区组织与性能取决于钢的化学成分和焊接时加热和冷却的速度。如果焊接冷却速度控制不当，焊接热影响区局部区域将产生淬硬或脆性组织，导致抗裂性或韧性降低。粗晶区和不完全相变区是焊接接头的两个薄弱区。

热轧钢焊接时，如果焊接热输入过大，粗晶区将因晶粒严重长大或出现魏氏体组织等而降低韧性；如果焊接热输入过小，由于粗晶区组织中马氏体比例增大而降低韧性。正火钢焊接时，粗晶区组织性能受焊接热输入的影响更为显著，如果热输入较大，粗晶区将产生粗大的粒状贝氏体、上贝氏体组织而导致粗晶区韧性的显著降低。焊接热影响区的不完全相变区在焊接加热时组织脆化，防止不完全相变区组织脆化的措施是控制焊接冷却速度，避免脆硬的马氏体产生。

（2）热应变脆化　热应变脆化是焊接过程中在热和应变的同时作用下产生的一种应变时效，它是由固溶的氮所引起的，一般认为在200～400℃时最为明显，大多发生在固溶含氮的低碳钢和强度较低的低合金钢中。消除热应变脆化的有效措施是进行焊后热处理，经600℃左右的消除应力退火后，材料的韧性可恢复到原有水平。比如Q345和Q420(15MnVN)焊后都有一定的热应变脆化倾向，经600℃×1h退火处理后，韧性基本恢复正常。

（3）焊接裂纹

1）焊接氢致裂纹：焊接氢致裂纹通常称为焊接冷裂纹或延迟裂纹，是危害最为严重的工艺缺陷，它常常是焊接结构失效破坏的主要原因。热轧及正火钢焊接时产生的氢致裂纹主要发生在焊接热影响区，有时也出现在焊缝金属中。生成焊接冷裂纹的三个要素中与材料有关的是淬硬组织。热轧及正火钢中由于加入了一定的合金元素，淬硬倾向比低碳钢要稍大些，如Q345钢、Q390钢焊接时，快速冷却可能出现淬硬的马氏体组织，冷裂倾向增大。但由于热轧钢的碳当量比较低，通常冷裂倾向不大，但在环境温度很低或钢板厚度大时应采取工艺措施防止焊接冷裂纹的产生。正火钢合金元素含量较高，焊接热影响区的淬硬倾向有所增加。对强度级别及碳当量较低的正火钢，冷裂倾

**小知识**　消除应力裂纹和层状撕裂

消除应力裂纹也叫再热裂纹，它是指焊后焊接接头在一定温度范围再次加热时，由于高温和残余应力的共同作用而产生的晶间裂纹。

层状撕裂是指焊接时在焊接构件中沿钢板轧制层形成的呈阶梯状的一种裂纹。

向不大，但随着强度级别及板厚的增加，其淬硬性及冷裂倾向都随之增大，需要采取控制焊接热输入、降低含氢量、预热和及时后热等措施，以防止冷裂纹的产生。

2）焊接热裂纹：与碳素钢相比，热轧及正火钢的 $w_C$、$w_S$ 较低，且 $w_{Mn}$ 较高，其热裂纹倾向较小。但有时也会在焊缝中出现热裂纹，如厚壁压力容器焊接生产中，在多层多道埋弧焊焊缝的根部、焊道或靠近坡口边缘的高稀释率焊道中易出现焊缝金属热裂纹。采用 Mn、Si 含量较高的焊接材料，减小焊接热输入，减少母材在焊缝中的熔合比，增大焊缝成形系数(即焊缝宽度与高度之比)，有利于防止焊缝金属的热裂纹。

3）消除应力裂纹：热轧及正火钢焊接接头中的消除应力裂纹也称为再热裂纹，出现在焊后消除应力热处理过程中。再热裂纹一般都出现在热影响区的粗晶区，有时也在焊缝金属中出现。可以通过提高预热温度或焊后及时进行后热等措施，有效地防止消除应力裂纹。

**资料卡**　焊接冷裂纹产生的原因、防止措施

焊接低合金高强度钢时产生冷裂纹的原因主要有：

1）钢种的淬硬倾向。钢材含碳量和含合金元素越多，这种淬硬倾向就愈严重。

2）焊接接头的拘束应力。它由以下三种应力组成：热应力、组织应力和焊接接头受焊件刚性拘束引起的拘束应力。

3）焊接接头的含氢量。

防止冷裂纹的措施主要有：

1）防止焊接接头产生淬硬组织。

2）降低焊缝的含氢量。

3）采取设计和工艺措施。如采取合理的装配顺序，提高产品质量，改善焊件的应力状态。

4）层状撕裂：大型厚板焊接结构(如海洋工程、核反应堆及船舶等)焊接时，如在钢材厚度方向承受较大的拉伸应力，可能沿钢材轧制方向发生阶梯状的层状撕裂。这种裂纹常出现于要求熔透的角接接头或丁字接头中。选用抗层状撕裂钢，改善接头型式以减缓钢板 $Z$ 向的应力应变，在满足产品使用要求的前提下，选用强度级别较低的焊接材料或采用低强焊材预堆边，采用预热及降氢等措施都有利于防止层状撕裂。

2. 焊接方法的选择

热轧及正火钢可采用焊条电弧焊、熔化极气体保护焊、埋弧焊、钨极氩弧焊、电渣焊等常用的方法焊接。具体选用何种焊接方法取决于所焊产品的结构、板厚、对性能的要求及生产条件等。其中焊条电弧焊、埋弧焊、实心焊丝及药芯焊丝 $CO_2$ 气体保护焊是常用的焊接方法。

3. 焊接材料的选择

热轧及正火钢的焊接材料选择首先应保证焊缝金属的强度、塑性、韧性达到产品的技术要求，同时还应该考虑抗裂性及焊接生产效率等。

(1) 根据产品对焊缝性能要求选择焊接材料　热轧及正火钢焊接时，一般应选择与母材强度相当的焊接材料，必须综合考虑焊缝金属的韧性、塑性及强度，只要焊缝强度或焊接接头的实际强度不低于产品要求即可。

（2）选择焊接材料时，还要考虑工艺条件的影响　如坡口和接头形式，焊后加工工艺等。

1）坡口和接头形式的影响。采用同一焊接材料焊同一钢种时，如果坡口形式不同，则焊缝性能各异。如用 HJ431 焊剂进行 Q345 钢埋弧焊不开坡口直边对接焊时，由于母材溶入焊缝金属较多，此时采用合金成分较低的 H08A 焊丝配合 HJ431，即可满足焊缝力学性能要求；但如焊接 Q345 钢厚板开坡口对接接头时。如仍用 H08A-HJ431 组合，则因母材熔合比小，而使焊缝强度偏低。此时应采用合金成分较高的 H08MnA、H10Mn2 等焊丝与 J431 组合。

2）焊后加工工艺的影响。对于焊后经受热卷或热处理时，必须考虑焊缝金属经受高温热处理后对其性能的影响。应保证焊缝热处理后仍具有所要求的强度、塑性和韧性，这时也应选用合金成分较高的焊接材料。对于焊后经受冷卷或冷冲压的焊件，则要求焊缝具有较高的塑性。

（3）对于厚板、拘束度大及冷裂倾向大的焊接结构　应选用超低氢焊接材料，以提高抗裂性能，降低预热温度。厚板、大拘束度焊件，第一层打底焊缝最容易产生裂纹，此时可选用强度稍低、塑性、韧性良好的低氢或超低氢型焊接材料。

（4）对于重要的焊接产品　如海上采油平台、压力容器及船舶等，为确保产品使用的安全性，焊缝应具有优良的低温冲击韧度和断裂韧度，应选用高韧性焊接材料，如高碱度焊剂、高韧性焊丝、焊条、高纯度的保护气体并采用 $Ar + CO_2$ 混合气体保护焊等。

（5）为提高生产率　可选用高效铁粉焊条、重力焊条、高熔敷率的药芯焊丝及高速焊剂等，立角焊时可用立向下焊条等。

（6）为改善卫生条件　在通风不良的产品中焊接时（如船仓、压力容器等），宜采用低尘低毒焊条。

表 5-9 是几种热轧及正火钢常用焊接材料选择举例。

**表 5-9　热轧及正火钢常用焊接材料选择举例**

<table>
<tr><th rowspan="2">钢　号</th><th rowspan="2">焊条型号/牌号</th><th colspan="2">埋　弧　焊</th><th rowspan="2">$CO_2$ 气保焊焊丝</th></tr>
<tr><th>焊　　丝</th><th>焊　　剂</th></tr>
<tr><td>Q295</td><td>E43 × ×型/J42 ×</td><td>H08，H10MnA</td><td>HJ431<br>SJ301</td><td>H10MnSi<br>H08Mn2Si</td></tr>
<tr><td rowspan="2">Q345</td><td rowspan="2">E50 × ×型/J50 ×</td><td rowspan="2">I 型坡口对接<br>H08A<br>中厚板开坡口对接<br>H08MnA<br>H10Mn2<br>厚板深坡口对接<br>H10Mn2</td><td>HJ431</td><td rowspan="2">H08Mn2Si</td></tr>
<tr><td>HJ350</td></tr>
<tr><td rowspan="2">Q390</td><td rowspan="2">E50 × ×型/J50 ×<br>E50 × ×-G 型/J55 ×</td><td rowspan="2">I 型坡口对接<br>H08MnA<br>中厚板开坡口对接<br>H10Mn2<br>H10MnSi<br>厚板深坡口对接<br>H10MnMoA</td><td>HJ431</td><td rowspan="2">H08Mn2SiA</td></tr>
<tr><td>HJ250<br>HJ350</td></tr>
</table>

（续）

| 钢号 | 焊条型号/牌号 | 埋弧焊 | | $CO_2$ 气保焊焊丝 |
|---|---|---|---|---|
| | | 焊丝 | 焊剂 | |
| Q420 | E60××型/J55×、J60× | H08Mn2MoA<br>H04MnVTiA | HJ431<br>HJ350 | — |
| 18MnMoNb | E70××型/J60×、J707Nb | H08MN2MoA<br>H08Mn2MoVA | HJ431<br>HJ350 | — |
| X60 | E4311/J425XG | H08Mn2MoVA | HJ431<br>SJ101 | — |

4. 焊接工艺要点

（1）焊前准备　焊前准备主要包括坡口的制备、焊接材料烘干处理、预热及层间温度控制、定位焊等方面。

1）坡口的制备。

热轧及正火钢可以用冷加工和热切割方法下料和加工坡口，如剪切、气割、碳弧气刨、等离子切割等。强度等级较高的钢，虽然在热切割边缘会形成淬硬层，但在后续的焊接时可熔入焊缝而不会影响焊接质量，因此切割前一般不需要预热，切割后可直接焊接而不必机械加工。

2）焊接材料需按规定进行烘干处理。

3）预热及层间温度。

预热可以控制焊接冷却速度，减少或避免热影响区中淬硬马氏体的产生，降低热影响区硬度，同时还可以降低焊接应力，并有助于氢从焊接接头中逸出，因此，预热是防止焊接氢致裂纹产生的有效措施，但预热常常恶化劳动条件，使生产工艺复杂化，不合理的、过高的预热和焊道温度还会损害焊接接头的性能。因此，焊前是否需要预热、选取合理的预热温度，都需要认真考虑或通过试验确定。

影响预热温度主要因素有钢材的成分(碳当量)、板厚、焊件结构形状和拘束度、环境温度、所采用的焊接材料的含氢量。

表5-10中推荐了不同强度级别的热轧及正火低合金高强钢的焊接预热温度，供参考。对于厚板多道多层焊，为了促进焊接区氢的逸出，防止焊接过程中氢致裂纹的产生，应控制焊道间温度不低于预热温度，进行必要的中间消氢热处理。

**表5-10　推荐用于热轧及正火钢的焊接预热温度和焊后热处理参数**

| 钢号 | | 预热温度/℃ | 电弧焊焊后热处理规范 |
|---|---|---|---|
| 型号 | 牌号 | | |
| Q295 | 09Mn2<br>09MnNb<br>09MnV | 不预热<br>（一般供应的板厚 $\delta \leqslant 16$mm） | 不热处理 |
| Q345 | 16Mn<br>14MnNb | 100～150<br>（$\delta \geqslant 30$mm） | 600～650℃退火 |

（续）

| 钢号 | | 预热温度/℃ | 电弧焊焊后热处理规范 |
|---|---|---|---|
| 型号 | 牌号 | | |
| Q390 | 15MnV<br>15MnTi<br>16MnNb | 100～150<br>（$\delta \geqslant 28$mm） | 550℃或650℃退火 |
| Q420 | 15MnVN<br>14MnVTiRE | 100～150<br>（$\delta \geqslant 25$mm） | |
| 14MnMoV<br>18MnMoNb | | ≥200 | 600～650℃退火 |

4）定位焊。

在定位焊时，使用与正式焊接时完全相同的焊条，要严格遵守焊接工艺规程。对定位焊缝的长度、截面积及间隔长度也应有规定，必要时应进行预热。定位焊后应仔细检查，发现裂纹应铲掉重焊。为了降低应力，防止定位焊缝开裂，应尽量避免强行装配。

（2）焊接热输入的确定　焊接热输入的变化将改变焊接冷却速度，从而影响焊缝金属及热影响区的组织成份，并最终影响焊接接头的力学性能及抗裂性。因此为了确保焊缝金属的韧性，不宜采用过大的焊接热输入。施焊时尽量不用横向摆动和挑弧焊接，推荐采用多层窄焊道焊接。

热轧钢可以适应较大的焊接热输入。含碳量较低的热轧钢（09Mn2、09MnNb等）以及含碳量偏低的16Mn钢焊接时，焊接热输入没有严格的限制，因为这些钢焊接热影响区的脆化及冷裂倾向较小。但是，当焊接含碳量偏高的16Mn钢时，为降低淬硬倾向，防止冷裂纹的产生，焊接热输入应偏大一些。含V、Nb、Ti微合金化元素的钢种，为降低热影响区粗晶区的脆化，确保焊接热影响区具有优良的低温韧度，应选择较小的焊接热输入。

**小知识**　焊接热输入

焊接热输入也叫焊接线能量，它是指焊接时由焊接热源输入给单位长度焊缝上热量的大小，其计算公式如下：

$$q = \frac{IU}{v}$$

式中　$q$——焊接线能量，单位为J/cm；

$I$——焊接电流，单位为A；

$U$——电弧电压，单位为V；

$v$——焊接速度，单位为cm/s。

**资料卡**　焊后缓冷、后热及焊后热处理各是怎么回事？各有何目的？

1. 焊后缓冷的概念及目的

焊后缓冷是指在焊接过程完成以后，立刻对焊缝采取某种工艺措施控制其冷却速度的工艺方法。

焊后缓冷的目的在于：一是通过减缓焊缝金属的冷却速度，防止出现脆硬组织，降低裂缝产生倾向；二是通过缓冷，可以促进焊缝金属中扩散氢的逸出，降低氢致裂缝的倾向；三是可以降低焊接接头中的残余应力。

2. 后热的概念及目的

后热是指在焊接过程完成以后，立刻用火焰或电弧重新对焊缝加热一遍的一种焊后处理工艺。

焊缝采用后热的目的主要也是为了改善焊缝接头区的组织，提高其塑性和韧性，同时可以减少接头区的残余应力和促进扩散氢的逸出。

3. 焊后热处理的概念、工艺及目的

1）焊后热处理的概念：焊后热处理就是对焊接过的工件通过加热、保温、冷却的方法，使焊接接头区的金属组织发生变化，从而获得所需性能的一种热处理工艺。焊后热处理是对焊接接头进行热处理的一种工艺。

2）焊后热处理的目的。焊后热处理的主要目的因其处理工艺的不同而有所差异，但总的来说不外乎下列四条：第一，消除焊接应力；第二，改善焊缝及热影响区组织，提高接头的塑性和韧性；第三，促进焊缝金属中氢的扩散逸出；第四，稳定结构尺寸。

碳及合金元素含量较高、屈服强度为490MPa的正火钢，如18MnMoNb等。选择热输入时既要考虑钢种的淬硬倾向，同时也要兼顾热影响区粗晶区的过热倾向。一般为了确保热影响区的韧性，应选择较小的热输入，同时采用低氢焊接方法配合适当的预热或及时的焊后消氢处理来防止焊接冷裂纹的产生。

（3）焊接后热、消氢处理及焊后热处理

1）焊接后热及消氢处理。

焊接后热是指焊接结束或焊完一条焊缝后，将焊件或焊接区立即加热到150～250℃范围内，并保温一段时间；而消氢处理则是在300～400℃加热温度范围内保温一段时间。两种处理的目的都是加速焊接接头中氢的扩散逸出，消氢处理效果比后热更好。焊后及时后热及消氢处理是防止焊接冷裂纹的有效措施之一，特别是对于氢致裂纹敏感性较强的14MnMoV、18MnMoNb等钢厚板焊接接头，采用这一工艺不仅可以降低预热温度、减轻焊工劳动强度，而且还可以采用较低的焊接热输入，使焊接接头获得良好的综合力学性能。对于厚度超过100mm的厚壁压力容器及其他重要的产品构件，焊接过程中，应至少进行2～3次中间消氢处理，以防止因厚板多道多层焊中氢的积聚而导致的氢致裂纹。

2）焊后热处理。

热轧、控轧控冷及正火钢一般焊后不进行热处理。电渣焊的焊缝及热影响区晶粒粗大，焊后必须进行正火处理以细化晶粒。

厚壁高压容器、要求抗应力腐蚀的容器、要求尺寸稳定性的焊接结构，焊后需要进行消除应力处理。此外，对于冷裂纹倾向大的高强钢，也要求焊后及时进行消除应力处理。几种低合金高强度钢的不同焊后热处理的推荐参数见表5-10。

## 能力知识点2　低碳低合金调质钢的焊接

1. 低碳低合金调质钢的焊接特点

低碳低合金调质钢一般具有较高的屈服强度(450~980MPa)、良好的塑性、韧性、及耐磨、耐蚀性能。根据用途不同，采用不同合金成分及不同热处理制度，可以获得具有不同综合性能的低碳低合金调质钢。

低碳调质钢的 $w_C$ 一般不超过0.21%，与中碳调质钢相比有较好的焊接性。但要成功焊接这类钢，必须掌握这类钢的焊接性特点，拟定正确的焊接工艺，并且严格实施。这类钢焊接性的主要特点是，在焊接热影响区，特别是焊接热影响区的粗晶区有产生冷裂纹和韧性下降的倾向。为了可靠地防止冷裂纹的产生，还必须严格控制焊接时的氢源和选择合适的焊接方法及焊接参数。一般低碳调质钢，因为钢中的C、S含量都比较低，而Mn含量及Mn/S又较高，热裂倾向较小。如果钢中的C、S含量较高或Mn/S低时，则热裂倾向增大，采用小热输入的焊接参数，控制熔池形状，可以防止这种裂纹的产生。

2. 低碳低合金调质钢焊接方法的选择

低碳调质钢最常用的焊接方法有焊条电弧焊、熔化极气体保护焊、埋弧焊及钨极氩弧焊。采用上述各种电弧焊方法，用一般焊接参数，焊接接头的冷却速度较高，使低碳调质钢焊接热影响区的力学性能接近钢在调质状态下的力学性能，因而不需要进行焊后热处理。窄间隙双丝埋弧焊工艺，由于焊丝细、焊接热输入不高，也已成功地应用于低碳调质钢压力容器的焊接。

3. 焊接材料的选择

焊接低碳调质钢时焊接材料的选用原则一般按等强原则，与热轧及正火钢的选择基本一样。由于低碳调质钢产生冷裂纹的倾向较大，因此，严格控制焊接材料中的氢是十分重要的。用于低碳调质钢的焊条应是低氢型或超低氢型焊条。焊前必须按照生产厂规定的，或工艺规程中规定的烘干条件进行再烘干。烘干后的焊条应立即存放在低温干燥的焊条保温筒内，随用随取。表5-11为几种用于低碳调质钢的焊条电弧焊用焊条，熔化极气体保护焊焊丝及保护气体。

**表5-11　低碳调质钢焊接材料选用举例**

| 焊接方法<br>牌　号 | 焊条电弧焊 | 埋　弧　焊 | 气体保护焊 | 电　渣　焊 |
|---|---|---|---|---|
| 14MnMoVN | J707<br>J857 | H08Mn2MoA<br>H08Mn2NiMoVA<br>配合HJ350<br>H08Mn2NiMoA<br>配合HJ250 | H08Mn2Si<br>H08Mn2Mo | |
| 14MnMoNbB | J857 | H08Mn2MoA<br>H08Mn2NiCrMoA<br>HJ350 | | H10Mn2MoA<br>H08Mn2Ni2CrMoA<br>配合HJ360<br>HJ431 |

（续）

| 焊接方法<br>牌号 | 焊条电弧焊 | 埋弧焊 | 气体保护焊 | 电渣焊 |
|---|---|---|---|---|
| WCF-62 | 新 607CF<br>CHE62CF(L) | | H08MnSiMo<br>Mn-Ni-Mo 系 | |

4. 焊接工艺要点

（1）焊前准备　焊前要做焊接坡口的准备、焊接材料的烘干处理、预热三方面准备工作。

1）坡口的制备。

合理的接头设计、良好的坡口加工、装配与焊接质量，才能保证低碳低合金调质钢的优良性能得以发挥。接头设计时，应考虑焊接操作和焊后检验的方便。不正确的焊缝位置能导致截面突变、未焊透、未熔合、咬边和焊瘤等缺陷，并造成缺口，引起应力集中。一般来说，对接焊缝比角焊缝更为合理，因为后者应力集中系数大，并有明显的缺口效应，同时对接焊缝更便于进行射线或超声波探伤。坡口形式以 U 形或 V 形为佳，为了降低焊接应力，可采用双 V 形或双 U 形坡口。

低碳低合金调质钢的坡口可以用气割切割，但切割边缘的硬化层要通过加热或机械加工消除。板厚小于 100mm 时，切割前不需要预热；板厚≥100mm 时，应进行 100～150℃预热，然后切割。轻度等级较高的钢，最好用机械切割或等离子弧切割。

2）焊接材料按规定烘干处理。

3）预热。

为了防止冷裂纹的产生，焊接低碳低合金调质钢时，常常需要采用预热，一般在焊接低碳低合金调质钢时都采用较低的预热温度(≤200℃)。当预热温度过高时，不仅对防止冷裂纹没有必要，反而使热影响区出现明显的脆化，几种低碳低合金调质钢的最低预热温度和层间温度见表 5-12。

**表 5-12　几种低碳低合金调质钢的最低预热温度和层间温度**　　（单位:℃）

| 板厚/mm<br>钢号 | <13 | 13～16 | 16～19 | 19～22 | 22～25 | 25～35 |
|---|---|---|---|---|---|---|
| 145MnMoNbB | — | 100～150 | 150～200 | 150～200 | 200～250 | 200～250 |
| 15MnMoVN | — | 50～100 | 100～150 | 150～200 | 150～200 | 150～200 |

（2）焊接热输入和焊接技术　焊接热输入不仅影响焊接热影响区的性能，也影响焊缝金属的性能。对许多焊缝金属来说，为获得综合的强度和韧性，需要获得针状铁素体组织，这种组织必须在较快的冷却条件下才能获得。为了避免采用过大的热输入，不推荐采用大直径的焊条或焊丝。只要可能，应采用多层窄焊道焊缝，而不采用横向摆动的运条技术，这样不仅可以使焊接热影响区和焊缝金属有较好的韧性，而且还可以减少焊接变形。可以采用碳弧气刨清理焊根，但必须严格控制热输入。在碳弧气刨以后，应打磨清理气刨表面后再施焊。

对接接头焊后，应将余高打磨平才能使接头有足够的疲劳强度。角接接头容易产生应力集中，降低疲劳强度。角焊缝焊趾处的机械打磨、TIG 重熔或锤击强化都可以提高角接接头的疲劳强度，但必须选择适宜的打磨、重熔或锤击工艺。

（3）焊后热处理 大多数低碳低合金调质钢焊接构件是在焊态下使用，除非在下述条件下才进行焊后热处理：

1）焊后或冷加工后钢的韧性过低；

2）焊后需进行高精度加工，要求保证结构尺寸的稳定性；

3）焊接结构承受应力腐蚀。

许多沉淀硬化型低碳低合金调质钢在焊后热处理中的焊接热影响区会出现消除应力裂纹。焊接时可通过降低退火温度，进行适当的预热或后热等措施，防止消除应力裂纹的产生。

## 能力知识点3 中碳调质钢的焊接

1. 中碳调质钢的焊接特点

（1）中碳调质钢的性能 中碳调质钢的碳含量较高（一般在 $w_C = 0.25\% \sim 0.50\%$），并含有较多的合金元素，如 Mn、Si、Cr、Ni、Mo 及 B、V、Ti、Al 等，以保证钢的淬透性和防止回火脆性。这类钢在调质状态下具有良好的综合性能，屈服强度高达 880 ~ 1176MPa。这类钢的淬透性很大，焊接性变差。40Cr 是一种广泛应用的铬调质钢，它具有良好的综合力学性能和较高的淬透性，具有较高的疲劳强度，常用于制造较重要的、在交变载荷下工作的零件，如焊接时遇到的齿轮和轴类。35CrMoA 和 35CrMoVA 钢时都属于 Cr-Mo 钢系统，它是在钢基础上发展起来的一些中碳调质钢，具有良好的强度与韧性匹配。这类钢主要用于制造气轮机叶轮、主轴和发电机转子等。

（2）中碳调质钢的焊接特点 中碳调质钢与低碳低合金调质钢不同，中碳调质钢焊后的淬火组织是硬脆的高碳马氏体，不仅冷裂纹的敏感性大，而且焊后若不经热处理时，热影响区性能达不到原来母材的性能。因此，这类钢一般是在退火状态下焊接，焊后通过整体调质处理才能获得性能满足要求的均匀的焊接接头。但有时必须是在调质状态下焊接，这时热影响区性能的恶化是很难解决的。中碳调质钢在焊接结构中的应用远不如热轧及正火钢和低碳调质钢那样广泛。

1）焊接热影响区的脆化和软化。

中碳调质钢由于含碳量高、合金元素含量多，在快速冷却时，从奥氏体转变为马氏体的起始温度 Ms 点较低，焊后热影响区产生硬度很高的马氏体，造成脆化。如果钢材在调质状态下施焊，而且焊接以后不再进行调质处理，其热影响区被加热到超过调质处理回火温度的区域，将出现强度、硬度低于母材的软化区。该软化区可能成为降低接头强度的薄弱区。

2）焊接裂纹。中碳调质钢的热裂倾向和冷裂倾向都很大，需采取措施消除其产生因素。

中碳调质钢焊接热影响区极易产生硬脆的马氏体，对氢致冷裂纹的敏感性很大，焊接中碳调质钢时，为了防止氢致冷裂纹的产生，除了尽量采用低氢型或超低氢型焊接材料和焊接工艺外，通常应采用焊前预热和焊后及时热处理。

由于中碳调质钢的碳及合金元素含量高，焊接熔池凝固时，固液相温度区间大，结晶偏析倾向大，因而焊接时具有较大的热裂纹倾向。为了防止产生热裂纹，要求采用低碳、低硫、磷的焊接材料。在焊接工艺上，要注意填满弧坑。

2. 焊接方法和焊接材料的选择

中碳调质钢常用的焊接方法有钨极氩或氦弧焊、熔化极气体保护焊、埋弧焊、焊条电弧焊及电阻点焊等。钨极氩或氦弧焊焊缝的氢含量极低，适合于焊接薄小且拘束应力较大的构件。熔化极气体保护焊可采用 $CO_2$，$Ar + CO_2$ 或 $Ar + O_2$，混合保护气体。熔化极气体保护焊焊缝的含氢量很低，有利于减小中碳调质钢焊接时产生冷裂纹的可能性。埋弧焊常用于那些焊后进行调质处理的构件，这时应选好焊丝、焊剂的组合，选用中性或中等碱度的焊剂，以保证经调质处理的焊缝金属具有满意的强度、塑性及韧性。目前焊接这类钢，焊条电弧焊应用最为普遍，焊条电弧焊应选用低氢型或超低氢型焊条。有几种推荐见表 5-13。

**表 5-13　中碳调质钢用焊接材料选用举例**

| 钢　号 | 焊条电弧焊 | | 埋　弧　焊 | | 气体保护焊 | |
| --- | --- | --- | --- | --- | --- | --- |
| | 焊条型号 | 焊条牌号 | 焊　丝 | 焊　剂 | 气　体 | 焊　丝 |
| 30CrMnSiA | E8515-G | J857Cr | H20CrMoA<br>H18CrMoA | HJ431<br>HJ260 | $CO_2$ | H08Mn2SiMoA<br>H08Mn2SiA |
| | | | | | Ar | H18CrMoA |
| 35CrMoA | E10015-G | J107Cr | H20CrMoA | HJ260 | Ar | H20CrMoA |
| 40Cr | E8513-G<br>E9015-G<br>E10015-G | J857Cr<br>J907Cr<br>J10&Cr | — | — | — | — |

3. 焊接工艺要点

(1) 焊前准备　主要包括坡口制备、焊接材料准备、预热三方面内容。

1) 坡口制备。中碳调质钢的焊接坡口应采用机械加工方法加工，以保证装配精度，并避免由热切割引起坡口处产生的淬火组织。焊前应仔细清理母材及焊接材料。

2) 焊条、焊剂使用前应严格烘干，使用过程中，应采取措施防止焊接材料再吸潮。

3) 预热。为防止氢致冷裂纹的产生，除了拘束度小、结构简单的薄壁壳体等焊件不用预热外，中碳调质钢焊接时一般均需要预热。一般预热温度及层间温度可控制在 250 ~ 300℃之间。

(2) 焊接热输入的确定和焊接技术　中碳调质钢宜采用较低的热输入参数焊接。大的热输入将产生宽的、组织粗大的热影响区，增大脆化的倾向；大热输入也增大焊缝及热影响区产生热裂纹的可能性；对在调质状态下的焊接且焊后不再进行调质处理的构件，大热输入将增大热影响区软化的程度。

不允许焊接接头有未焊透、咬边等缺陷，焊缝与母材的过渡应圆滑，以尽量减小应力集中。

**想一想**　中碳调质钢的焊接特点

(3) 焊后热处理　为防止氢致冷裂纹的产生，焊后要及时进行热处理。及时进行调质处理有困难时，可进行中间退火或在高于预热温度下保温一段时间，以排除扩散氢并软化热影响区组织。中间退火还有消除应力的作用。

## 能力知识点 4　常用合金结构钢的典型焊接实例

1. 热轧及正火钢的典型焊接实例

1）某企业制造一富/贫吸收液换热器，主体材质为 16MnR，筒体纵焊缝是对接接头，开不对称的 X 形坡口，采用埋弧焊，具体焊接工艺见表 5-14。

表 5-14　对接接头埋弧焊焊接工艺卡

<table>
<tr><td colspan="3">接头焊接工艺卡</td><td>编号：</td></tr>
<tr><td rowspan="6">接头简图：<br>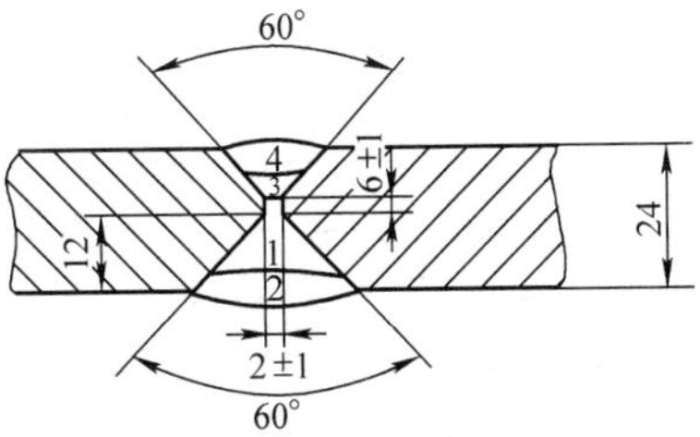</td><td>母材材质</td><td>16MnR</td><td>16MnR</td></tr>
<tr><td>母材厚度</td><td>24mm</td><td>24mm</td></tr>
<tr><td>焊接位置</td><td colspan="2">平焊</td></tr>
<tr><td>施焊技术</td><td colspan="2">直焊道</td></tr>
<tr><td>预热温度</td><td colspan="2">室温</td></tr>
<tr><td>层间温度</td><td colspan="2">≤150℃</td></tr>
</table>

| 焊 接 顺 序 | |
|---|---|
| 1 | 检查坡口尺寸和表面质量 |
| 2 | 清除坡口及其附近的油污等脏物 |
| 3 | 用同一产品的焊条电弧焊焊接工艺从外侧进行定位焊，长度 30 ~ 50mm |
| 4 | 焊接内侧第 1 ~ 2 层 |
| 5 | 从外侧碳弧气刨清根后砂轮修磨 |
| 6 | 焊接外侧第 3 ~ 4 层 |
| 7 | 焊后清理熔渣 |
| 8 | 外观检查 |
| 9 | 无损检测 |

焊接规范参数

| 层-道 | 焊接方法 | 焊材牌号 | 焊材规格/mm | 电流种类及极性 | 焊接电流/A | 电弧电压/V | 焊接速度/(m/h) | 备注 |
|---|---|---|---|---|---|---|---|---|
| 1 | SAW | H10Mn2<br>HJ431 | $\phi$4.0 | DCEP | 550 ~ 600 | 32 ~ 36 | 24 ~ 28 | |
| 2 ~ 4 | SAW | H10Mn2<br>HJ431 | $\phi$4.0 | DCEP | 600 ~ 650 | 32 ~ 36 | 24 ~ 28 | |

2）前述同一设备，人孔与筒体焊缝，角接头，材质为 16MnR，采用焊条电弧焊，具体焊接工艺见表 5-15。

**表 5-15　角接头焊条电弧焊焊接工艺卡**

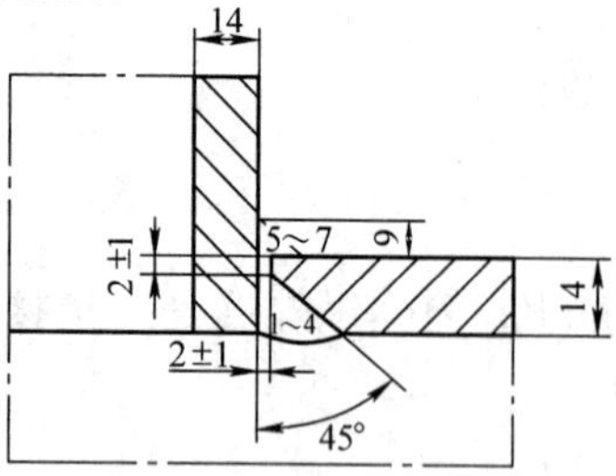


| 接头焊接工艺卡 | | | 编号： |
|---|---|---|---|
| 接头简图： | 母材材质 | 16MnR | 16MnR |
| | 母材厚度 | 14mm | 14mm |
| | 焊接位置 | 平焊 | |
| | 施焊技术 | 直焊道，多道压焊 | |
| | 预热温度 | 室温 | |
| | 层间温度 | ≤150℃ | |

| 焊 接 顺 序 | |
|---|---|
| 1 | 检查坡口尺寸和表面质量 |
| 2 | 清除坡口及其附近的油污等脏物 |
| 3 | 用第一层焊接工艺从外侧进行定位焊，长度 30～50mm |
| 4 | 焊接内侧第 1～4 层 |
| 5 | 从外侧碳弧气刨清根后砂轮修磨 |
| 6 | 焊接外侧第 5～7 层 |
| 7 | 焊后清理熔渣及飞溅 |
| 8 | 外观检查 |
| 9 | 无损检测 |

焊接规范参数

| 层-道 | 焊接方法 | 焊材牌号 | 焊材规格 | 电流种类及极性 | 焊接电流/A | 电弧电压/V | 焊接速度/(mm/根) | 备注 |
|---|---|---|---|---|---|---|---|---|
| 1 | SMAW | J507 | $\phi$4.0 | DCEP | 150～180 | 22～24 | 150～200 | |
| 2～7 | SMAW | J507 | $\phi$5.0 | DCEP | 180～210 | 22～24 | 160～220 | |

3）前述同一设备，大接管与内封头的焊缝，角接头，材质为 16MnR，厚度为 82.5mm 和 38mm，开 K 形坡口，属于中厚板焊接，焊前待焊部位及其附近需要 100℃预热，施焊过程中层间温度保持在 100～250℃，焊后需要加热 620℃，保温 2h 消除应力退火处理。具体焊接工艺见表 5-16。

**表 5-16　K 形坡口角接头焊接工艺卡**

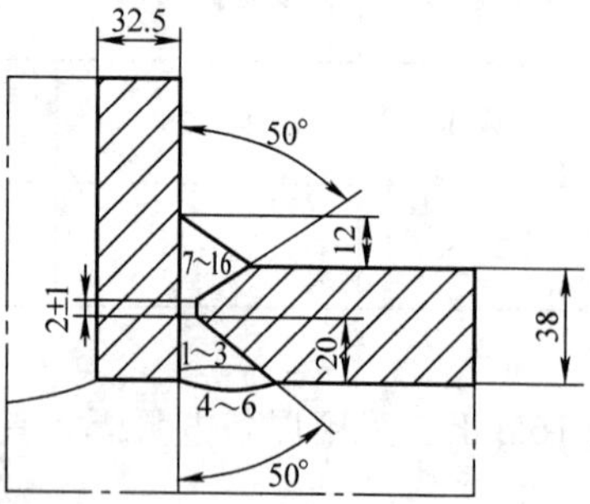


| 接头焊接工艺卡 | | | 编号： |
|---|---|---|---|
| 接头简图： | 母材材质 | 16MnR | 16MnR |
| | 母材厚度 | 82.5mm | 38mm |
| | 焊接位置 | 平焊 | |
| | 施焊技术 | 直焊道，多道压焊 | |
| | 预热温度 | 100℃ | |
| | 层间温度 | ≤100～250℃ | |

（续）

| 焊接顺序 | | | | | | | | |
|---|---|---|---|---|---|---|---|---|
| 1 | 检查坡口尺寸和表面质量 | | | | | | | |
| 2 | 清除坡口及其附近的油污等脏物 | | | | | | | |
| 3 | 用第一层焊接工艺从外侧进行定位焊，长度30~50mm | | | | | | | |
| 4 | 焊接内侧第1~6层 | | | | | | | |
| 5 | 从外侧碳弧气刨清根后砂轮修磨 | | | | | | | |
| 6 | 焊接外侧第7~16层 | | | | | | | |
| 7 | 焊后清理熔渣及飞溅 | | | | | | | |
| 8 | 外观检查 | | | | | | | |
| 9 | 无损检测 | | | | | | | |
| 10 | 焊后热处理 | | | | | | | |
| 焊接规范参数 | | | | | | | | |
| 层-道 | 焊接方法 | 焊材牌号 | 焊材规格 | 电流种类及极性 | 焊接电流/A | 电弧电压/V | 焊接速度/(mm/根) | 备注 |
| 1 | SMAW | J507 | $\phi$4.0 | DCEP | 150~180 | 22~24 | 150~200 | |
| 2~16 | SMAW | J507 | $\phi$5.0 | DCEP | 180~210 | 22~24 | 160~220 | |

4）某化工机械制造厂制造一液氯储槽，主体材质为16MnDR，厚度为22mm，筒体合拢口焊缝，对接接头，开不对称X形坡口，采用焊条电弧焊+埋弧焊两种焊接方法的组合进行焊接。焊后620℃保温1h消除应力退火处理。具体焊接工艺见表5-17。

**表5-17　不对称X形坡口接头焊接工艺卡**

| 接头焊接工艺卡 | | | 编号： |
|---|---|---|---|
| 接头简图：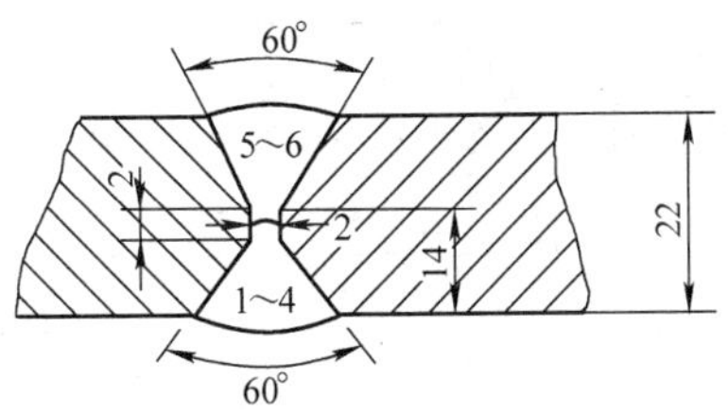 | 母材材质 | 16MnDR | 16MnDR |
| | 母材厚度 | 22mm | 22mm |
| | 焊接位置 | 平焊 | |
| | 施焊技术 | 直焊道 | |
| | 预热温度 | 室温 | |
| | 层间温度 | ≤150℃ | |
| | 焊后热处理 | 620℃，1h | |
| 焊接顺序 | | | |
| 1 | 检查坡口尺寸和表面质量，坡口表面100% MT | | |
| 2 | 清除坡口及其附近的油污等脏物 | | |
| 3 | 用第一层焊接工艺从外侧进行定位焊，长度30~50mm | | |
| 4 | 焊接内侧第1~4层 | | |
| 5 | 从外侧碳弧气刨清根后砂轮修磨 | | |
| 6 | 焊接外侧第5~6层 | | |
| 7 | 焊后清理熔渣及飞溅 | | |
| 8 | 外观检查 | | |

（续）

| 焊接顺序 | |
|---|---|
| 9 | 无损检测 |
| 10 | 焊后热处理 |

焊接规范参数

| 层-道 | 焊接方法 | 焊材牌号 | 焊材规格/mm | 电流种类及极性 | 焊接电流/A | 电弧电压/V | 焊接速度/(mm/根) | 备注 |
|---|---|---|---|---|---|---|---|---|
| 1 | SMAW | J507GR | $\phi$4.0 | DCEP | 140～170 | 22～24 | 150～200 | |
| 2～4 | SMAW | J507GR | $\phi$5.0 | DCEP | 170～200 | 22～24 | 200～250 | |
| 5～6 | SAW | H10MN2<br>SJ101 | $\phi$4.0 | DCEP | 600～650 | 32～36 | 24～28m/h | |

5）如前所述的液氯储槽，高径法兰与接管的焊缝，对接接头，要求单面焊双面成型，采用钨极氩弧焊封底，焊条电弧焊填充盖面，开不带钝边的V形坡口，焊后消除应力处理。焊接工艺见表5-18。

**表5-18　单面焊双面成型接头焊接工艺卡**

| 接头焊接工艺卡 | | | | 编号： |
|---|---|---|---|---|
| 接头简图：<br>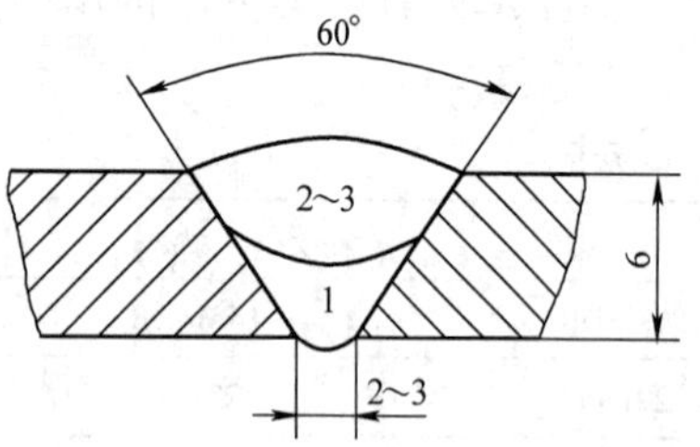 | 母材材质 | 16MnD | | 16MnD |
| | 母材厚度 | 6mm | | 6mm |
| | 焊接位置 | 平焊 | | |
| | 施焊技术 | 直焊道 | | |
| | 预热温度 | 室温 | | |
| | 层间温度 | ≤150℃ | | |
| | 焊后热处理 | 620℃，1h | | |
| | 钨极直径/mm | $\phi$2.5 | 保护气体 | Ar |
| | 喷嘴直径/mm | $\phi$16 | 气体流量/(L/min) | 10 |



| 焊接顺序 | |
|---|---|
| 1 | 检查坡口尺寸和表面质量，坡口表面100%MT |
| 2 | 清除坡口及其附近的油污等脏物 |
| 3 | 用第一层焊接工艺从外侧进行定位焊，长度5～10mm |
| 4 | 焊接内侧第1～3层 |
| 5 | 外观检查 |
| 6 | 无损检测 |
| 7 | 焊后热处理 |

焊接规范参数

| 层-道 | 焊接方法 | 焊材牌号 | 焊材规格/mm | 电流种类及极性 | 焊接电流/A | 电弧电压/V | 焊接速度/[mm/min(根)] | 备注 |
|---|---|---|---|---|---|---|---|---|
| 1 | GTAW | H10MnSi | $\phi$2.5 | DCEN | 80～120 | 10～12 | 50～80 | |
| 2～3 | SMAW | J507GR | $\phi$4.0 | DCEP | 140～170 | 22～24 | 140～180 | |

2. 低碳低合金调质钢焊接的典型实例

某企业制造一汽车起重机的活动支腿，材料为 HQ80C，采用富氩混合气体保护焊，焊丝为 H08MnNi2MoA，焊接工艺见表 5-19。

**表 5-19 低碳低合金调质钢接头焊接工艺卡**

<table>
<tr><td colspan="3">接头焊接工艺卡</td><td colspan="5">编号：</td></tr>
<tr><td colspan="3" rowspan="8">接头简图：<br>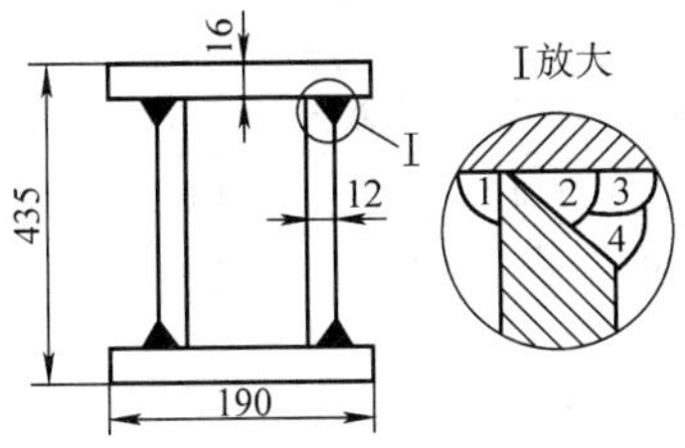<br></td><td colspan="2">母材材质</td><td>HQ80C</td><td colspan="2">HQ80C</td></tr>
<tr><td colspan="2">母材厚度</td><td>16mm</td><td colspan="2">12mm</td></tr>
<tr><td colspan="2">焊接位置</td><td colspan="3">平焊</td></tr>
<tr><td colspan="2">施焊技术</td><td colspan="3">直焊道</td></tr>
<tr><td colspan="2">预热温度</td><td colspan="3">100～125℃</td></tr>
<tr><td colspan="2">层间温度</td><td colspan="3">100～125℃</td></tr>
<tr><td colspan="2">保护气体</td><td colspan="3">Ar + $CO_2$(20%)</td></tr>
<tr><td colspan="2">气体流量/(L/min)</td><td colspan="3">10～15</td></tr>
<tr><td colspan="8">焊 接 顺 序</td></tr>
<tr><td>1</td><td colspan="7">检查坡口尺寸和表面质量</td></tr>
<tr><td>2</td><td colspan="7">组装前经喷丸处理，清除钢板表面、坡口及其附近的氧化皮、油污等脏物</td></tr>
<tr><td>3</td><td colspan="7">用第一层焊接工艺进行定位焊，长度 30～50mm</td></tr>
<tr><td>4</td><td colspan="7">焊接 4 条内角焊缝，从外侧清根至露出内角焊缝焊肉，再焊接外角各焊缝</td></tr>
<tr><td>5</td><td colspan="7">焊后修磨焊缝，清除熔渣及飞溅</td></tr>
<tr><td>6</td><td colspan="7">外观检查</td></tr>
<tr><td colspan="8">焊接规范参数</td></tr>
<tr><td>层-道</td><td>焊接方法</td><td>焊材牌号</td><td>焊材规格/mm</td><td>电流种类及极性</td><td>焊接电流/A</td><td>电弧电压/V</td><td>备注</td></tr>
<tr><td>1</td><td>MAW</td><td>H08MnNi2MoA</td><td>$\phi$1.2</td><td>DCEN</td><td>120～150</td><td>18～22</td><td></td></tr>
<tr><td>2～4</td><td>MAW</td><td>H08MnNi2MoA</td><td>$\phi$1.2</td><td>DCEN</td><td>140～170</td><td>22～24</td><td></td></tr>
</table>

3. 中碳调质钢焊接的典型实例

滚板机断轴的修复，轴芯与中间轴的焊接，材质为 37SiMn2MoV(接近 42CrMo)，采用焊条电弧焊，焊条为 J607Ni，具体焊接工艺见表 5-20。

**表 5-20 中碳调质钢接头焊接工艺卡**

<table>
<tr><td>接头焊接工艺卡</td><td colspan="3">编号：</td></tr>
<tr><td rowspan="6">接头简图：<br>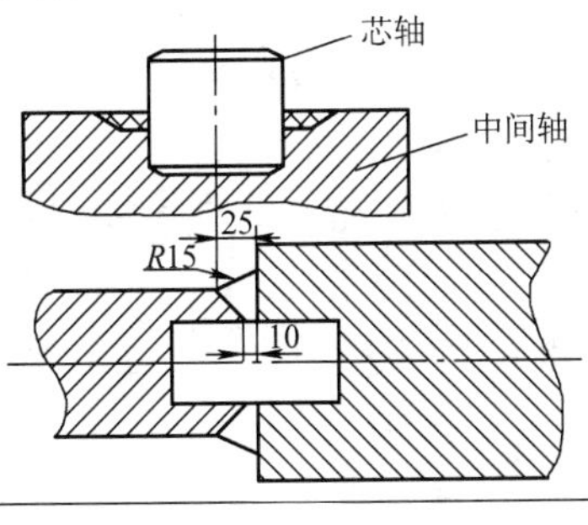<br></td><td>母材材质</td><td>37SiMn2MoV</td><td>37SiMn2MoV</td></tr>
<tr><td>焊接位置</td><td colspan="2">平焊</td></tr>
<tr><td>施焊技术</td><td colspan="2">直焊道，多层多道压焊</td></tr>
<tr><td>预热温度</td><td colspan="2">300℃，待焊部位 300mm 范围内</td></tr>
<tr><td>层间温度</td><td colspan="2">300～400℃</td></tr>
<tr><td>焊后热处理</td><td colspan="2">620℃，1h</td></tr>
</table>

（续）

| | 焊接顺序 |
|---|---|
| 1 | 检查坡口尺寸和表面质量，坡口表面 100% PT |
| 2 | 清除坡口及其附近的油污等脏物 |
| 3 | 将轴芯插入中间轴，然后放入地坑式加热炉中预热 |
| 4 | 施焊时，要求每层熔敷金属厚度小于 2mm |
| 5 | 外观检查 |
| 6 | 消氢处理，350℃～400℃×2h，保温时间足够后，将焊缝周围 300mm 范围内用保温毡包裹后自然缓冷 |
| 7 | 冷却后对焊缝及周围母材进行渗透检测，要求表面无任何缺陷，合格后加工芯轴端部，加工后再与滚板机轴组装，待冷却抱紧后对焊接处周围 300mm 范围内均匀预热至 300℃，焊接要求同上 |
| 8 | 消氢处理，工艺同前 |
| 9 | 消除应力处理 |
| 10 | PT 和 UT 检测 |

焊接规范参数

| 层-道 | 焊接方法 | 焊材牌号 | 焊材规格/mm | 电流种类及极性 | 焊接电流/A | 电弧电压/V | 焊接速度/[mm/min(根)] | 备注 |
|---|---|---|---|---|---|---|---|---|
| 1 | SMAW | J607Ni | $\phi$4.0 | DCEP | 140～170 | 22～25 | 160～200 | |
| 2～3 | SMAW | J607Ni | $\phi$5.0 | DCEP | 170～200 | 22～25 | 180～220 | |

## 【综 合 训 练】

### 一、理论部分

（一）名词解释

1. 焊后缓冷　　2. 焊接后热　　3. 焊后热处理

4. 热应变脆化　　5. 低合金钢　　6. 热轧及正火钢

（二）填空题

1. 中碳调质钢与低碳低合金调质钢不同，中碳调质钢焊后的淬火组织是硬脆的________，不仅冷裂纹的敏感性大，而且焊后若不经热处理，热影响区性能达不到原来母材的性能。因此，这类钢一般是在________状态下焊接。

2. 低合金钢根据屈服点级别及热处理状态，可分________、________和________三种类型。

3. 生成焊接冷裂纹的三个要素中与材料有关的是________。

4. ________是防止焊接氢致裂纹产生的有效措施。

5. 影响预热温度主要因素有：________、________、环境温度和所采用的焊接材料的含氢量。

6. Q345 钢、Q390 钢焊接时，快速冷却可能出现淬硬的马氏体组织，________倾向增大。

7. 消除热应变脆化的有效措施是进行________。

8. 防止冷裂纹的产生，需要采取控制焊接________、降低________、________和及时后热等措施。

9. 焊接低碳调质钢时，焊接材料的选用原则一般按________原则。

10. 当焊接含碳量偏高的16Mn钢时，为降低淬硬倾向，防止冷裂纹的产生，焊接热输入应偏________一些。

（三）判断题(正确的划“√”,错误的划“×”)

(　　)1. 不经过焊后热处理的焊件，不会产生再热裂纹。

(　　)2. 焊前预热既可以防止产生热裂纹，又可以防止产生冷裂纹。

(　　)3. 热轧钢焊接时可以适应较大的焊接热输入。

(　　)4. 高碳调质钢在焊接结构中应用的远不如热轧及正火钢和低碳调质钢那样广泛。

(　　)5. 中碳调质钢的坡口制备可以采用火焰切割。

（四）选择题(将正确答案的选项填入每题前的括号内)

(　　)1. 在热轧及正火钢焊接中，消除热应变脆化的有效措施是________。

A. 进行焊后热处理　　B. 焊前预热　　C. 减小焊接热输入

(　　)2. 焊后立即将焊件保温缓冷称为________。

A. 预热　　B. 热处理　　C. 后热

(　　)3. 焊接时，氢能引起焊缝产生________缺陷。

A. 冷裂纹　　B. 热裂纹　　C. 夹渣

(　　)4. 一般在焊接低碳低合金调质钢时都采用________的预热温度。

A. ≥250℃　　B. ≤200℃　　C. ≥500℃

(　　)5. 氢由溶解、扩散、聚集、产生应力直至形成裂纹需要一段时间，因此把氢致裂纹称为________。

A. 热裂纹　　B. 延迟裂纹　　C. 热应力裂纹

（五）问答题

1. 热轧及正火钢的焊接性与碳钢有哪些差别？

2. 热轧及正火钢是怎样进行焊接后热和消氢处理的？

3. 中碳调质钢的焊接性特点有哪些？

4. 焊后热处理的目的是什么？

5. Q345(16Mn)钢焊接时应如何选择预热温度及焊后热处理参数？

**二、实践部分**

1. 训练目标

1）熟悉热轧及正火钢焊接时的焊接工艺的要点。

2）了解焊接参数对热轧及正火钢焊接质量的影响。

2. 训练准备

1）人员准备：分组进行，每组由8~10人组成。

2）资料准备：焊接工艺卡。

3. 训练地点

实验室或实训场地。

4. 训练办法

1）让学生首先学会看懂焊接工艺文件，然后执行焊接工艺文件。

2）在焊接操作过程中，体会热轧及正火钢的焊接特点并掌握其焊接工艺要点。

# 综合知识模块三　不锈钢和耐热钢的焊接

## 能力知识点1　不锈钢的焊接

不锈钢是指通过添加合金元素铬使钢处于表面钝化状态从而能抵抗大气和一定介质的腐蚀，并具有良好的化学稳定性的钢。不锈钢 $w_{Cr}$ 高于12%时，钢的表面能迅速形成致密的氧化膜，使钢的电极电位和在氧化性介质中的耐蚀性发生突变性提高。

不锈钢的分类方法有几种，按组织类型可分为铁素体不锈钢、奥氏体不锈钢、马氏体不锈钢、双相不锈钢和沉淀硬化型不锈钢五种。

奥氏体不锈钢在各种类型不锈钢中应用最为广泛，品种也最多。目前奥氏体不锈钢大致可分为 Cr18-Ni8 型，如 0Cr18Ni9、00Cr19Ni10、0Cr19Ni10NbN；Cr25-Ni20 型，如 0Cr25Ni20 等。铁素体不锈钢的应用也比较广泛，其中 Cr13 和 Cr17 型如 0Cr13Al、1Cr17、00Cr18Mo2 等铁素体不锈钢主要用于腐蚀环境不十分苛刻的场合。马氏体不锈钢应用较为普遍的是 Cr13 型，如 0Cr13、1Cr13 、2Cr13、0Cr13Ni4Mo 等。双相不锈钢是金相组织由奥氏体和铁素体两相组成的不锈钢，而且各相都占有较大的比例，如 0Cr26Ni5Mo2、00Cr18Ni5Mo3Si2。沉淀硬化型不锈钢是在不锈钢中单独或复合添加硬化元素，通过适当热处理获得高强度、高韧性并具有良好耐蚀性的一类不锈钢。

1. 奥氏体不锈钢的焊接特点

与其他不锈钢相比，奥氏体不锈钢的焊接是比较容易的，焊接时存在的主要问题是：焊缝及热影响区热裂纹敏感性大；接头产生碳化铬沉淀析出，耐蚀性下降；接头中铁素体含量高时，可能出现475℃脆化或 $\sigma$ 相脆化。

（1）焊接接头的热裂纹　奥氏体不锈钢具有较高的热裂纹敏感性，在焊缝及热影响区都有产生热裂纹的可能，这是最常见的焊缝凝固裂纹，也可能在热影响区或多层焊层间金属出现液化裂纹。从裂纹的物理本质上讲，有凝固裂纹、液化裂纹和高温低塑性裂纹等。

防止奥氏体不锈钢产生热裂纹的主要措施有：

1）冶金措施。

第一，严格控制焊缝金属中有害杂质元素的含量。钢中镍含量越高，越应该严格控制硫、磷、硼、硒等有害元素的含量，以防止产生热裂纹。对于单相奥氏体焊缝，可以加入适当的锰，少许的碳、氮，同时减少硅的含量可以提高焊缝的抗裂性能。

第二，调整焊缝化学成分。使焊缝金属出现奥氏体—铁素体双相组织，能够有效地防止焊缝热裂纹的产生。如18-8钢焊缝组织中有少量铁素体相存在，抗裂性能大大提高。常用铁素体化的元素有铬、钼、钒等。

上述冶金措施主要是通过焊接材料的化学成分来调整。

2）工艺措施。

焊接时应尽量减少熔池过热现象，以防止形成粗大的柱状晶，因此焊接时宜采用小热输入及小截面的焊道，多层焊时，层间温度不宜过高，以避免焊缝过热；焊接过程中焊条不允许摆动，采用窄焊缝、快速焊的操作技术。

（2）焊接接头的耐蚀性　焊接接头在使用过程中会产生晶闸腐蚀、刀状腐蚀和应力腐蚀。

**小知识**　敏化温度区：奥氏体不锈钢在加热到400～800℃时，对晶间腐蚀最敏感，此温度区间称为敏化温度区间。

1）晶间腐蚀。

有些奥氏体不锈钢的焊接接头，在腐蚀介质中工作一段时间后可能局部发生沿着晶粒边界的腐蚀，一般称此种腐蚀为晶间腐蚀。

防止焊接接头产生晶间腐蚀的措施有：

第一，冶金措施。

使焊缝金属具有奥氏体—铁素体双相组织，其铁素体的体积分数应在4%～12%范围内。在此范围内，不仅能提高焊缝金属抗晶间腐蚀的能力和抗应力腐蚀的能力，同时还能提高焊缝金属抗热裂纹的能力。

在焊缝金属中渗入比铬更容易与碳结合的稳定化元素，如钛、铌、钽和锆等。

超低碳有利于防止晶间腐蚀，最大限度地降低碳在焊缝金属中的含量，达到低于碳在不锈钢中室温溶解极限值以下，使碳不可能与铬生成$Cr_{23}C_6$，从根本上消除晶界的贫铬区。碳的质量分数在焊缝金属中小于0.03%时，就能提高焊缝金属的抗晶间腐蚀能力。

如上所述，为了使焊缝金属中含有恰当的合金元素种类和数量，只有从焊接材料着手，选择满足上述冶金条件的焊条、焊剂及焊丝，才能使焊缝金属达到抗晶间腐蚀的目的。

第二，工艺措施。

要选用一种合适的焊接方法，即热输入最小，尽可能地缩短焊接接头在敏化温度区间段的停留时间。对于薄件、小型规则的焊接接头，应选用能量集中的真空电子束焊、等离子弧焊、钨极氩弧焊；对于中等厚度板材的焊缝，可采用熔化极气体保护焊来施焊；而大厚度板材的焊接选用埋弧焊、焊条电弧焊为常用的焊接方法，气焊不宜采用。

在焊接参数的制定方面，应保证焊缝质量的前提下，采用小的焊接电流、最快的焊接速度。

操作方面尽量采用窄焊缝、多道多层焊，每一道焊缝或每一层焊缝焊后，要等焊接处冷却至室温再进行下一道或下一层的焊接操作；在施焊过程中，不允许焊接材料在熔池中摆动；焊接管子采用氩弧焊打底时，可以不加填充材料进行熔焊，在可能的条件下，管内通氩气保护，其作用是保护熔池不易氧化、加快焊缝的冷却速度、有利于背面焊缝的成形。对于接触腐蚀介质的焊缝，在有条件的情况下一定要最后施焊，以减少接触介质焊缝的受热次数。

强制焊接区的快速冷却。对于有规则的焊缝，在可能的条件下，焊缝背面可用纯铜垫，在铜垫上通水或通保护气体等方式进行强制冷却，这样有利于防止焊接接头的晶间腐蚀。这是因为在加热温度低（低于400℃）或加热时间短时，不利于碳的扩散而难以形成铬的碳化物，不致产生贫铬现象。

进行固溶处理或稳定化处理。固溶处理后，奥氏体不锈钢具有最低的强度和硬度、最好的耐蚀性，是防止晶间腐蚀的重要手段。出现敏化现象的奥氏体不锈钢可再次用固溶处理消除。稳定化处理一般加热温度在850～900℃，并保温2～4h。稳定化处理也可用于消除因敏化加热而产生的晶间腐蚀倾向。

2）刀状腐蚀。

刀状腐蚀简称刀蚀，它是焊接接头中特有的一种晶间腐蚀，只发生在含有Ti、Nb等稳定化元素的奥氏体不锈钢焊接接头中。腐蚀部位沿熔合线发展，处于HAZ的过热区，由于区域很窄(电弧焊一般为1.0～1.5mm)，形状有如刀削切口，故称为刀状腐蚀。防止刀状腐蚀的措施有：

第一，降低母材的含碳量。这是防止刀状腐蚀的有效措施，超低碳奥氏体不锈钢焊接接头不会产生刀状腐蚀。

第二，采用合理的焊接工艺。在保证焊缝质量的前提下，尽量选择较小的热输入，以减小过热区在高温的停留时间，并注意避免在焊接过程中产生“中温敏化”的现象；双面焊时，与腐蚀介质接触的焊缝应尽量最后施焊，如不能实施，则应调整焊接参数及焊缝形状，尽量避免与腐蚀介质接触的过热区再次受到敏化加热，焊接过程中或焊后采用强制冷却的方法，使焊件快速冷却；焊后矫正，采用冷矫方法进行；对腐蚀性能要求较高的焊件，必要时进行焊后的稳定化处理或固溶处理。

**小知识**　固溶处理与稳定化处理

固溶处理：是将焊件加热到1050～1150℃温度范围内，保温一段时间，然后将工件在800～400℃范围内快速冷却的一种工艺。

稳定化处理：是对含稳定剂的奥氏体不锈钢而设计的一种热处理工艺，一般加热到850～900℃，并保温2～4h。

3）应力腐蚀开裂。

应力腐蚀开裂是在拉应力和特定腐蚀介质共同作用下而发生的一种破坏形式。应力腐蚀开裂是奥氏体不锈钢非常敏感且经常发生的腐蚀破坏形式。应力腐蚀开裂引起的事故占整个腐蚀破坏事故的60%以上。

奥氏体不锈钢由于导热性差、线胀系数大、屈服强度低，焊接时很容易变形，当焊接变形受到限制时，焊接接头中必然会残留较大的焊接残余应力，加速腐蚀介质的作用。因此，奥氏体不锈钢焊接接头容易出现应力腐蚀开裂，这是焊接奥氏体不锈钢最不易解决的问题之一，特别是在化工设备中，应力腐蚀开裂这种现象经常出现。

防止应力腐蚀开裂的措施有：

第一，合理地设计焊接接头，避免腐蚀介质在焊接接头部位聚集，降低或消除焊接接头应力集中。

第二，消除或降低焊接接头的残余应力。焊后进行消除应力处理是常用的工艺措施，加热温度在850～900℃之间才可得到比较理想的消除应力效果；采用机械方法，如表面抛光、喷丸和锤击，造成表面产生压应力；结构设计时要尽量采用对接接头，避免十字交叉焊缝，单V形坡口改用双Y形坡口。

第三，正确选用材料。根据介质的特性选用对应力腐蚀开裂敏感性低的材料，包括母材的选用和焊接材料的选用。

(3）焊接接头的脆化　奥氏体不锈钢焊接接头的脆化主要有低温脆化和σ相脆化两种形式。

1）焊缝金属的低温脆化。对于奥氏体不锈钢焊接接头，耐蚀性或抗氧化性并不总是最为关键的性能，在低温使用时，焊缝金属的塑性和韧性就成为关键性能。为了满足低温韧性的要求，焊缝组织通常希望获得单一的奥氏体组织，避免δ铁素体的存在。δ铁素体的存在，总是恶化低温韧性。

2）焊接接头的σ相脆化。σ相是一种脆硬的金属间化合物，主要富集于柱状晶的晶界。σ相脆化与奥氏体不锈钢中合金化程度相关，对于Cr、Mo等合金元素含量较高的奥氏体不锈钢，易析出σ相，Cr、Mo具有明显的σ化作用，提高奥氏体化合金元素Ni含量，防止Ni在焊接过程中的降低可有效地抑制它们的σ化作用，是防止焊接接头脆化的有效冶金措施。

2. 双相不锈钢的焊接特点

双相不锈钢具有良好的焊接性，选用合适的焊接材料不会发生焊接热裂纹和冷裂纹；焊接接头的力学性能基本上能够满足焊接结构的使用性能要求；焊接接头具有良好的耐应力腐蚀能力，耐点蚀和缝蚀的能力也均优于奥氏体不锈钢，抗晶间腐蚀能力和奥氏体不锈钢相当。但焊接接头近缝区受到焊接热循环的影响，其过热区的铁素体晶粒不可避免地会粗大，从而将降低该区域的耐蚀性。

3. 奥氏体不锈钢、双相不锈钢的焊接工艺

（1）焊接方法的选择　奥氏体不锈钢和双相不锈钢可以采用所有的熔焊方法，如焊条电弧焊、钨极氩弧焊、熔化极气体保护焊、埋弧焊、等离子弧焊等。

1）焊条电弧焊：焊条电弧焊是最常用的焊接方法，具有操作灵活、方便等优点。为提高抗热裂纹能力，宜选择碱性药皮的焊条；对于耐蚀性要求高、表面成形要求好的焊缝，宜选用工艺性能良好的钛钙型药皮的焊条。

2）氩弧焊：氩弧焊是焊接奥氏体不锈钢和双相不锈钢的理想方法，因为在焊接过程中合金元素烧损很小，焊缝表面洁净无渣，焊缝成形好。此外由于焊接热输入较低，特别适宜对过热敏感的奥氏体和双相不锈钢的焊接。

3）埋弧焊：埋弧焊是一种高效的焊接方法，特点是热输入大，熔池尺寸较大，冷却速度和凝固速度慢，因此焊接热裂纹敏感性增大。埋弧焊对母材稀释率变化范围大（10%~75%），会对焊缝金属成分产生重大影响，关系到焊缝组织中铁素体含量的控制。

4）等离子弧焊：等离子弧焊也属于惰性气体保护的熔焊方法，以高能量密度的等离子弧作为热源。由于能量集中、焊件加热范围小、焊接速度快、热能利用率高及热影响区窄等特点，在无风条件下的焊接，对提高接头的耐蚀性，改善接头组织非常有利。

熔化极气体保护焊应用也很多，比如MIG焊。$CO_2$气体保护焊药芯焊丝焊接不锈钢目前也有了应用。

（2）焊接材料的选择　奥氏体不锈钢焊接材料选择的原则是一般选用与母材化学成分相同或相近的焊接材料，同时还要综合考虑机械性能、焊接接头的耐蚀性及抗裂性、耐高温性等具体使用条件。表5-21是几种不锈钢焊接材料推荐选择的举例。

**表5-21　不锈钢焊接材料推荐举例**

| 钢　号 | 焊条电弧焊焊条 | | 埋　弧　焊 | | 氩　弧　焊 | |
|---|---|---|---|---|---|---|
| | 型号 | 牌号 | 焊丝 | 焊剂 | | |
| 0Cr18Ni9 | E308-16 | A102 | H0Cr21Ni10 | HJ260 | H0Cr21Ni10 | |
| 0Cr18Ni10Ti<br>1Cr18Ni9Ti | E347-16 | A132 | H0Cr21Ni10Ti | HJ260 | H0Cr21Ni10Ti | |

（续）

| 钢　　号 | 焊条电弧焊焊条 | | 埋　弧　焊 | | 氩　弧　焊 | |
|---|---|---|---|---|---|---|
| | 型号 | 牌号 | 焊丝 | 焊剂 | | |
| 0Cr17Ni12Mo2 | E316-16<br>E316-15 | A202<br>A207 | H0Cr19Ni12Mo2 | HJ260 | H0Cr19Ni12Mo2 | |
| 00Cr19Ni10 | E308L-16 | A002 | H00Cr21Ni10 | HJ260 | H00Cr21Ni10 | |
| 00Cr17Ni14Mo2 | E316L-16 | A022 | — | — | — | |

（3）奥氏体不锈钢、双相不锈钢的焊接工艺要点　奥氏体不锈钢和双相不锈钢的焊接工艺如下：

1）焊前准备。

第一，下料与坡口的制备。

奥氏体不锈钢和双相不锈钢中有较多的铬，用氧乙炔火焰切割有困难，可用机械切割、风铲、等离子弧切割及碳弧气刨等方法进行下料或坡口加工。

第二，焊前清理。

为了保证焊接质量，焊前应将坡口及其两侧20～30mm范围内的焊件表面清理干净。如有油污，可用丙酮或酒精等有机溶剂擦拭。对表面质量要求特别高的焊件，应在适当范围内涂上用白垩粉调制的糊浆，以防止飞溅金属损伤钢材表面。在搬运、坡口制备、装配及定位焊过程中，应注意避免损伤钢材表面，以免使产品的耐蚀性能降低，不允许在钢材表面随意到处打弧及用利器划伤钢板表面。

第三，定位焊。

定位焊时焊工必须采用与实际施焊相同的焊接材料和规范进行操作，坡口内焊缝高度一般不超过其坡口深度的2/3，若定位焊缝出现裂纹等缺陷，必须清除重焊。

第四，焊接材料应按规定进行烘干处理。

2）焊接技术。

引弧应在坡口内进行，并且应将重熔一次。熄弧要填满弧坑。

焊接不锈钢时，焊接电流比焊接低碳钢时小10%～20%，短弧快速焊，直线运条。同时应控制层间温度，一般层间温度小于100℃，为防止层间温度过高，必要时可采用背面通冷却水的措施加以控制。

多层、多道焊时，每焊完一道应将药皮打净，检查外观，确认无表面缺陷后方可焊接下一焊道，相邻两层焊道引熄弧位置应错开。

集中的焊缝要采用跳焊，分段对称焊或退焊等方法以减少焊接变形和过热。

凡要求全焊透接头双面焊时，必须清理焊根。如采用碳弧气刨清根，则必须用砂轮修磨至无氧化物及碳化层存在。对于超低碳不锈钢和有具体要求者必须采用砂轮磨削清根或机械加工方法清根。

与介质接触的焊缝应最后施焊，防止焊缝耐蚀性能降低。

3）焊后热处理。

奥氏体不锈钢和双相不锈钢焊接后，原则上不进行热处理，只有焊接接头产生了脆化或要进一步提高其耐蚀能力时，才根据需要选择固溶处理、稳定化处理或消除应力处理。

4）焊后清理。

不锈钢焊后焊缝必须进行酸洗、钝化处理。酸洗的目的是去除焊缝和热影响区表面的氧化皮，钝化的目的是使酸洗的表面重新形成一层无色的致密氧化膜，起到耐蚀作用。

4. 铁素体不锈钢的焊接

（1）铁素体不锈钢的焊接特点　目前铁素体不锈钢可分为普通铁素体不锈钢和超纯铁素体不锈钢。铁素体不锈钢焊接时的主要问题有：焊接接头的塑性和韧性下降，热影响区脆化；焊接接头的晶间腐蚀。

（2）铁素体不锈钢的焊接方法和焊接材料　焊接铁素体不锈钢应采用小热输入的焊接方法，可采用焊条电弧焊、气体保护焊、等离子弧焊等焊接方法。焊接材料主要选用原则是与母材成分基本相匹配的原则。也可选用奥氏体不锈钢的焊接材料，那样可免除焊前预热和焊后热处理。

（3）焊接工艺要点　铁素体不锈钢的焊接要点如下：

1）预热。

预热温度为100～200℃左右，目的在于使被焊接材料处于较好的韧性状态和降低焊接接头的应力。随着钢中铬含量的增加，预热温度也相应提高。

2）焊后热处理。

**资料卡**　不锈钢复合钢板的焊接

不锈钢复合钢板是有较薄的不锈钢板（复层）与较厚的低碳钢或低合金钢（基层）复合而成，其中不锈钢复层的厚度只占总厚度的10%～20%。由于焊接时存在珠光体钢和奥氏体钢两种材料，所以复合钢板的焊接实质上属于异种钢焊接的问题。

（1）焊接材料的选择　基层与复层的焊接材料分别按相对应的单一材料来选择即可。过渡层焊接材料应选择铬镍含量较高的焊接材料，最常用的过渡层焊条有A312、A302、A307。

（2）焊接工艺要点

1）坡口尽量开在基层一侧。有V形、U形、X形和双U形坡口。

2）焊接装配应以复层为基准，防止错边量过大，在基层面上进行定位焊。

3）焊接顺序是先焊基层，然后从复层一侧焊过渡层，最后焊接复层。

4）焊接过渡层时，为了减少稀释率，在保证焊透的条件下，应尽可能采用小的热输入。

焊后对接头区域进行750～800℃退火处理，使过饱和的碳、氮完全析出，铬来得及补充到贫铬区，以恢复其耐蚀性；同时也改善焊接接头的塑性。需要注意的是退火后应快速冷却，以防止产生475℃脆性。

其他工艺要求的与奥氏体不锈钢基本一致。

5. 马氏体不锈钢的焊接

（1）马氏体不锈钢的焊接特点　马氏体不锈钢可分为Cr13型马氏体不锈钢、低碳马氏体不锈钢和超级马氏体不锈钢。常见的马氏体不锈钢均有淬硬倾向，含碳量越高，淬硬倾向越大。因此，焊接马氏体不锈钢时，常见的问题是热影响区的脆化和冷裂纹。

（2）焊接方法的选用　常用的焊接工艺方法如焊条电弧焊、钨极氩弧焊、熔化极气体保护焊、等离子弧焊等都可用于马氏体不锈钢的焊接。焊条电弧焊是最常用的焊接方法。

（3）焊接材料的选择　对于 Cr13 型马氏体不锈钢，总体来看，其焊接性较差，因此，除采用与母材化学成分、力学性能相当的同材质焊接材料外，对含碳量较高的马氏体不锈钢，也常采用奥氏体型焊接材料以提高焊接接头的塑韧性，防止焊接裂纹的发生。常见的焊条选用见表 5-22。

**表 5-22　马氏体不锈钢的焊接材料选用、焊前预热和焊后热处理**

<table>
<tr><th rowspan="2">钢　号</th><th colspan="2">焊　条</th><th colspan="2">焊　丝</th><th rowspan="2">预热、层温/℃</th><th rowspan="2">焊后热处理/℃</th></tr>
<tr><th>型号</th><th>牌号</th><th>实芯</th><th>药芯</th></tr>
<tr><td rowspan="8">1Cr13<br>2Cr13</td><td>E410-16</td><td>G202</td><td rowspan="8">H1Cr13<br>H2Cr13</td><td rowspan="8">E410T</td><td rowspan="2">250 ~ 300</td><td rowspan="2">700 ~ 730<br>回火</td></tr>
<tr><td>E410-15</td><td>G207</td></tr>
<tr><td>E308-16</td><td>A102</td><td rowspan="6">不进行（厚大件可预热至 200）</td><td rowspan="6">不进行</td></tr>
<tr><td>E308-15</td><td>A107</td></tr>
<tr><td>E316-16</td><td>A202</td></tr>
<tr><td>E316-15</td><td>A207</td></tr>
<tr><td>E310-16</td><td>A402</td></tr>
<tr><td>E310-15</td><td>A407</td></tr>
<tr><td rowspan="6">1Cr17Ni2</td><td>E430-16</td><td>G302</td><td rowspan="6">H0Cr24Ni13</td><td rowspan="6"></td><td rowspan="2">200</td><td rowspan="2">750 ~ 800 回火</td></tr>
<tr><td>E430-15</td><td>G307</td></tr>
<tr><td>E309-16</td><td>A302</td><td rowspan="4">不进行</td><td rowspan="4">不进行</td></tr>
<tr><td>E309-15</td><td>A307</td></tr>
<tr><td>E310-16</td><td>A402</td></tr>
<tr><td>E310-15</td><td>A407</td></tr>
</table>

（4）焊接工艺要点　马氏体不锈钢焊接工艺要点如下：

1）预热与后热。

预热温度一般在 100 ~ 350℃，预热温度主要随着含碳量的增加而提高。对于含碳量较高或拘束度大的焊接接头，在焊后热处理前，还应采取必要的后热措施，以防止焊接氢致裂纹的产生。举例见表 5-22。

2）焊后热处理。

马氏体不锈钢焊后热处理有回火和完全退火，为了得到最低的硬度，如为了焊后的机械加工，采用完全退火，退火温度在 830 ~ 880℃，保温 2 小时后随炉冷却至 595℃，然后空冷。回火温度一般在 650 ~ 750℃之间，保温时间按 2.4min/mm 确定，保温时间不低于 1 小时，然后空冷。举例见表 5-22。

**想一想**　低合金钢与奥氏体不锈钢两种钢板能否焊接在一起，应如何焊接呢？

## 能力知识点 2　常用不锈钢的典型焊接实例

1. 一化工机械厂，生产一台木酚计量槽，主体材质为 0Cr18Ni9 奥氏体不锈钢，厚度为

8mm，筒体的纵缝和环缝采用焊条电弧焊，对接接头，开带钝边的 V 形坡口。焊接工艺见表 5-23。

**表 5-23　0Cr18Ni9 焊条电弧焊接头焊接工艺卡**

| 接头焊接工艺卡 | | | 编号： |
|---|---|---|---|
| 接头简图：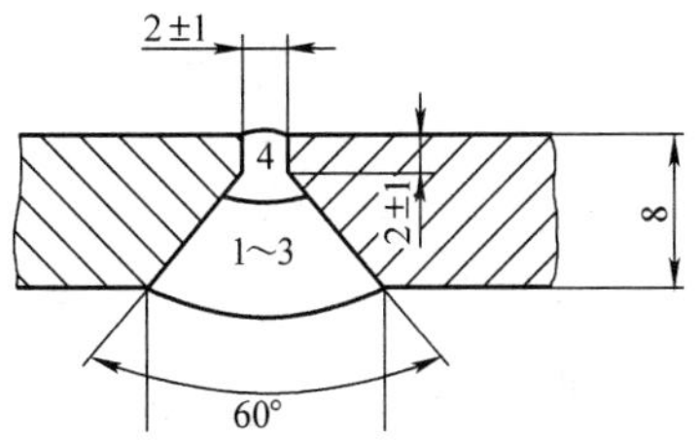 | 母材材质 | 0Cr18Ni9 | 0Cr18Ni9 |
| | 母材厚度 | 8mm | 8mm |
| | 焊接位置 | 平焊 | |
| | 施焊技术 | 直焊道 | |
| | 预热温度 | 室温 | |
| | 层间温度 | ≤100℃ | |

| 焊 接 顺 序 | |
|---|---|
| 1 | 检查坡口尺寸和表面质量 |
| 2 | 清除坡口及其附近的油污等脏物。坡口两侧刷白垩粉浆 |
| 3 | 用第一层焊接工艺从外侧进行定位焊，长度 30 ~ 50mm |
| 4 | 焊接内侧第 1 ~ 3 层 |
| 5 | 从外侧碳弧气刨清根后砂轮修磨 |
| 6 | 焊接外侧第 4 层 |
| 7 | 焊后清理飞溅 |
| 8 | 外观检查 |
| 9 | 无损检测 |

焊接规范参数

| 层-道 | 焊接方法 | 焊材牌号 | 焊材规格/mm | 电流种类及极性 | 焊接电流/A | 电弧电压/V | 焊接速度/(mm/根) | 备注 |
|---|---|---|---|---|---|---|---|---|
| 1 | SMAW | A102 | $\phi$3. 2 | DCEP | 80 ~ 110 | 22 ~ 24 | 90 ~ 130 | |
| 2 ~ 4 | SMAW | A102 | $\phi$4. 0 | DCEP | 130 ~ 160 | 22 ~ 24 | 130 ~ 170 | |

2. 前述同一产品，接管的对接焊缝，采用钨极氩弧焊，单面焊双面成型，焊接工艺见表 5-24。

**表 5-24　0Cr18Ni9 钨极氩弧焊接头焊接工艺卡**

| 接头焊接工艺卡 | | | 编号： |
|---|---|---|---|
| 接头简图：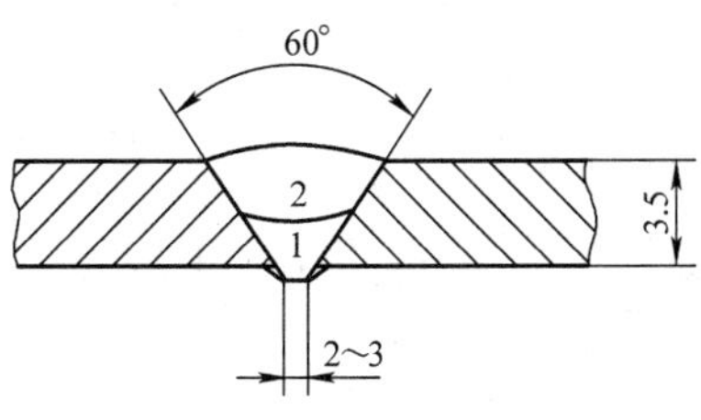 | 母材材质 | 0Cr18Ni9 | 0Cr18Ni9 |
| | 母材厚度 | 3. 5mm | 3. 5mm |
| | 焊接位置 | 平焊 | |
| | 施焊技术 | 直焊道 | |
| | 预热温度 | 室温 | |
| | 层间温度 | ≤100℃ | |
| | 钨极直径 | $\phi$2. 5mm | |
| | 喷嘴直径 | $\phi$16mm | |

（续）

| 焊 接 顺 序 | |
|---|---|
| 1 | 检查坡口尺寸和表面质量 |
| 2 | 清除坡口及其附近的油污等脏物 |
| 3 | 用第一层的焊接工艺从外侧进行定位焊，长度 10 ~ 15mm |
| 4 | 焊接外侧第 1 ~ 2 层 |
| 5 | 外观检查 |
| 6 | 无损检测 |

焊接规范参数

| 层-道 | 焊接方法 | 焊材牌号 | 焊材规格/mm | 电流种类及极性 | 焊接电流/A | 电弧电压/V | 焊接速度/(mm/min) | 备注 |
|---|---|---|---|---|---|---|---|---|
| 1 ~ 2 | GTAW | H0Cr21Ni10 | $\phi$2. 5 | DCEN | 80 ~ 110 | 10 ~ 12 | 50 ~ 80 | |

3. 某企业制造一台蒸混合槽，材质为00Cr17Ni14Mo2，对接接头，要求全焊透结构，采用钨极氩弧焊封底，焊条电弧焊填充、盖面的工艺，单面焊双面成型，具体工艺见表 5-25。

**表 5-25　00Cr17Ni14Mo2 对接接头焊接工艺卡**

<table>
<tr><td colspan="4">接头焊接工艺卡</td><td colspan="2">编号：</td></tr>
<tr><td rowspan="8">接头简图：<br>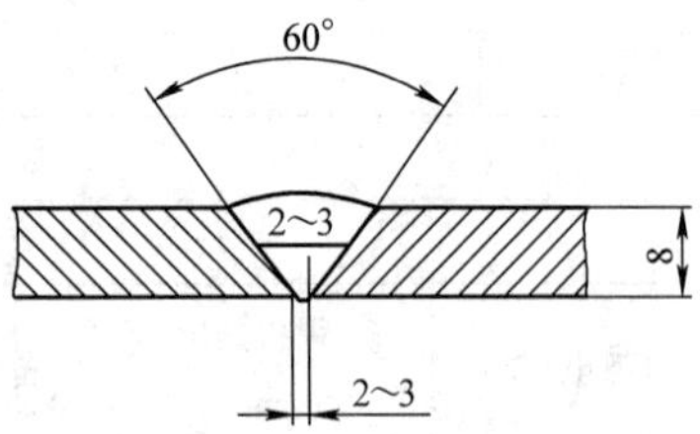</td><td>母材材质</td><td colspan="2">00Cr17Ni14Mo2</td><td colspan="2">00Cr17Ni14Mo2</td></tr>
<tr><td>母材厚度</td><td colspan="2">8mm</td><td colspan="2">8mm</td></tr>
<tr><td>焊接位置</td><td colspan="4">平焊</td></tr>
<tr><td>施焊技术</td><td colspan="4">直焊道</td></tr>
<tr><td>预热温度</td><td colspan="4">室温</td></tr>
<tr><td>层间温度</td><td colspan="4">≤150℃</td></tr>
<tr><td>钨极直径</td><td>φ2. 5mm</td><td colspan="2">保护气体</td><td>Ar</td></tr>
<tr><td>喷嘴直径</td><td>φ16mm</td><td colspan="2">气体流量/(L/min)</td><td>8 ~ 10</td></tr>
</table>

| 焊 接 顺 序 | |
|---|---|
| 1 | 检查坡口尺寸和表面质量 |
| 2 | 清除坡口及其附近的油污等脏物。坡口两侧 100mm 范围内刷白垩粉浆 |
| 3 | 用第一层焊接工艺从外侧进行定位焊，长度 5 ~ 15mm |
| 4 | 焊接第 1 ~ 3 层 |
| 5 | 焊后清理熔渣和飞溅 |
| 6 | 外观检查 |
| 7 | 无损检测 |

焊接规范参数

| 层-道 | 焊接方法 | 焊材牌号 | 焊材规格/mm | 电流种类及极性 | 焊接电流/A | 电弧电压/V | 焊接速度/(mm/min) |
|---|---|---|---|---|---|---|---|
| 1 | GTAW | H00Cr19Ni12Mo2 | $\phi$2. 5 | DCEN | 80 ~ 110 | 10 ~ 12 | 50 ~ 80 |
| 2 | SMAW | A022 | $\phi$3. 2 | DCEP | 80 ~ 110 | 21 ~ 23 | 90 ~ 130 |
| 3 | SMAW | A022 | $\phi$4. 0 | DCEP | 130 ~ 160 | 22 ~ 24 | 130 ~ 170 |

4. 一化工设备制造厂，生产一台加压再生塔，材质为0Cr18Ni9，采用埋弧焊，焊接工艺见表5-26。

**表5-26　0Cr18Ni9 埋弧焊接头焊接工艺卡**

<table>
<tr><td colspan="3">接头焊接工艺卡</td><td>编号：</td></tr>
<tr><td rowspan="6">接头简图：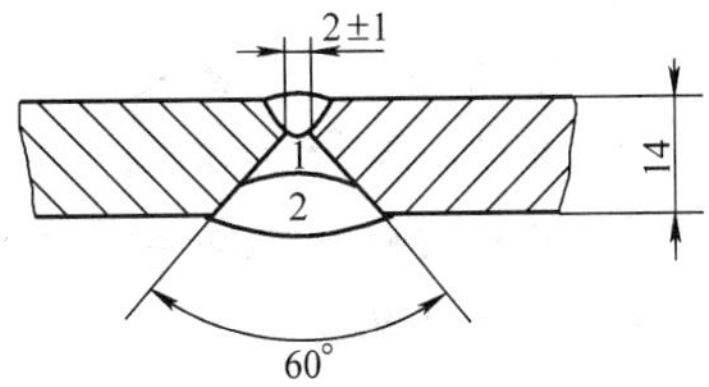</td><td>母材材质</td><td>0Cr18Ni9</td><td>0Cr18Ni9</td></tr>
<tr><td>母材厚度</td><td>14mm</td><td>14mm</td></tr>
<tr><td>焊接位置</td><td colspan="2">平焊</td></tr>
<tr><td>施焊技术</td><td colspan="2">直焊道</td></tr>
<tr><td>预热温度</td><td colspan="2">室温</td></tr>
<tr><td>层间温度</td><td colspan="2">≤150℃</td></tr>
</table>

| 焊接顺序 | |
|---|---|
| 1 | 检查坡口尺寸和表面质量 |
| 2 | 清除坡口及其附近的油污等脏物。坡口两侧刷白垩粉浆 |
| 3 | 用同一产品的焊条电弧焊的焊接工艺从外侧进行定位焊，长度30~50mm |
| 4 | 焊接内侧第1~2层 |
| 5 | 从外侧碳弧气刨清根后砂轮修磨 |
| 6 | 焊接外侧第3层 |
| 7 | 焊后清理熔渣 |
| 8 | 外观检查 |
| 9 | 无损检测 |

焊接规范参数

| 层-道 | 焊接方法 | 焊材牌号 | 焊材规格/mm | 电流种类及极性 | 焊接电流/A | 电弧电压/V | 焊接速度/(m/h) |
|---|---|---|---|---|---|---|---|
| 1 | SAW | H0Cr21Ni10<br>SJ601 | $\phi4.0$ | DCEP | 450~500 | 34~36 | 24~28 |
| 2~3 | SAW | H0Cr21Ni10<br>SJ601 | $\phi4.0$ | DCEP | 130~160 | 34~36 | 24~28 |

## 能力知识点3　耐热钢的焊接

耐热钢是在高温环境下有较好的热强性、抗氧化性和耐蚀性的铁基合金。耐热钢按其合金成分的质量分数可分低合金、中合金和高合金耐热钢。合金元素总质量分数在5%以下的合金钢统称为低合金耐热钢，有珠光体耐热钢和贝氏体耐热钢。合金总质量分数在6%~12%的合金钢统称为中合金耐热钢。合金总质量分数高于13%的合金钢称为高合金耐热钢。在常规热电站、核动力装置、石油精炼设备、加氢裂化装置、合成化工容器、宇航器械以及其他高温加工设备中，耐热钢的应用相当普遍，尤其是低合金耐热钢。

1. 对耐热钢焊接接头性能的基本要求

对耐热钢焊接接头性能的基本要求取决于设备的运行条件，制造工艺过程和焊接结构的复杂性。为保证耐热钢焊接结构在高温、高压和各种复杂介质下长期安全地运行，焊接接头的性能必须相应满足以下几点要求：

（1）接头的等强度和等塑性　耐热钢焊接接头不仅应具有与母材基本相等的室温和高温短时强度，更重要的应具有与母材相当的高温持久强度。

（2）接头的抗氢性和抗氧化性　耐热钢焊接接头应具有与母材基本相同的抗氢性和高温抗氧化性，为此，焊缝金属的合金成分质量分数应与母材基本相等。

（3）接头的组织稳定性　耐热钢焊接接头在制造过程中，特别是厚壁接头将经受长时间多次热处理，在运行过程中则处于长期的高温、高压作用，为确保接头性能稳定，接头各区的组织不应产生明显的变化及因此引起的脆变或软化。

**小知识**　耐热钢的热稳定性和热强性

耐热钢的高温性能包括两个方面：即高温抗氧化性（热稳定性）和高温强度（热强性）。热稳定性主要取决于钢中的化学成分在钢材表面形成氧化膜的稳定性、致密性和与基体金属的结合力。热强性是指在高温下具有足够的强度。包括短时高温强度和长时高温强度。

（4）接头的抗脆断性　虽然耐热钢焊接结构均在高温下工作，但对于压力容器和管道，其最终的检验通常是在常温下以工作压力1.5倍的压力作液压试验或气压试验。高温受压设备准备投运前或检修后，都要经历冷起动过程。因此，耐热钢焊接接头应具有一定的抗脆断性。

（5）低合金耐热钢接头的物理均一性　低合金耐热钢焊接接头应具有与母材基本相同的物理性能，接头材料的热膨胀系数和导热率直接决定了接头在高温运行过程中的热应力，而过高的热应力对接头的寿命将产生不利影响。

2. 中、低合金耐热钢的焊接

（1）中、低合金耐热钢的焊接特点　中、低合金耐热钢是以Cr-Mo基为主要合金元素的一类合金钢。它们的焊接具有以下特点：首先这些钢按其合金含量具有不同程度的淬硬倾向，焊缝金属和热影响区内可能形成对冷裂敏感的显微组织；其次，耐热钢中大多数含有Cr、Mo、V、Nb和Ti等强碳化物形成元素，从而使接头的过热区具有不同程度的再热裂纹（亦称消除应力裂纹）敏感性。最后，某些耐热钢焊接接头，当有害的残余元素总含量超过容许极限时会出现回火脆性。

1）淬硬性钢的淬硬性及冷裂纹敏感性：

淬硬性钢的淬硬性取决于它的碳含量、合金成分及其含量。低合金耐热钢中的主要合金元素铬和钼等都能显著地提高钢的淬硬性。如果焊接时冷却速度过快，则在焊缝及热影响区可能形成对冷裂纹敏感的马氏体和上贝氏体组织。含铬量越高，冷却速度越快，接头最高硬度越大，焊接接头的冷裂纹敏感性将显著地增加。

2）再热裂纹倾向（消除应力裂纹）：

低合金耐热钢焊接接头的再热裂纹主要取决于钢中碳化物形成元素的特性及其含量以及焊接热输入。

为防止再热裂纹的形成，可采取下列冶金和工艺措施：

严格控制母材和焊材中加剧再热裂纹的合金成分，应在保证钢材热强性的前提下，将V、Ti、Nb等合金元素的含量控制在最低的容许范围内；

选用高温塑性优于母材的焊接填充材料；

适当提高预热温度和层间温度；

采用低热输入焊接方法和工艺，以缩小焊接接头过热区的宽度，限制晶粒长大；

选择合理的热处理规范，尽量缩短在敏感温度区间的保温时间；

合理设计接头的形式，降低接头的拘束度。

3）回火脆性：

铬钼钢及其焊接接头在370～565℃温度区间长期运行过程中发生渐进的脆变现象称为回火脆性。这种脆变归因于钢中的微量元素，如P、As、Sb和Sn沿晶界的扩散偏析。为降低Cr-Mo钢的焊缝金属回火脆性倾向，最有效的措施是降低焊缝金属中的O、Si和P的含量。

4）热影响区的软化：

调质钢焊后，其焊接接头热影响区均存在软化问题。低合金耐热钢的软化程度与母材焊前的组织状态、焊接冷却速度和焊后热处理有关。

（2）低合金耐热钢的焊接工艺低合金耐热钢的焊接应注意以下方面内容：

1）焊接方法的选择。

目前已在耐热钢焊接结构生产中实际应用的焊接方法有：焊条电弧焊、钨极氩弧焊、埋弧焊、熔化极气体保护焊、电渣焊等。

焊条电弧焊由于具有机动，灵活，能作全位置焊的特点，在低合金耐热钢结构的焊接中应用广泛。各种低合金耐热钢焊条已纳入国家标准。为确保焊缝金属的韧性，降低裂纹倾向，低合金耐热钢的焊条电弧焊大都采用低氢型碱性焊条，但对于合金含量较低的耐热钢薄板，为改善工艺适应性，亦可采用高纤维素或高氧化钛酸性焊条。

埋弧焊由于熔敷效率高，焊缝质量好，在压力容器，管道，重型机械，钢结构，大型铸件以及汽轮机转子的焊接中都得到了广泛应用。目前，已能提供与各种耐热钢匹配的焊丝和焊剂，其中包括用于特种厚壁容器且要求抗回火脆性的高纯度焊丝及烧结焊剂。

钨极氩弧焊具有低氢、工艺适应性强、易于实现单面焊双面成形的特点，多半用于低合金耐热钢管道的封底层焊道或小直径薄壁管的焊接。

熔化极气体保护焊是一种高效，优质，低成本的焊接方法。目前已能提供品种、规格齐全，质量符合标准要求的低合金耐热钢实芯焊丝。

药芯焊丝气体保护焊与普通的实芯焊丝气体保护焊相比具有更高的熔敷效率，且操作性能优良，飞溅小，焊缝成形美观。

2）焊接材料的选用。

低合金耐热钢焊接材料的选配原则是焊缝金属的合金成分与强度性能应基本上与母材一致。如果焊件焊后需经退火，正火，或热成形，则应选择合金成分和强度级别较高的焊接材料。为提高焊缝金属的抗裂性，通常将焊接材料中的碳含量控制在低于母材碳含量的范围内。表5-27是低合金耐热钢焊接材料选用的一些例子。

**表5-27　低合金耐热钢的焊接材料选用举例**

| 钢　号 | 焊　条 | | 焊丝、焊剂牌号 | 气保焊焊丝牌号 |
|---|---|---|---|---|
| | 型　号 | 牌　号 | | |
| 12CrMo | E5503-B1<br>E5515-B1 | R202<br>R207 | H10CrMoA-HJ350 | H08CrMnSiMo |

（续）

| 钢　号 | 焊　条 | | 焊丝、焊剂牌号 | 气保焊焊丝牌号 |
|---|---|---|---|---|
| | 型　号 | 牌　号 | | |
| 15CrMo | E5515-B2 | R307 | H08CrMoA-HJ350 | H08CrMnSiMo |
| 12Cr1MoV | E5515-B2-V | R317 | H08CrMoV-HJ350 | H08CrMnSiMoV |
| 2.25Cr-Mo | E6015-B3 | R407 | H08Cr3MoMnA-HJ350 | H08Cr3MoMnSi |
| 12CrMoWVTiB | E5515-B3-VWB | R347 | H08Cr2MoWVNbB-HJ350 | H08Cr2MoWVNbB |

3）焊接工艺要点。

对于一般的低合金耐热钢焊件，可以采用各种热切割法下料合坡口的制备。为防止厚板热切割边缘的开裂，应采取下列工艺措施：

a）对于所有厚度的2.25Cr-Mo、3Cr-1Mo型钢和15mm以上的1.25Cr-0.5Mo钢板，热切割前应将割口边缘200mm范围内预热到150℃以上。热切割边缘应作机械加工并用磁粉探伤检查是否存在表面裂纹。

b）对于15mm以下的1.25Cr-0.5Mo钢板和15mm以上的0.5Mo钢板热切割前应预热100℃以上。热切割边缘应作机械加工并用磁粉探伤检查是否存在表面裂纹。

c）对于15mm以下的0.5Mo钢板，热切割前不必预热。热切割边缘最好作机械加工。

热切割边缘或坡口面如直接进行焊接，焊前必须清理干净热切割熔渣和氧化皮。切割面缺口应用砂轮修磨圆滑过渡，机械加工的边缘或坡口面焊前应清除油迹等污物。对焊缝质量要求较高的焊件，焊前最好用丙酮擦净坡口表面。

焊接材料在使用前应作适当的预处理。埋弧焊用光焊丝，应将表面防锈油清除干净。镀铜焊丝亦应将表面积尘和污垢仔细清除。焊条电弧焊的药皮焊条和埋弧焊的焊剂除妥善保管外，在使用前，应严格按工艺规程的规定进行烘干。一般酸性焊条烘干温度为150～200℃，保温1～2h，碱性焊条烘干温度350～400℃，保温1～2h，埋弧焊熔炼型焊剂烘干温度为400～450℃，保温2～3h，烧结型焊剂烘干温度300～350℃，保温2～3h。

预热是防止低合金耐热钢焊接接头冷裂纹和再热裂纹的有效措施之一。预热温度主要依据钢的碳当量，接头的拘束度和焊缝金属的氢含量来决定。对于低合金耐热钢，预热温度并非愈高愈好。预热温度一般在100～150℃之间。大型焊件的局部预热应注意保证预热区的宽度大于所焊壁厚的4倍，至少不小于150mm，且预热区内外表面均应达到规定的预热温度。但在大型焊件焊接中，如使用火焰预热焊件且焊后需进炉热处理，则从焊接结束到装炉这段时间内，接头产生裂纹的危险性较大。为防止焊件在焊后热处理之前产生裂纹，最简单而可靠的措施是将接头作2～3h的低温后热处理。后热处理的温度按钢种和壁厚而定，一般在250～300℃之间。

低合金耐热钢焊件可按钢和对接接头性能的要求，作下列焊后处理：

a）不作焊后热处理；

b）580～760℃温度范围内回火或消除应力热处理；

c）正火处理。

对于低合金耐热钢来说，焊后热处理的目的不仅是消除焊接残余应力，而且更重要的是改善金属组织，提高接头的综合力学性能，包括降低焊缝及热影响区的硬度，提高接头的高温蠕变强度和组织稳定性等。

（3）中合金耐热钢的焊接工艺　中合金耐热钢焊接时应注意以下方面：

1）焊接方法的选择。

中合金耐热钢淬硬和裂纹倾向较高，在选择焊接方法时，要优先采用低氢的焊接方法，如：钨极氩弧焊，熔化极气体保护焊等，焊接厚壁焊件时，如果选择焊条电弧焊和埋弧焊，必须采用低氢碱性焊条和焊剂。

2）焊接材料的选用。

中合金耐热钢焊接材料可以选用高铬镍奥氏体焊接材料即异种焊接材料，或选用与母材合金成分基本相同的中合金耐热钢焊接材料。中合金耐热钢焊接材料在我国至今尚未完全标准化，焊接材料的选用举例见表5-28。

**表5-28　中合金耐热钢焊接材料选用举例**

| 焊接材料 | | 适用钢种 | 焊接材料 | | 适用钢种 |
|---|---|---|---|---|---|
| 国际型号 | 牌号 | | 国际型号 | 牌号 | |
| E5MoV-15、E801Y-B6(AWS) | R507 | 1Cr5Mo、A213-T5 | E9Mo-15 | R707 | A213-T7、A213-T9 |
| — | R517A | 10Cr5MoWVTiB | E901Y-B9(AWS) | R717 | 10Cr9Mo1VNb |

3）焊接工艺要点。

中合金耐热钢热切割前，必须将切割边缘200mm宽度范围内预热到150℃以上。切割面要采用磁粉探伤(MT)检查是否存在裂纹。对焊接坡口进行机械加工后，坡口面上的热切割硬化层要清除干净，必要时做表面硬度测定加以鉴别。

预热是中合金耐热钢焊接时防止裂纹、降低接头硬度和提高韧性的有效措施，一般预热温度为200～250℃。

中合金耐热钢焊后热处理的目的在于改善焊缝金属及其热影响区的组织，使淬火马氏体变成回火马氏体，降低接头各区的硬度，提高其韧性、变形能力和高温持久强度并消除内应力。中合金耐热钢焊件常用的焊后热处理有完全退火、高温回火或回火加等温退火。

3. 高合金耐热钢的焊接

（1）高合金耐热钢的焊接特点　高合金耐热钢按组织特征可分为奥氏体型、铁素体型、马氏体型和弥散硬化型四类。奥氏体型耐热钢与奥氏体不锈钢具有相同的焊接特点；铁素体型耐热钢在焊接热循环作用下，焊接接头的塑性和韧性下降，为改善其焊接性，降低元素C、N、O的含量，加入适量的铁素体化元素；马氏体型耐热钢的焊接性很差。

（2）高合金耐热钢的焊接工艺　奥氏体型耐热钢具有很好的焊接性，其焊接工艺与奥氏体不锈钢的焊接工艺基本相同。

铁素体型耐热钢可采用焊条电弧焊、气体保护焊、埋弧焊、等离子弧焊等，在采用同质焊接材料时，特别是拘束度大时，易产生裂纹，为防止产生裂纹并改善接头的塑性，可采取一些工艺措施，如预热，预热温度为100～150℃，对含铬量较高的钢，预热温度高达200～300℃。同时应采用小的焊接热输入，尽量减少焊条的横向摆动，控制层间温度在预热温度范围内。焊后可采取相应的焊后退火处理。

马氏体型耐热钢的焊接可采用焊条电弧焊、气体保护焊等，施焊时主要是要避免冷裂纹的产生，可以采取焊前预热，焊后后热和焊后立即高温回火等措施。一般预热温度为 200 ~ 320℃。采用低氢型焊接材料，焊后热处理包括回火和完全退火。

**想一想** 耐热钢施焊时最关键的工艺措施是哪些？

## 能力知识点4 常用耐热钢的典型焊接实例

1. 某厂制造的仪态合成气进料蒸汽加热器主体材料为 15CrMoR 钢板的拼接焊缝，厚度为 34mm，采用埋弧焊，开 X 形坡口，焊前预热 150℃，焊后后热处理，加热 300 ~ 350℃，保温 2 小时，焊接工艺见表 5-29。

表 5-29 15CrMoR 埋弧焊接头焊接工艺卡

| 接头焊接工艺卡 | | | 编号： |
|---|---|---|---|
| 接头简图： | 母材材质 | 15CrMoR | 15CrMoR |
| | 母材厚度 | 34mm | 34mm |
| | 焊接位置 | 平焊 | |
| | 施焊技术 | 直焊道 | |
| | 预热温度 | 150℃ | |
| | 层间温度 | 150 ~ 250℃ | |
| | 焊后热处理 | 680℃，1.5h | |
| | 后热处理 | 300 ~ 350℃，2h | |

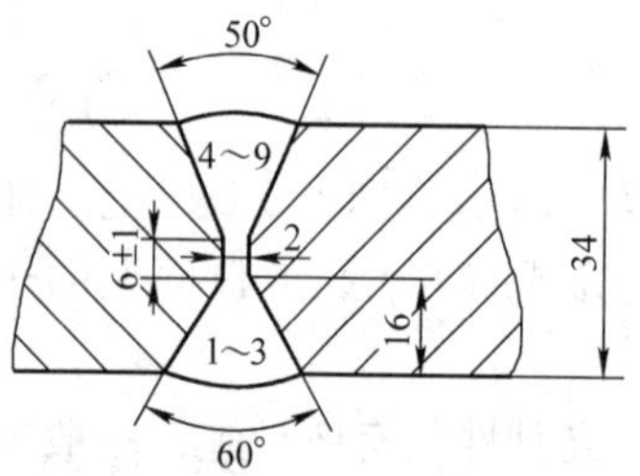


| 焊接顺序 | |
|---|---|
| 1 | 检查坡口尺寸和表面质量。进行 MT 检验 |
| 2 | 清除坡口及其附近的油污等脏物。坡口两侧 150mm 范围内预热 150℃ |
| 3 | 用同一产品的焊条电弧焊焊接工艺从外侧进行定位焊，长度 30 ~ 50mm |
| 4 | 焊接内侧第 1 ~ 3 层 |
| 5 | 从外侧碳弧气刨清根后用砂轮修磨 |
| 6 | 焊接外侧 4 ~ 9 层 |
| 7 | 立即进行消氢处理 |
| 8 | 焊后清理熔渣和飞溅 |
| 9 | 外观检查 |
| 10 | 无损检测 |
| 11 | 消除应力热处理 |

焊接规范参数

| 层-道 | 焊接方法 | 焊材牌号 | 焊材规格/mm | 电流种类及极性 | 焊接电流/A | 电弧电压/V | 焊接速度/(m/h) | 备注 |
|---|---|---|---|---|---|---|---|---|
| 1 | SAW | H08CrMoA SJ101 | $\phi$4.0 | DCEP | 500 ~ 550 | 32 ~ 36 | 24 ~ 28 | |
| 2 ~ 9 | SAW | H08CrMoA SJ101 | $\phi$4.0 | DCEP | 500 ~ 650 | 32 ~ 36 | 24 ~ 28 | |

2. 前述同一产品，高径法兰与接管的对接焊缝，采用钨极氩弧焊和焊条电弧焊组合焊接，单面焊双面成型。150℃预热，焊后消除应力退火处理。焊接工艺见表 5-30。

**表 5-30　组合焊接头焊接工艺卡**

| 接头焊接工艺卡 | | | | | 编号： |
|---|---|---|---|---|---|
| 接头简图：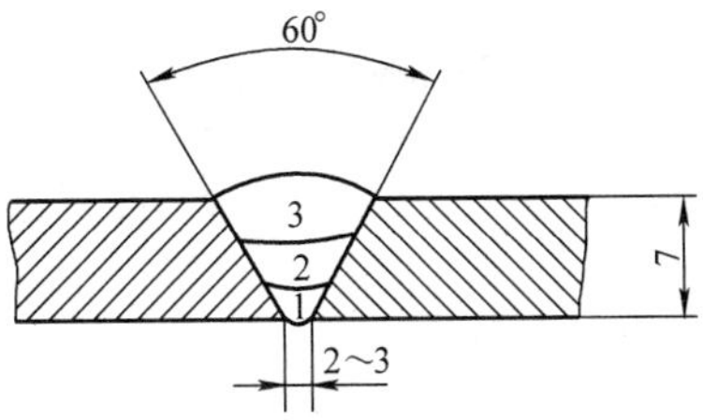 | 母材材质 | 15CrMo | | 15CrMo | |
| | 母材厚度 | 7mm | | 7mm | |
| | 焊接位置 | 平焊 | | | |
| | 施焊技术 | 直焊道，多道压焊 | | | |
| | 预热温度 | 150℃ | 层间温度 | 150 ~ 250℃ | |
| | 后热处理 | 300 ~ 350℃，2h | 焊后热处理 | 620℃，1h | |
| | 钨极直径 | $\phi$2.5mm | 保护气体 | Ar | |
| | 喷嘴直径 | $\phi$16mm | 气体流量 | 正面 8 ~ 10L/min<br>背面 8 ~ 10L/min | |

| 焊 接 顺 序 | |
|---|---|
| 1 | 检查坡口尺寸和表面质量，MT 检验 |
| 2 | 清除坡口及其附近的油污等脏物。坡口两侧 150mm 范围内预热 150℃ |
| 3 | 用第一层焊接工艺从外侧进行定位焊，长度 10 ~ 20mm |
| 4 | 焊接内侧第 1 ~ 3 层 |
| 5 | 焊后清理熔渣和飞溅 |
| 6 | 立即进行消氢处理 |
| 7 | 外观检查 |
| 8 | 无损检测 |
| 9 | 焊后热处理 |

焊接规范参数

| 层-道 | 焊接方法 | 焊材牌号 | 焊材规格/mm | 电流种类及极性 | 焊接电流/A | 电弧电压/V | 焊接速度/[mm/min(根)] | 备注 |
|---|---|---|---|---|---|---|---|---|
| 1 | GTAW | H13CrMoA | $\phi$2.5 | DCEN | 90 ~ 120 | 10 ~ 12 | 50 ~ 80 | |
| 2 | SMAW | A307 | $\phi$3.2 | DCEP | 90 ~ 120 | 22 ~ 24 | 100 ~ 140 | |
| 3 | SMAW | A307 | $\phi$4.0 | DCEP | 150 ~ 180 | 22 ~ 24 | 150 ~ 200 | |

## 【综 合 训 练】

### 一、理论部分

（一）名词解释

1. 不锈钢　　2. 晶间腐蚀　　3. 刀状腐蚀

4. 耐热钢　　5. 回火脆化　　6. 固溶处理

（二）填空题

1. 不锈钢按组织类型可分为________、________、________、双相不锈钢和沉淀硬化不锈钢等五种。

2. 为避免晶间腐蚀，奥氏体不锈钢中加入的稳定剂元素有________和________。

3. 奥氏体不锈钢中主要的合金元素是________和________，它们在钢中所起的作用分别是________和________。

4. 铁素体不锈钢焊接时的主要问题是________、________、________。

5. 马氏体不锈钢的焊接性较差，具体表现在________、________。

6. 铁素体不锈钢、马氏体不锈钢最常用的焊接方法是________________。

7. 耐热钢按其合金成分的质量分数可分________、________和________耐热钢。耐热钢的应用相当普遍，尤其是________耐热钢。

8. 低合金耐热钢的焊条电弧焊大都采用________焊条。

9. 不锈钢焊后焊缝必须进行________、________处理。________的目的是去除焊缝和热影响区表面的氧化皮，________的目的是使酸洗的表面重新形成一层无色的致密氧化膜，起到耐蚀作用。

10. ________是在拉应力和特定腐蚀介质共同作用下而发生的一种破坏形式。________是奥氏体不锈钢非常敏感且经常发生的腐蚀破坏形式。

（三）选择题(将正确答案的选项填入每题前的括号内)

(　　)1. ________不锈钢主要用于硬度、强度要求较高，耐腐蚀要求不太高的场合，如量具、刃具、餐具、弹簧、轴承、汽轮机叶片、水轮机转轮、泵、阀等。

A. 铁素体不锈钢　B. 奥氏体不锈钢　C. 马氏体不锈钢　D. 双相不锈钢

(　　)2. 1Cr18Ni9Ti 是属于________不锈钢；2Cr13 是属于________不锈钢；1Cr25Ni20 是属于________不锈钢；0Cr18Ni9 是属于________不锈钢。

A. 马氏体　B. 奥氏体　C. 铁素体　D. 奥氏体—铁素体

(　　)3. 焊接奥氏体不锈钢采用超低碳焊丝的目的是________。

A. 防止热裂纹　B. 防止晶间腐蚀　C. 防止σ相　D. 防止气孔

(　　)4. 对奥氏体不锈钢进行固溶处理的目的是________。

A. 防止热裂纹　B. 防止晶间腐蚀　C. 防止气孔　D. 防止未焊透

(　　)5. 焊接铁素体不锈钢和马氏体不锈钢最常用的焊接方法是________。

A. 氩弧焊　B. 焊条电弧焊　C. 埋弧焊　D. 等离子弧焊

（四）判断题(正确的划“√”,错误的划“×”)

(　　)1. 1Cr18Ni9Ti 是属于奥氏体不锈钢。

(　　)2. 奥氏体不锈钢之所以会有较高的抗腐蚀能力，其主要原因是含有较高的镍。

(　　)3. 奥氏体不锈钢的焊接接头中，焊缝要比热影响区容易产生晶间腐蚀。

(　　)4. 奥氏体不锈钢的焊接接头冷却速度越快越好。

(　　)5. 奥氏体加铁素体的双相组织不锈钢抗晶间腐蚀的能力要比单相奥氏体不锈钢强。

(　　)6. 焊缝中的含碳量越多，产生晶间腐蚀的倾向越大。

(　　)7. 由于碳是形成热裂纹的主要元素之一，所以奥氏体不锈钢焊接时，采用超低碳焊丝的原因就是为了防止热裂纹。

(　　)8. 奥氏体不锈钢的焊件多层焊时，一定要保持层间温度不能太低，才能得到高质量的焊接接头。

(　　)9. 预热是防止奥氏体不锈钢焊缝中产生热裂纹的主要工艺措施之一。

(　　)10. 小电流、快速焊是焊接不锈钢的主要焊接工艺。

(　　)11. 奥氏体不锈钢焊条的药皮类型有酸性钛钙型和碱性低氢钠型两大类。

(　　)12. 奥氏体不锈钢手工电弧焊时，焊条要多作横向摆动，以便获得一定宽度的焊缝。

(　　)13. 奥氏体不锈钢焊后热处理的目的是增加其强度和冲击韧度。

(　　)14. 铁素体不锈钢可以用奥氏体不锈钢焊条进行焊接。

(　　)15. 马氏体不锈钢焊接时容易出现的缺陷之一是冷裂纹，而不是热裂纹。

（五）问答题

1. 不锈钢的焊接接头会产生哪些腐蚀现象？请简单叙述。

2. 什么是应力腐蚀开裂？试述奥氏体不锈钢焊接时防止应力腐蚀开裂的措施。

3. 简述奥氏体不锈钢施焊时的焊接技术要点。

4. 铁素体不锈钢和马氏体不锈钢的焊接特点各有哪些？

5. 简述对耐热钢焊接接头性能有哪些基本要求？

**二、实践部分**

1. 训练目标

1）熟悉奥氏体不锈钢焊接时的焊接工艺的要点。

2）了解焊接参数对奥氏体不锈钢焊接质量的影响。

2. 训练准备

1）人员准备：分组进行，每组由 8 ~ 10 人组成。

2）资料准备：焊接工艺卡和实训指导书。

3. 训练地点

实验室或实训场地。

4. 训练办法

1）让学生首先学会看懂焊接工艺文件，然后执行焊接工艺文件。

2）在焊接操作过程中，体会奥氏体不锈钢的焊接特点和掌握其焊接工艺要点。

3）通过改变焊接参数的大小观察焊缝的质量变化。

## 综合知识模块四　铸铁的焊接

铸铁是 $w_C > 2.14\%$ 的铁碳合金。铸铁实际上是以 Fe、C、Si 为主的多元铁合金。铸铁可分为灰铸铁(HT)、可锻铸铁(KT)、球墨铸铁(QT)、蠕墨铸铁(RT)和白口铸铁(BT)。常用的灰铸铁 HT100、HT200、HT250、HT300 及 HT350 等。常用的球墨铸铁有 QT400-18、QT400-15、QT450-10、QT500-7 等。

铸铁焊接的应用主要在下列三种场合：

1）铸造缺陷的焊接修复。

2）已损坏的铸铁成品件的焊接修复。

3）零部件的生产，这是指用焊接方法将铸铁（主要是球墨铸铁）件与铸铁件、各种钢或有色金属件焊接起来而生产出零部件。

我国铸铁焊接采用的方法有焊条电弧焊、$CO_2$气体保护焊、气焊、气体火焰钎焊、手工电渣焊及气体火焰粉末喷焊等，其中以焊条电弧焊为主。为满足不同的要求，焊条电弧焊所用的铸铁焊接材料按其焊缝金属的类型分为铁基、镍基及铜基三大类。

## 能力知识点1　灰铸铁的焊接

1. 灰铸铁的焊接特点

灰铸铁在化学成分上的特点是含碳量高及硫、磷杂质含量高，这就增大了焊接接头对冷却速度变化的敏感性及对冷、热裂纹敏感性；在力学性能上的特点是强度低，基本无塑性。这二方面的特点，结合焊接过程具有冷却速度快及因焊件受热不均匀而形成焊接应力较大的特殊性，决定了铸铁的焊接性不良。其主要问题有二方面：一方面是焊接接头易出现白口及淬硬组织；另一方面焊接接头易出现裂纹。

（1）焊接接头的白口及淬硬组织　灰铸铁焊接时，由于熔池体积小，存在时间短，加之铸铁内部的热传导作用，使得焊缝及近缝区的冷却速度远远大于铸件在砂型中的冷却速度。因此，在焊接接头的焊缝及半熔化区将会产生大量的渗碳体，形成白口铸铁组织。焊接接头中产生白口组织的区域主要是焊缝区、半熔化区和奥氏体区。灰铸铁接头的白口化问题主要是指焊缝及半熔化区容易产生白口组织。其原因是由于采用一般的电弧焊方法焊接时，接头过冷倾向大，影响了铸铁的石墨化过程。

铸铁接头中白口组织的存在，不仅造成加工困难，还会引起裂纹等缺陷的产生，故应采取一定的措施尽量减小其生成的条件，也就是创造有利于接头石墨化的条件。其主要途径是通过改变焊缝的化学成分，或者减慢焊接冷却速度来防止白口组织的产生。

另外，采用钎焊方法，由于母材不熔化，将会从根本上避免半熔化区白口组织形成，这也是防止接头白口化问题的又一途径。

（2）焊接裂纹　灰铸铁焊接时，裂纹是易出现的一种缺陷。铸铁焊接时出现的裂纹可分为冷裂纹与热裂纹二类。

1）冷裂纹。灰铸铁焊接时冷裂纹一般出现在焊缝区和热影响区。

当焊缝为铸铁型时，焊缝中较易出现冷裂纹。当采用异质焊接材料焊接，使焊缝成为奥氏体、铁素体或铜基焊缝时，由于焊缝金属具有较好的塑性，配合采用合理的冷焊工艺，焊缝金属不易出现冷裂纹。铸铁型焊缝发生裂纹的温度，经测定一般在400℃以下。裂纹发生时常伴随着可听见的脆性断裂的声音。焊缝较长或补焊刚度较大的铸铁缺陷时，常发生这种裂纹。

**资料卡**　采用加热减应区法是气焊铸铁的常用方法，这种方法又叫“对称加热焊”，用这种方法在焊接前，要在铸件上选定加热后可使接头应力减小的部位，该部位称为“减应区”，减应区一般是阻碍焊接区膨胀和收缩的部位。如图5-2所示，在焊接时，先将减应区加热到一定的温度，通常为600～700℃，最低也应在450℃以上，使其膨胀伸长，要补焊的裂纹处宽度也将会随之增大即产生了与焊缝收缩方向相反的变形，这时对补焊处进行焊接，并应保持减应区处于较高的温度。焊接后减应区与焊缝同时缓冷，接头和减应区将沿同一方向自由收缩，故使焊接应力减小，降低了其产生裂纹的倾向。采用加热减应区法焊接铸件，具有热焊的特点。与热焊相比，该法焊接效率高，劳动条件好，其焊接成本也较低。但是，这种气焊方法对工艺要求比较严格，减应区的选择也颇为麻烦，对焊接操作者要求较高。另外，这种方法也不适于全位置焊接。加热减应区焊接的关键是选取减应区。在选取减应区时还应注意，该区的变形应对铸件其他部位无不良影响。根据铸件的状态和需要，加热减应区可选择一处，也可选择两处或多处。

避免裂纹产生最有效的办法是对焊件进行整体预热(550～700℃)，使温差减小，降低焊接应力。在某些情况下，采用加热减应区法以降低补焊处所受的应力，也能较有效地防止裂纹的产生。

焊接热影响区的冷裂纹多数发生在含有较多渗碳体及马氏体的热影响区，在某些情况下也可能发生在离熔合线稍远的热影响区。在焊接薄壁(5～10mm)铸铁件时，冷裂纹也可能发生在离熔合线稍远的热影响区。

可以采取工艺措施来降低焊接接头的应力、防止焊接接头出现渗碳体及马氏体，如采用预热焊，可防止上述冷裂纹的产生。在采用电弧冷焊时，采取正确的冷焊工艺，以减弱焊接接头的应力状态，有利于防止上述冷裂纹的发生。采用屈服点较低而且有良好塑性的焊接材料焊接时，也有利于防止上述冷裂纹的发生。在修复厚大件的裂纹缺陷时，因坡口大，焊接层数多，积累的焊接应力大，为防止热影响区冷裂纹发展成剥离性裂纹，可在坡口两侧进行栽丝法焊接。

2）热裂纹。当焊缝为铸铁型时，焊缝对热裂纹不敏感。但当采用低碳钢焊条与镍基铸铁焊条冷焊时，则焊缝较易出现属于热裂纹的结晶裂纹。

灰铸铁焊接时，焊接接头中裂纹倾向是比较大的，这主要与铸铁本身的性能、焊接应力、接头组织及其化学成分有关。为防止铸铁焊接时产生裂纹，在生产中主要是采取减小焊接应力，改变焊缝合金系统以及限制母材中杂质熔入焊缝等措施。

2. 灰铸铁的焊接工艺

由灰铸铁的焊接特点可知，灰铸铁在焊接中主要是容易产生白口组织和出现裂纹，故应从防止上述缺陷入手，从多方面考虑来选择焊接方法和制定合理的焊接工艺。

(1) 同质(铸铁型)焊缝的熔焊　同质焊缝的熔焊有电弧热焊、半热焊、气焊及电弧冷焊。

1）电弧热焊及半热焊：

将焊件整体或有缺陷的局部位置预热到600～700℃，然后进行补焊，焊后进行缓冷的铸铁补焊工艺，人们称之为热焊。预热温度范围为300～400℃时称为半热焊。

电弧热焊及半热焊的焊条均有两种类型，一种为铸铁芯石墨化铸铁焊条(Z248)；另一种为钢芯石墨化铸铁焊条(Z208)。

Z248焊条主要用于补焊厚大铸件的缺陷，这类焊条所用焊芯为$\phi6$～$\phi12$mm铸铁棒，外涂石墨化药皮。铸铁芯焊条直径大，可配合使用大焊接电流，以加快焊接速度，缩短工人从事热焊的时间，有利于降低焊工的劳动强度。

Z208焊条采用低碳钢焊芯H08，外涂强石墨化药皮，焊缝为铸铁型。由于焊条药皮加入了较多的强促进石墨化的物质，虽焊芯为低碳钢，在热焊及半热焊条件下仍可保证获得成分和组织为灰铸铁的焊缝。

电弧热焊时，一般将铸件整体或补焊区局部预热到600～700℃，然后再进行焊接，焊后保温缓冷，使接头的应力状态大为改善，从而有效地防止了冷裂纹的产生。由于热焊预热温度高及缓慢冷却，焊接接头石墨化充分，故也能完全防止白口及淬硬组织产生。热焊工艺具体如下：

a）预热。对结构复杂的铸件，由于补焊区刚性大，焊缝无自由膨胀收缩的余地，故宜采用整体预热；而结构简单的铸件，补焊处刚性小，焊缝有一定膨胀收缩的余地，例如铸件边缘的缺陷及小块断裂，则可采用局部预热。

b）焊前清理。在进行电弧热焊之前，首先应对铸件的待焊部位进行清理，并制好坡口。铸件缺陷处如有油污，一般可用氧乙炔火焰加热除净，然后根据缺陷的情况，可采用手砂轮、扁铲、风铲等工具进行加工。制作坡口时应铲（磨）到无缺陷后再开坡口，开出的坡口应是底部圆滑、上口稍大，以便于操作和保证焊接质量。

c）造型。对于边角部位及穿透缺陷，焊前为防止熔化金属流失，保证原定的焊缝成形，还应在待焊部位造型，其形状尺寸如图5-1所示。造型材料可用型砂加水玻璃或黄泥。内壁最好放置耐高温的石墨片，以防止造型材料受热熔化或下塌，并应在焊前进行烘干。

d）焊接。焊接时，为保持预热温度，缩短高温工作时间，要求在最短的时间内焊完，故宜采用大电流、长弧焊和连续焊。

e）焊后缓冷。焊后要采取缓冷措施，常用保温材料如石棉等覆盖，最好随炉冷却。

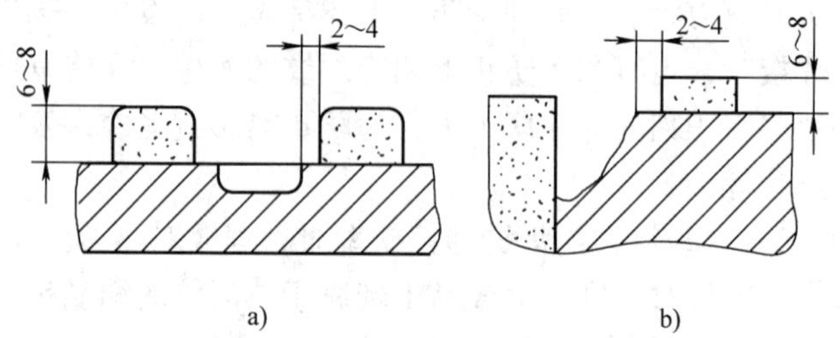


图5-1　热焊补焊区造型示意图

a）中间缺陷补焊　b）边缘缺陷补焊

电弧热焊适用于度大于10mm以上铸件的大缺陷补焊。对于8mm以下的薄壁铸件补焊时，因容易烧穿，故不宜使用。

为了降低预热温度，改善劳动条件，人们在实践中发现，适当提高焊缝的石墨化能力，采用300～400℃的整体或局部预热，用于刚度较小铸件的焊接，也能收到较好的效果。一般情况下可采用Z208或Z248铸铁焊条。半热焊工艺过程基本与热焊时相同，即大电流、长弧、连续焊，焊后保温缓冷。

由于半热焊预热温度比热焊低，在加热时铸件的塑性变形不明显，因而在补焊区刚性较大时，不易产生变形、内应力增大而导致接头产生裂纹等缺陷。因此，电弧半热焊只能用于补焊区刚度较小或铸件形状较简单的情况。

2）气焊：

氧乙炔焰温度比电弧温度低很多，而且热量不集中，很适于薄壁铸件的补焊。对刚度大的薄壁件缺陷补焊，为了降低焊接应力，防止裂纹出现，宜采用焊件整体预热的气焊热焊法进行。预热温度为600～700℃，焊后应采取缓冷措施。

铸铁焊接气焊用焊接材料主要是焊丝和气焊熔剂，焊丝的型号为RZC-1，RZC-2，焊丝中C、Si含量较热焊时稍高。焊接铸铁所用气焊熔剂的统一牌号为CJ201。

气焊前要对铸件进行清理，其焊前清理和准备工作基本与焊条电弧焊相同。制备坡口一般可采用机械方法。当铸件断面很小或不能用机械方法开坡口时，也可用氧气切割直接开出坡口。

气焊时，应根据铸件厚度适当选用较大号码的焊炬及焊嘴，以提高火焰能量，增大加热速度。气焊火焰一般应选用中性焰或弱碳化焰，不能用氧化焰。因为，氧化气氛会使熔池中碳、硅等元素烧损增加，影响焊缝的石墨化过程。为防止熔池金属流失，在焊接中应尽量保持水平位置。

铸件焊后可自然冷却，但注意不要放在空气流通的地方加速冷却，否则会促使白口及裂纹产生。

一般较小的铸件气焊时，凡是缺陷位于边角和刚度较小的地方，可用冷焊方法。其特点是不用单独预热，仅依靠焊炬的火焰在坡口周围进行预热后即可熔化施焊，焊后自然缓冷就可得到无裂纹缺陷的接头。但是，当缺陷位于铸件中央，接头刚度较大或铸件形状较复杂时，采用冷焊的效果往往不好，应采用预热温度为600～700℃的热焊法，或者是“加热减应区”法焊接。加热减应区的示意图如图5-2所示。

3）电弧冷焊：

电弧冷焊的特点是焊前对被补焊的焊件不预热，所以电弧冷焊有很多优点，焊工劳动条件好，补焊成本低，补焊过程短，补焊效率高。对于预热很困难的大型铸件或不能预热的已加工面等情况更适于采用冷焊。所以冷焊是灰铸铁焊接的一个发展方向。

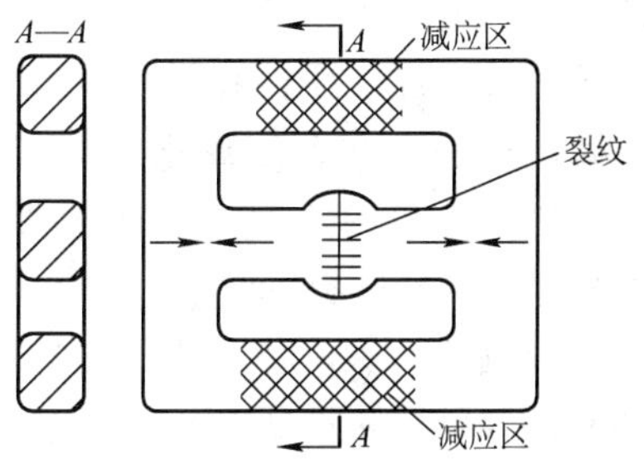

图5-2　加热减应区示意图

在冷焊条件下，解决出现白口问题的途径应从二方面着手：一是进一步提高焊缝石墨化的能力；二是提高焊接热输入。如采用大直径焊条、大电流连续焊工艺，以减慢焊接接头的冷却速度。这种工艺也有助于消除或减少热影响区出现马氏体组织。

目前，同质焊缝冷焊焊条的牌号也是Z208和Z248，但具体配方与热焊焊条有些差别。由于冷焊时的冷却速度较大，同质焊缝冷焊焊条的碳、硅含量应比热焊焊条高。

在冷焊条件下，为了防止焊接接头上出现白口及淬硬组织，还应从减慢焊接接头的冷却速度着手。为此应采用大直径焊条，大电流连续焊工艺。但当补焊缺陷面积小于8cm$^2$，深度小于7mm时，因熔池体积过小，冷却快，焊接接头仍易出现白口。如果情况允许，把缺陷面积适当扩大，则可消除白口。

焊接时，使用直流反接电源，也可使用交流电源，进行大电流、长弧、由中心向边缘连续焊接。当坡口焊满后不要停弧，用电弧沿熔池边缘靠近砂型移动，使焊缝堆高，一般焊缝的高度要超出工件表面5～8mm。由于电弧热通过上层焊缝传入半熔化区，使其在红热状态延续一段时间，不仅减慢冷却速度，有利于石墨充分析出；并且延长了焊缝上部半熔化区的存在时间，有利于焊缝中碳的扩散，使白口组织减小或消除。此外，同质焊缝冷焊时，焊后电弧应立即覆盖熔池，以保温缓冷。

铸铁型焊条电弧冷焊较电弧热焊工艺简便，焊接成本也较低，在补焊较大缺陷时（面积大于 8cm²,深度大于 7mm)，只要工艺运用适当，焊后焊缝的最高硬度不超过 250HBW，加工性能良好。

（2）异质（非铸铁型）焊缝的电弧冷焊　异质焊缝又称为非铸铁型焊缝。电弧冷焊是铸铁焊接中最常用的方法。因铸件在焊接中不需要预热，使焊接工艺过程大大简化，不仅降低了焊接成本，而且使焊接操作者的工作条件得到改善。此外，它还具有适应范围广，可进行全位置焊接及焊接效率高等特点，所以，异质焊缝电弧冷焊是一种很有发展前途的焊接工艺方法。

1）异质焊缝电弧冷焊材料。我国目前已发展了多种系列的非铸铁型焊缝铸铁焊条。在电弧冷焊的条件下，接头冷却速度较大，故使得其白口及裂纹问题比较突出。异质焊缝冷焊主要是通过调整焊缝化学成分，改善接头的组织和性能。非铸铁型焊缝按其焊缝金属的性质可分为钢基、铜基和镍基三种。

钢基焊缝电弧冷焊焊条分类如下：

a）强氧化型铸铁焊条 EZFe-1（Z100）：这种焊条采用低碳钢焊芯（H08），并在药皮中加入了适量的强氧化性物质。其目的是用增强熔渣氧化性的方法，使氧化性熔渣与熔池作用，将来自母材中的碳、硅等元素氧化烧损，以获得塑性较好的碳钢焊缝。

**小知识**　裁丝法　加垫板补焊法

裁丝法：就是通过碳钢螺丝将焊缝与未受焊接的热影响区的铸件母材固定在一起，从而防止裂纹的发生，并提高该区承受冲击载荷的能力。

加垫板补焊法：在焊补厚件裂纹时，在坡口内放入低碳钢垫板，在垫板两侧，用抗裂纹性能高且强度性能好的铸铁焊条（如 Z438、Z117 焊条等）将母材与低碳钢垫板焊接在一起。

b）碳钢焊条 EZFe-2（Z122Fe）：这种焊条是低碳钢焊芯铁粉型焊条，药皮为钛钙型。药皮中加入了一定量的低碳铁粉。加入低碳铁粉的目的，仍然是为了降低含碳量。

c）焊缝为高钒钢的高钒铸铁焊条 EZV（Z116、Z117）：高钒铸铁焊条采用低碳钢（H08）焊芯，并在药皮中加入了大量钒铁，故其焊缝为高钒钢组织。在焊缝中加入钒铁的目的，是利用钒具有较强的形成碳化物能力，由于焊缝中碳的存在形式得到改变，增加了焊缝的塑性，故可避免焊缝中白口组织和淬硬组织的产生，提高了其抗裂能力。

我国目前所使用的三种镍基焊缝电弧冷焊焊条，因合金含量不同，性能也有一定的差异。在一定焊接电流的条件下，焊缝中的含镍量越高，半熔化区白口层的宽度就越小，其接头的机械加工性能也就越好。因此，纯镍焊缝的加工性能最好。

a）纯镍焊条 EZNi（Z308）：纯镍焊条焊芯为纯镍，由于含镍量高，当采用小电流焊补铸铁时，接头半熔化区的白口层最小，宽度约为 0.05～0.08mm，并呈断续分布，故有利于进行机械加工。纯镍焊缝的强度与灰铸铁接近，而且塑性很好，因此具有良好的抗冷裂性能。但镍属于贵金属，纯镍焊条含镍量最高，价格也最昂贵（约为低碳钢焊条的 30 倍），在焊接中不宜大量使用。

b）镍铁焊条 EZNiFe（Z408）：镍铁焊条焊芯为镍铁合金。镍铁焊缝具有较高的强度，可达 400MPa 以上，塑性也较好，适合于焊接强度要求高的铸铁。因镍铁焊条的性能优于纯镍焊条，且价格在镍基焊条中最便宜，故在生产中应用较多。

c）镍铜焊条 EZNiCu(Z508)：镍铜焊条的焊芯为镍铜合金，也称为蒙乃尔焊条，是应用最早的一种铸铁焊条。目前，这类焊条已逐渐被镍铁焊条所取代。

铜基焊条有多种形式：

a）铜芯铁粉焊条(Z607)：药皮为低氢型，主要用于非加工面的焊补。

b）铜芯铁皮焊条(Z616)：采用拉丝装置将钢带把纯铜芯紧紧包裹起来，外涂低氢碱性药皮，也有钛钙型药皮，如 Z612，也主要用于非加工面的焊补。

c）奥氏体钢—铜焊条：铜钢焊条抗裂性能好，材料容易解决，因此，目前在铸铁焊接中尚有一定的应用。

2）异质(非铸铁型)焊缝的电弧冷焊工艺。异质焊缝的电弧冷焊工艺要点可归纳为四句话：

准备工作要做好，
焊接电流适当小，
短段断续分散焊，
焊后立即小锤敲。

常用的铸件清理方法有两种，一种是采用砂轮、钢丝刷或扁铲等工具的机械清理法；另一种是采用三氯乙烯、汽油、丙酮等化学溶剂洗涤的化学方法。当铸件厚度或缺陷深度大于 5mm 时应开坡口，坡口表面尽可能平整。

当采用与铸铁异质的焊接材料进行电弧冷焊时，在保证电弧稳定及焊透情况下均应采用合适的最小电流，小直径焊条焊接。为了减少焊接热输入，以减低应力及减小半熔化区宽度，应适当提高焊接速度，不作横向摆动。采用短段焊、断续分散焊及焊后锤击的冷焊工艺。

(3) 灰铸铁的钎焊　钎焊时母材不熔化，对避免铸铁焊接接头出现白口是非常有利的，使接头有优良的加工性。

国内外一般都采用氧乙炔焰钎焊铸铁。过去一直多采用黄铜钎料 HL103，钎剂可用硼砂。

**想一想**　灰铸铁焊接时在什么情况下适合热焊？什么情况下适合冷焊？

## 能力知识点 2　灰铸铁的典型补焊实例

1. 某厂一台气轮机的蒸汽分配室，因常年在高温蒸汽下工作出现了裂纹，该件材质为灰铸铁，为修复该零件，采用了电弧冷焊，用 J506 和 Z308 焊条联合补焊，效果很好。具体焊接工艺如下：

(1) 焊前准备　将焊件固定，把裂纹处用砂轮打磨出 V 形坡口，用气焊焊炬沿坡口及其两侧加热，待其冷却后，清理坡口表面及其两侧。

(2) 焊接　用 J506 焊条沿坡口面及两侧平面 20mm 处熔敷一层过渡层，如图 5-3 所示。再用 $\phi$3.3 的 Z308 焊条倒退焊法进行底层焊接。最后用 $\phi$4.0 的 Z308 焊条交错跳焊法施焊，如图 5-4 所示，每段焊道长度应控制在 25mm 以内。每焊完一段，立即进行锤击，以释放焊接应力。

2. 某厂车床床身出现裂纹，材质为灰铸铁，采用电弧热焊法进行修复，所用焊条为 Z248，同质焊缝，焊接工艺如下：

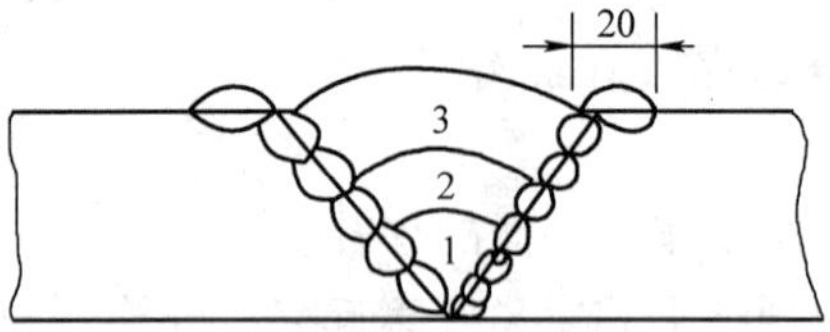


图　5-3

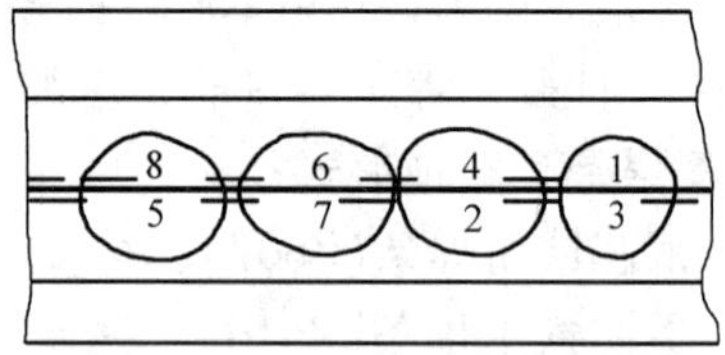


图　5-4

（1）焊前准备

1）坡口制备：坡口角度为70°~80°，V形坡口，如果缺陷不够大，可以人为地扩大至面积不小于3~4$cm^2$，深度不小于10cm，以有利于提高补焊区的温度，降低焊缝硬度。坡口要清理干净。

2）焊条在使用前，需经200~300℃烘干，保温1~2h。

3）对待焊部位进行预热，预热温度为600~700℃。

（2）焊接操作要点

1）在缺陷中心处引弧，采用短弧焊，连续施焊，直至超出焊件表面4~6mm为止。

2）采用热态（焊件处于红热状态）锤击法减小焊缝收缩应力。

3）补焊过程中，如发现气孔、夹渣等缺陷，应及时处理。如发现裂纹，也应在焊后立即处理，不应留在焊缝冷却后再补焊。

4）焊后应立即保温，或用火焰进行局部加热，以达到缓冷、消除应力的目的。

## 能力知识点3　球墨铸铁的焊接

1. 球墨铸铁的焊接特点

球墨铸铁与灰铸铁的不同处，是在于熔炼过程中前者经过加入一定量的球化剂处理，常用球化剂有镁、铈、钇等，石墨以球状存在，从而使力学性能明显提高。

球墨铸铁焊接性与灰铸铁有相同的一面，但又有其自身的一些特点，这主要表现在两方面：

1）球墨铸铁的白口化倾向及淬硬倾向比灰铸铁大，焊接球墨铸铁时，同质焊缝及半熔化区更易形成白口，奥氏体区更易出现马氏体组织；

2）由于球墨铸铁的强度、塑性与韧性比灰铸铁高，对焊接接头的力学性能要求也相应提高，常要求与各强度等级球墨铸铁母材相匹配。

2. 球墨铸铁的焊接工艺

（1）同质焊缝的熔焊工艺

1）气焊。球墨铸铁气焊时连续施焊时间不能超过15~50分钟，否则会使焊缝中出现片状石墨，降低力学性能。气焊主要用于球墨铸铁薄壁件的焊补。

球墨铸铁气焊用焊丝有轻稀土—镁合金和钇基重稀土两种。球墨铸铁气焊用熔剂与灰铸铁气焊熔剂成分相同，焊接铸铁所用气焊熔剂的统一牌号为CJ201。

可采用冷焊，也可采用热焊，热焊时预热温度为500~700℃，焊后保温缓冷。球墨铸铁气焊工艺与灰铸铁气焊工艺基本相同。

2）焊条电弧焊。

球墨铸铁焊条电弧焊也分为冷焊和热焊。冷焊时采用镍铁焊条和高钒焊条。当焊缝成分是球墨铸铁时，多采用热焊。球墨铸铁焊条如表5-31所示，常用的有Z258、Z238、Z238F、Z238SnCu。

采用大电流、连续焊工艺。中等缺陷应连续焊满；较大缺陷采取分段焊满，再往前推移，保证焊补区有较大的焊接热输入。对大刚度部位较大缺陷的焊补，要采取加热减应区工艺，焊前预热200～400℃，焊后缓冷，防止裂纹的产生。

（2）异质焊缝电弧焊冷焊　球墨铸铁电弧焊异质焊条主要有镍铁焊条Z408、Z438、高钒焊条Z116、Z117等。

球墨铸铁异质焊缝电弧冷焊工艺与灰铸铁基本相同。

**表5-31　常用铸铁焊条的种类及应用范围**

| 焊条型号 | 焊条牌号 | 药皮类型 | 焊芯金属类型 | 应用范围 |
|---|---|---|---|---|
| EZFe-1 | Z100 | 氧化型 | 碳钢 | 一般用于灰铸铁件非加工面的补焊 |
| EZV | Z116 | 低氢钠型 | 高钒钢 | 用于高强度灰铸铁件补焊及球墨铸铁的补焊 |
| EZV | Z117 | 低氢钾型 | | |
| EZFe-2 | Z122Fe | 铁粉钛钙型 | 碳钢 | 多用于灰铸铁件非加工面的补焊 |
| EZC | Z208 | 石墨型 | 铸铁 | 一般用于灰铸铁的补焊 |
| EZCQ | Z238 | | 球墨铸铁 | 用于球墨铸铁的补焊 |
| EZCQ | Z238SnCu | | | 用于球墨铸铁、蠕墨铸铁、合金铸铁、可锻铸铁、灰铸铁的补焊 |
| EZC | Z248 | | 铸铁 | 用于灰铸铁件的补焊 |
| EZCQ | Z258 | | 球墨铸铁 | 一般用于球墨铸铁的补焊，Z268也可用于高强度灰铸铁件的补焊 |
| EZCQ | Z268 | | | |
| EZNi-1 | Z308 | | 纯镍 | 一般用于重要的灰铸铁薄壁件和加工面的补焊 |
| EZNiFe-1 | Z408 | | 镍铁合金 | 用于重要的高强度灰铸铁及球墨铸铁的补焊 |
| EZNiFeCu | Z408A | | 镍铁铜合金 | 用于重要的灰铸铁及球墨铸铁的补焊 |
| EZNiFe | Z438 | | 镍铁合金 | |
| EZNiCu | Z508 | | 镍铜合金 | 一般用于强度要求不高的灰铸铁件的补焊 |
| | Z607 | 低氢钠型 | 铜铁混合 | 一般用于灰铸铁件非加工面的补焊 |
| | Z612 | 钛钙型 | | |

## 【综　合　训　练】

### 一、理论部分

（一）名词解释

1. 热焊　2. 半热焊　3. 冷焊

（二）填空题

1. 根据碳在组织中的不同形式，铸铁可队分为________、________、________、

________等四种，其中________在生产中应用最广。

2. 灰铸铁焊接接头中的主要缺陷是________和________。

3. 防止焊缝出现白口组织的具体措施是________和________。

4. 焊接灰铸铁时常见的裂纹是________和________，其中尤以________为最常见。

5. 灰铸铁接头的白口化问题主要原因是由于采用一般的电弧焊方法焊接时，接头过冷倾向大，影响了铸铁的________过程。

6. 焊前将铸件预热至________进行焊接的方法叫半热焊法，常用焊条牌号是________。

7. 热焊灰铸铁的主要优点是可以有效地防止产生________和________。

8. 电弧焊所用的铸铁焊接材料按其焊缝金属的类型有________基、________基及________基三大类。

（三）选择题(将正确答案的选项填入每题前的括号内)

(　　)1. 白口组织是________焊接时最容易产生的缺陷之一。

A. 奥氏体不锈钢　B. 灰铸铁　C. 铝及铝合金　D. 普通低合金钢

(　　)2. 铸铁焊接时，为避免在焊缝中产生________常在铸铁焊条中加入了较多的碳和硅元素。

A. 热应力裂纹　B. 气孔　C. 白口　D. 未焊透

(　　)3. Z248 焊条主要用于补焊厚大铸件的缺陷，这类焊条所用焊芯为________。

A. 纯镍　B. 镍铁　C. 镍铜　D. 铸铁

(　　)4. 灰铸铁热焊时的预热温度是________。

A. 250 ~ 400℃　B. 400 ~ 550℃　C. 600 ~ 700℃

(　　)5. EZNi-1(Z308)焊条的焊芯是________。

A. 纯镍　B. 镍铁　C. 镍铜

(　　)6. 焊前将铸件预热至________进行焊接的方法称为半热焊法。

A. 100 ~ 200℃　B. 300 ~ 400℃

(　　)7. 球墨铸铁中的碳以________的形式存在，因此强度和塑性都较好。

A. 片状石墨　B. 渗碳体($Fe_3C$)　C. 球状石墨

(　　)8. 灰铸铁热焊法通常采用________焊条。

A. EZNi-1(Z308)　B. EZNiCu(Z508)　C. EZCQ(Z258)

（四）判断题(正确的划"√",错误的划"×")

(　　)1. 碳和硅是强烈促进石墨化的两个元素，所以在铸铁焊缝中应尽量限制其含量。

(　　)2. 白口之所以作为焊接灰铸铁时的一种缺陷，原因是它本身既硬又脆，很难进行机械加工。

(　　)3. 焊前预热和焊后保温缓冷是焊接灰铸铁时防止产生白口和裂纹的主要工艺措施。

(　　)4. 焊接灰铸铁时，选择适当的填充材料使焊缝的强度高于母材，对于防止母材开裂具有明显的效果。

(　　)5. 焊接灰铸铁时，应该保证焊缝具有和母材相同的化学成份。

(　　)6. 冷焊灰铸铁的优点之一是有利于对焊后焊缝表面进行机械加工。

(　　)7. Z208 焊条焊接灰铸铁后，焊缝的组织是碳钢。

(　　)8. 镍基焊条的特点是焊后焊缝的强度高、致密性好，但不能进行机械加工。

(　　)9. 采用 Z208 焊条时，必须在焊前将铸件预热至 400℃左右。

(　　)10. 热焊灰铸铁采用的焊条牌号是 Z408。

（五）问答题

1. 什么是铸铁？它是怎样进行分类的？共有哪些种类？

2. 简述异质(非铸铁型)焊缝的铸铁电弧冷焊工艺。

3. 简述灰铸铁热焊时的焊接工艺。

4. 铸铁的焊补常用的焊条有哪些？它们的应用范围如何？

5. 球墨铸铁焊接特点是什么？对接头的性能要求与灰铸铁有何不同？

**二、实践部分**

1. 训练目标

1）熟悉铸铁异质焊缝冷焊时，焊接工艺的要点。

2）了解如何确定铸铁件的补焊修复方案。

2. 训练准备

1）人员准备：分组进行，每组由 8～10 人组成。

2）资料准备：实训指导书。

3. 训练地点

实验室或实训场地。

4. 训练办法

1）让学生首先了解损坏的铸铁工件应采取的修复补焊方案。

2）在焊接操作过程中，体会灰铸铁的焊接特点并掌握其冷焊时的工艺要点。

# 综合知识模块五　非铁金属的焊接

## 能力知识点 1　铝及铝合金的焊接

铝是工业上应用最广泛的重要非铁金属之一。铝及铝合金具有优异的物理特性和力学性能，其密度低、强度高、热导率高、电导率高，耐蚀能力强，已广泛应用于机械、电力、化工、轻工、航空、航天、铁道、舰船、车辆等工业内的焊接结构产品上，例如飞机、飞船、火箭、导弹、高速铁道机车和车辆、鱼雷和鱼雷快艇、轻型汽车、自行车和赛车、大小化工容器、空调器、热交换器、雷达天线、微波器件等，都采用了铝及铝合金材料制成的各种熔焊、电阻焊、钎焊结构。

铝及铝合金按成材方式可分为变形铝、铝合金和铸造铝合金。按合金化系列，铝及铝合金可分为工业纯铝、铝-铜合金、铝-锰合金、铝-硅合金、铝-镁合金、铝-镁-硅合金、铝-锌-镁-铜合金和其他铝合金等八类合金。按强化方式，可分为热处理不可强化铝及铝合金和热处理强化铝合金。

1. 铝及铝合金的焊接特点

铝具有许多与其他金属不同的物理特性，由此导致铝及铝合金具有与其他金属不同的焊接工艺特点。铝及铝合金的焊接性比低碳钢差，其焊接特点与钢也不同。铝及铝合金的组成不同，其焊接性也有一定的差异，主要问题有氧化、裂纹、气孔、接头力学性能下降和耐蚀性下降等。

（1）容易被氧化　铝在空气中及焊接时极易氧化，生成的氧化铝（$Al_2O_3$）熔点高、性能稳定、能吸潮、不易去除，妨碍焊接及钎焊过程的进行，可在焊接或钎焊接头内生成气孔、夹杂、未熔合、未焊透等缺陷，需在焊接及钎焊前对其进行严格的表面清理，清除其表面氧化膜，并在焊接及钎焊过程中继续防止其氧化或消除其新生的氧化物。

（2）热导率和比热容大　铝及铝合金的热导率、比热容都很大，约比钢大一倍多，在焊接过程中大量的热能被迅速传导到基体金属内部，因此焊接铝及铝合金比钢要消耗更多的热量。为获得高质量的焊接接头，必须采用能量集中、功率大的热源，必要时可采用预热等工艺措施。

（3）容易形成热裂纹　热裂纹是焊接热处理强化铝合金常遇到的缺陷。非热处理强化铝合金，当接头拘束大，焊缝成形控制不当时也会产生热裂纹。常见到的热裂纹主要是焊缝金属的凝固裂纹，有时在近缝区可以见到液化裂纹。

防止产生热裂纹的措施有：

1）在铝合金焊丝中加入一些变质剂可显著提高抗裂性。常用的变质剂有 Ti、Zr、V、B 等元素，由于这些元素能与铝通过包晶反应生成难熔金属化合物，这些细小的难熔质点在结晶时可作为非自发核心，从而可起到细化晶粒作用，改善塑性、韧性。

**资料卡**　防止铝在焊接时产生气孔的措施有：

1. 限制氢的来源

所使用的焊接材料要严格限制含水量。在气体保护焊时，氩气中的 $w_{H_2O}$ 应小于 0.08%，通气管路也要保持干燥。在气焊或焊条电弧焊时，应对焊剂或焊条进行烘干，以去除水分；此外，焊前应对焊丝及母材表面的氧化膜和油污彻底清除。清除的方法有化学方法和机械方法两种。

焊件清洗后不及时装配，表面会重新氧化。因此，清理后的焊丝、焊件焊前存放的时间一般不要超过 24h。在气候潮湿条件下，清理后应在 4h 内施焊。存放时间过长应予以重新处理。

2. 控制焊接参数

焊接参数主要影响熔池的存在时间，如果焊接参数调整不当，会使氢的溶入量过多而又不利于气体的逸出，气孔倾向必然增大。

TIG 焊时，当采用较小的焊接电流并配合较慢的焊接速度，热输入较大，熔池存在的时间较长，气孔倾向较小；当采用较大的焊接电流并配合以更快的焊接速度时，热输入较小，熔池存在时间较短，气孔倾向最小；只有在中等焊接电流配合中等焊接速度时，气孔倾向最大。因此，TIG 焊时，应采用大电流配合较高的焊接速度，增加对熔池的搅拌作用，保证了根部熔透，这对于减少氢气孔是有利的。

MIG焊时焊丝表面的氧化膜对气孔的影响更大。因此，不应当采用与TIG焊接相同的方法。实践证明，MIG焊时，应当采用大电流配合以较慢的焊接速度以提高焊接热输入，从而延长熔池存在的时间，有利于防止气孔的形成。

2）合理选择焊接方法及焊接参数。热能集中的焊接方法，加热、冷却的速度快，可防止形成方向性强的粗大柱状晶，使晶粒细化，因而可以改善抗裂性。所以采用TIG或MIG焊接时的裂纹倾向比气焊要小得多。焊接电流增大，会使熔池过热，同时增大熔合比，使抗裂能力较差的母材过多的进入焊缝，从而降低焊缝的抗裂性。焊接速度加快，会增加焊接接头的应变率，也会增加裂纹的倾向。因此，焊接裂纹倾向较大的铝合金时，不易采用大焊接电流和较快的焊接速度。

3）选用拘束度较小的结构形式可以改善抗裂性。

（4）容易形成气孔　铝及铝合金在焊接过程中产生的主要为氢气孔。焊接时，氢的来源有两方面：一是弧柱气氛中的水分；二是焊丝及母材表面氧化膜的吸附水分。在焊接高温条件下，焊接材料或坡口表面吸附的水分、周围潮湿空气中的水分都会侵入电弧空间，分解为原子氢而溶入液态铝中。

（5）焊接接头力学性能下降　铝及铝合金焊接后，存在着不同程度的接头软化问题，特别是硬铝和超硬铝合金比较严重，强度降低较多。

1）非热处理强化铝合金的软化。对纯铝和防锈铝合金，在退火状态下焊接，如果采用与母材化学成分相近的焊丝焊接时，基本上不存在软化问题。但在冷作硬化状态下焊接时，加热超过一定温度时，将发生再结晶软化，导致接头强度降低。解决这个问题应采用焊接热量集中的方法来防止粗晶区增宽。焊后冷态敲击接头，有一定冷作硬化效果。

2）热处理强化铝合金的软化。焊接硬铝及超硬铝等热处理强化铝合金时，无论是退火状态下焊接还是时效状态下焊接，焊后不经热处理，其接头强度都要低于母材。接头性能下降区域主要在焊缝、熔合区或热影响区。

焊接热处理强化铝合金时，由于热裂纹倾向较大，选取的焊丝一般与母材的化学成分差别比较大，因而强度要低于母材，加之焊缝为粗大的铸态组织，所以焊缝的强度、塑性均低于母材。防止热处理强化铝合金接头的软化，宜采用较小的热输入，或焊后重新进行固溶和人工时效处理，才能较彻底解决软化问题。

（6）焊接接头耐蚀性下降　在一般情况下，铝及铝合金由于表面形成氧化膜而起到耐腐蚀的作用，保护膜一旦被破坏，腐蚀就会急剧发生。铝及铝合金焊接接头的耐蚀性一般都低于母材，热处理强化铝合金接头的耐蚀性降低尤其明显。

**资料卡**　防止铝及铝合金焊接接头耐蚀性降低的措施：

1）通过焊缝金属合金化细化晶粒，同时调整焊接工艺以减小热影响区，并防止过热，焊后热处理对改善接头组织有很好的效果。

2）消除焊接应力，锤击焊缝。可选用冷态锤击和热态锤击。冷态锤击能使焊缝金属表面冷作硬化，锤击后生成的氧化膜致密性较好，对提高耐蚀性有一定效果；热态锤击，即在300～750℃下锤击，能改善焊缝金属的铸造组织，虽无冷作硬化，但比冷态锤击效果好。

3）通过焊后人工时效处理，有利于改善接头耐蚀性。增加时效温度和时间，使热影响区的电极电位均匀化，但也要注意防止由于“过时效”引起的软化。

2. 铝及铝合金焊接方法的选择

铝及铝合金的焊接方法很多，各种方法有其各自应用场合。因此，需要根据铝及铝合金的牌号、焊件厚度、产品结构、生产条件以及焊接接头质量要求等因素合理选择。目前可以用以下一些方法来焊接铝及铝合金，如气焊、焊条电弧焊、钨极氩弧焊、熔化极氩弧焊、等离子弧焊、电阻焊、钎焊以及电渣焊、激光焊、真空电子束焊、爆炸焊等方法。气焊主要用于焊接质量要求不高的薄板结构或铸铝的补焊，钨极氩弧焊主要用于一些重要结构的中厚板的焊接，焊条电弧焊在实际生产中应用很少，主要用于补焊或修复。

3. 焊接材料的选择

铝及铝合金在气焊、钨极氩弧焊时需填加填充焊丝。填充焊丝成分与接头的力学性能、抗裂性及腐蚀性能等有很大关系。在选择填充焊丝时，必须考虑母材的成分、产品的具体要求及施工条件，除了应满足接头的力学性能、耐蚀性能外，还应考虑结构问题。

目前，铝及铝合金的焊丝可分为同质焊丝和异质焊丝。

（1）同质焊丝　焊丝成分与母材成分相同，有时可以将母材上切下的板条作为填充金属。当母材为纯铝、3A21（LF21）、5A06（LF6）、2A16（LY16）和Al-Zn-Mg合金时，可以采用同质焊丝。

（2）异质焊丝　主要是为适应抗裂性的要求而研制的焊丝，其成分与母材有较大的差异。例如，SAlSi1（Al-5Si）属于标准焊丝，除不适用于含Mg量较高的合金之外（因易形成脆性相$Mg_2Si$），可用于焊接多数铝合金，通常用于焊接硬铝之类高强度铝合金，抗裂性比较好。

表5-32是铝及铝合金焊丝选用的举例。

**表5-32　铝及铝合金焊丝选用举例**

| 母材 | | 焊丝牌号 | 母材 | | 焊丝牌号 |
|---|---|---|---|---|---|
| 类别 | 代号 | | 类别 | 代号 | |
| 工业纯铝 | LG4 | LG4 | 非热处理强化铝合金 | LF2 | LF2，LF3 |
| | LG3 | LG3，LG4 | | LF3 | LF3，LF5，SAlMg5 |
| | L1 | L1，LG3 | | LF5 | LF5，LF6，SAlMg5 |
| | L2 | L2，L1，SAl-3 | | LF6 | LF6，LF14，SAlMg5Ti |
| | L3-L5 | L3，SAl-2，SAl-3 | | LF11 | LF11 |
| | L6 | L3，L4，L5，L6，SAl-2，SAl-3 | | LF21 | LF21，SAlMn，SAlSi-1 |
| 铸铝 | ZL101 | ZL101 | 热处理强化铝合金 | LY11 | LY11，SAlSi-1，BJ380A |
| | ZL102 | ZL102 | | LD2 | LT1，SAlSi5 |

焊接铝及铝合金的保护气体一般为惰性气体，有氩气和氦气，纯度为 99.9%。气焊时还需要溶剂，气焊熔剂简称气剂，气剂可以去除氧化膜及其他杂质，以保证焊接质量。气焊铝及铝合金的气剂用的是各种钾、钠、锂、钙等元素的氯化物和氟化物的粉末混合物。常用的是 CJ401。

4. 焊前准备和焊后清理

铝及铝合金不管采用什么焊接方法，焊前首先应采取有效方法清理焊接区表面油污和氧化膜。

生产上常采用化学清洗和机械清理两种方法。化学清洗效率高，质量稳定，适用于清理焊丝及尺寸不大、成批生产的工件。化学清洗溶液配方和清洗工序流程见表 5-33。

**表 5-33　化学清洗溶液配方和清洗工序流程**

| 除油→ | 碱洗清除氧化膜→ | | | 冲洗→ | 中和光化→ | | | 冲洗→ | 干燥 |
|---|---|---|---|---|---|---|---|---|---|
| | 溶液 | 温度 | 时间 | | 溶液 | 温度 | 时间 | | |
| 汽油、丙酮、四氯化碳等除油剂 | 8%~10% NaOH | 40 ~60℃ | 10 ~15min | 流动清水 | 30% NaOH | 40 ~60℃ | 2 ~3min | 流动清水 | 风干或低温干燥 |

对于工件尺寸较大，生产周期较长、多层焊或清洗后又被玷污的，常用机械清理。先用丙酮或汽油擦洗表面油污，对较薄的氧化膜可采用不锈钢的钢丝刷清理表面，直到露出金属光泽为止。一般不宜采用纱布、砂纸或砂轮打磨，因残留沙子会在焊接时产生夹渣等缺陷，也可根据零件形状选用风动或电动铣刀，也可使用刮刀、锉刀等工具。

铝及铝合金焊接后会在焊缝及其周围残留一些熔剂和焊渣，需要及时清理干净，因为在使用过程中残存的熔剂和焊渣会破坏表面上的氧化膜保护层，使焊件剧烈腐蚀，可用以下工序清理：

1）将焊件放入 40 ~50℃热水槽中浸渍，最好用流动的热水，用硬毛刷轻刷焊缝及焊缝附近残留熔剂、焊渣的地方，直至清除干净。

2）将焊件浸渍在质量分数为 15%~25% 的硝酸溶液中，当室温为 25℃时，浸渍时间为 10 ~15min。室温为 10 ~15℃，溶液的质量分数为 20%~25% 时，浸渍时间为 15min。

3）放入温度为 40 ~50℃的流动热水槽中浸渍 5 ~10min。

4）用冷水冲洗 5min。

5）将焊件自然干燥，也可放于燥箱中烘干或用热空气吹干。

使用后的硝酸废液可用氢氧化钠溶液中和，然后倒掉。

5. 焊接工艺要点

(1) 气焊工艺　目前气焊铝及铝合金应用范围日益缩小，主要用于薄件、焊接质量要求不高的焊件及铸铝件补焊等的焊接。

1）喷嘴和火焰的选用。

喷嘴的大小可根据焊件的厚度、坡口形式、焊接位置及焊工的技术水平而定。

气焊宜采用中性焰或乙炔稍多的微弱碳化焰，严禁采用氧化焰，它会使铝氧化。如果乙炔量过多，火焰中游离的氢会产生焊缝气孔，很难保证焊缝质量。

2）预热温度。

厚度大于5mm以上的焊件气焊时，需进行预热，预热温度在100～300℃。采用预热措施可以减小焊接应力，有利于防止裂纹、气孔的产生。

3）气焊的操作技术。

铝及铝合金气焊时常采用左焊法。但在焊接厚度大于5mm的焊件时则用右焊法。右焊法允许以较高的温度加热焊件，使焊件迅速熔化，也便于观察焊接熔池，有利于操作。在焊接工程中焊矩、焊丝和焊件需要保持一定的角度，根据焊件的熔化情况和焊接速度，要及时调整各个角度，焊丝和焊件之间的倾角为40°～45°。焊接工程中断时，焊矩应缓慢离开熔池，以防止熔池突然冷却而产生气孔等缺陷。

**小知识**　左焊法　右焊法

左焊法：焊丝和焊炬都是自右向左移动，焊丝位于焊接火焰之前。这种焊法因火焰指向未焊冷金属，热量散失一部分，焊薄件时不易烧穿。

右焊法：焊丝和焊炬都是左向右移动，焊丝在焊炬的后面火焰指向焊缝。这种焊法热量损失小，熔深较大。

4）焊后清理。

气焊铝及铝合金后应在1～6h内将其残留在焊缝表面及其两侧的焊剂和熔渣清理干净。以防止它们会继续破坏焊件表面的氧化膜保护层，从而引起接头的严重腐蚀。焊后一般采用硝酸处理法。

铝及铝合金的焊接还可以采用碳弧焊方法，其工艺特点与气焊相似。

（2）钨极氩弧焊（TIG焊）工艺　TIG焊最适合焊接厚度小于3mm的薄板，焊接变形明显小于气焊和焊条电弧焊。最佳的焊接方法是交流TIG焊。交流TIG焊具有阴极清理作用，可以去除氧化膜，焊缝成型良好，表面光亮。由于不用溶剂，对焊前清理的要求比其他焊接方法更严格。

1）预热。

TIG焊的预热主要根据焊件的大小、冷却速度来选择。通过试验发现，预热温度接近300℃时，接头表面的腐蚀程度大大增加，预热温度一般为150～250℃。

2）焊接参数。

正确选择焊接参数是保证焊接接头质量的重要因素。手工钨极氩弧焊的焊接参数包括钨极直径、焊接电流、电弧电压、氩气流量、喷嘴直径、预热温度等。根据焊件的具体情况来选择焊接参数，可以见焊接实例。

3）手工钨极氩弧焊的操作技术。

手工钨极氩弧焊焊接铝及铝合金不允许在焊件上接触引弧，要采用高频振荡器或高压脉冲引弧装置引弧。熄弧时应在熄弧处加快焊接速度及焊丝填加频率，将弧坑填满后慢慢将电

**小知识**　阴极清理作用：焊接铝、镁等金属及其合金时，焊件表面的氧化膜的逸出功都比较低，是形成阴极斑点的有利条件，在这些地方形成阴极斑点后，由于该处受到从阳极高速运动过来的大质量的正离子的轰击作用，并释放出大量的动能，使该处温度升得很高，该处的氧化膜很快被破碎并汽化，达到了清理的目的，这种阴极自动寻找并破碎清理阴极氧化膜的作用称为阴极清理作用。

弧拉长再熄弧。

手工钨极氩弧焊一般采用左焊法，焊枪应均匀、平稳向前作直线运动，弧长要保持恒定。为能够熔透并且避免出现咬边，尽量采用短弧焊。填充焊丝与焊件应保持一定角度，一般在10°左右。倾角不宜太大，因为太大容易扰乱气流及电弧的稳定性。

对于自动钨极氩弧焊，焊枪一般垂直于焊缝熔池，钨极端部对准焊缝中心，焊接速度高时，焊枪可稍后倾，以便保持对熔池的保护，焊丝与焊件间则保持10°夹角。

（3）熔化极氩弧焊（MIG焊）　中等厚度、大厚度铝及铝合金广泛应用自动和半自动熔化极氩弧焊。焊接薄、中等厚度板材时，可用纯氩作保护气体；焊接厚大件时，采用（Ar + He）混合气体保护。也可采用纯氦保护。自动熔化极氩弧焊适用于较规则的纵缝、环缝及水平位置的焊接；半自动熔化极氩弧焊大多用于定位焊、短焊缝、断续焊缝以及铝容器中封头、人孔接管、加强圈等各种内件的焊接。

1）预热。

焊前一般不必预热，即使板比较厚，也只需预热引弧部位。

2）焊接参数。

在确定焊接参数时，应先根据焊件厚度、坡口尺寸选择焊丝直径，再依熔滴过渡形式（短路或喷射）来确定焊接电流、电弧电压及其他焊接参数。焊丝在焊接过程中熔化，不受钨极氩弧焊电极熔化温度的限制，因此可选用较大的焊接电流，热能利用率提高，焊接速度相应增加，所以效率较钨极氩弧焊显著提高，且随板厚增加，这种效果更加突出。

自动钨极氩弧焊焊接参数与半自动熔化极氩弧焊相似。铝及铝合金熔化极氩弧焊目前都采用直流电源反极性，几乎不用直流正极性或交流。

焊接电流、电弧电压是直接影响焊接过程稳定性的主要焊接参数。如果焊接电流小于临界电流，熔滴的过渡形式为喷射过渡并间有短路过渡（即所谓半射流过渡），电弧特征是“咝咝”声间有“啪啪”声，此时电弧稳定，气体保护性能好，飞溅少，焊缝成形美观，表面鱼鳞纹细密。电弧电压应与焊接电流密切配合才能得到稳定的喷射过渡或半射流过渡。

3）焊接操作。

无论自动还是半自动MIG焊，保持焊接过程参数（主要是电弧电压、焊接电流）的稳定，是保证焊接质量的关键。

半自动MIG焊时焊枪移动速度与焊接电流、电弧电压等密切相关。焊枪沿焊缝移动速度应使电弧永远保持在熔池上面。若速度过快，致使电弧越出熔池，或容易烧穿或熔合不良；但速度也不能太慢，以防烧穿或熔宽太大。

为便于操作者观察熔池，焊枪应有一定倾斜角度。焊枪后倾时，一般保护效果不好，焊缝呈黑色，焊枪前倾且保持合适角度时，自动MIG焊保护效果好。焊枪在焊接过程中除沿焊缝中心作直线运动外，还应依具体情况作摆动。熄弧时，熔池应一直保持到焊接终了，焊枪在移动方向作反向移动20～30mm，同时增加送丝速度，使熔池逐步减少。续焊时，应先用铣刀修整前段焊道弧坑和起弧部分后再起焊。多层焊在焊接每层焊道前均应采用不锈钢刷清除附着在前层焊道上的黑色粉末，然后再焊接后层焊道。

## 能力知识点 2 常用铝及铝合金的典型焊接实例

1. 一化工设备制造企业，生产的铝制铁道罐车，材质为工业纯铝 1060，容器的纵焊缝和环焊缝都采用自动 MIG 焊，对接接头，开 V 形坡口，焊接工艺如表 5-34 所示：

**表 5-34 工业纯铝接头焊接工艺卡**

<table>
<tr><td colspan="4">接头焊接工艺卡</td><td>编号：</td></tr>
<tr><td rowspan="8">接头简图：<br>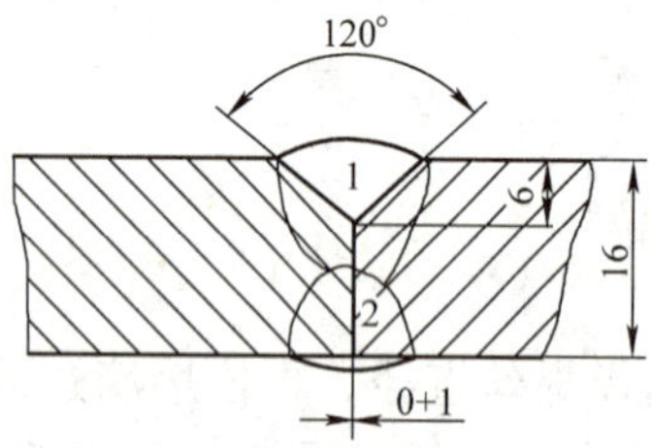<br></td><td>母材材质</td><td colspan="2">1060R</td><td>1060R</td></tr>
<tr><td>母材厚度</td><td colspan="2">16mm</td><td>16mm</td></tr>
<tr><td>焊接位置</td><td colspan="3">平焊</td></tr>
<tr><td>施焊技术</td><td colspan="3">直焊道</td></tr>
<tr><td>预热温度</td><td colspan="3">室温</td></tr>
<tr><td>层间温度</td><td colspan="3">≤150℃</td></tr>
<tr><td>喷嘴直径</td><td colspan="3">$\phi$32mm</td></tr>
<tr><td>保护气体</td><td>Ar</td><td>气体流量/(L/min)</td><td>正面：50～60<br>背面：</td></tr>
<tr><td colspan="5">焊 接 顺 序</td></tr>
<tr><td>1</td><td colspan="4">检查坡口尺寸和表面质量</td></tr>
<tr><td>2</td><td colspan="4">清除坡口及其附近的油污等脏物</td></tr>
<tr><td>3</td><td colspan="4">用同一产品的半自动 MIG 焊焊接工艺从外侧进行定位焊，长度 100mm，焊点间距不大于 300mm，定位焊缝若出现裂纹应铲掉重焊</td></tr>
<tr><td>4</td><td colspan="4">焊接内侧第 1 层</td></tr>
<tr><td>5</td><td colspan="4">从外侧用风铲清根，并将原定位焊缝铲掉</td></tr>
<tr><td>6</td><td colspan="4">焊接外侧第 2 层</td></tr>
<tr><td>7</td><td colspan="4">外观检查</td></tr>
<tr><td>8</td><td colspan="4">无损检测</td></tr>
</table>

焊 接 参 数

| 层-道 | 焊接方法 | 焊材牌号 | 焊材规格/mm | 电流种类及极性 | 焊接电流/A | 电弧电压/V | 焊接速度/(m/h) | 备注 |
|---|---|---|---|---|---|---|---|---|
| 1～2 | MIG(自) | 1060Y | $\phi$4.0 | DCEP | 480～520 | 29～31 | 17～20 | |

2. 上述同一产品，人孔拼接焊缝，由于焊缝短，采用半自动焊，坡口形式同前，具体焊接工艺如表 5-35 所示：

表 5-35　工业纯铝半自动焊接头焊接工艺卡

| 接头焊接工艺卡 | | | | 编号： |
|---|---|---|---|---|
| 接头简图：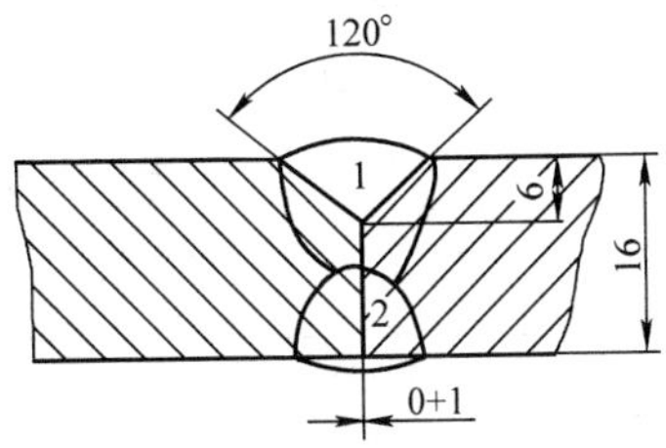 | 母材材质 | 1060R | | 1060R |
| | 母材厚度 | 16mm | | 16mm |
| | 焊接位置 | 平焊 | | |
| | 施焊技术 | 直焊道 | | |
| | 预热温度 | 室温 | | |
| | 层间温度 | ≤150℃ | | |
| | 喷嘴直径 | $\phi$26mm | | |
| | 保护气体 | Ar | 气体流量/(L/min) | 正面：45～50<br>背面： |



焊 接 顺 序

| | |
|---|---|
| 1 | 检查坡口尺寸和表面质量 |
| 2 | 清除坡口及其附近的油污等脏物 |
| 3 | 用第一层焊接工艺从外侧进行定位焊，长度 100mm，焊点间距不大于 300mm，定位焊缝若出现裂纹应铲掉重焊 |
| 4 | 焊接内侧第 1 层 |
| 5 | 从外侧用风铲清根，并将原定位焊缝铲掉 |
| 6 | 焊接外侧第 2 层 |
| 7 | 外观检查 |
| 8 | 无损检测 |

焊 接 参 数

| 层-道 | 焊接方法 | 焊材牌号 | 焊材规格/mm | 电流种类及极性 | 焊接电流/A | 电弧电压/V | 焊接速度/(mm/min) | 备注 |
|---|---|---|---|---|---|---|---|---|
| 1～2 | MIG(半) | 1060Y | $\phi$2.5 | DCEP | 300～340 | 29～31 | 250～300 | |

3. 上述同一产品，接管与法兰的焊缝，角接接头，采用钨极氩弧焊，具体工艺如表 5-36 所示：

表 5-36　钨极氩弧焊接头焊接工艺卡

| 接头焊接工艺卡 | | | | 编号： |
|---|---|---|---|---|
| 接头简图：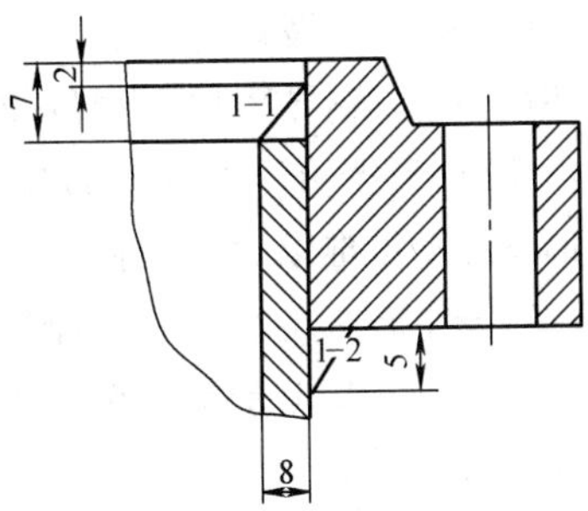 | 母材材质 | 1035 | | 5A02 |
| | 母材厚度 | 8mm | | |
| | 焊接位置 | 平焊 | | |
| | 施焊技术 | 直焊道 | | |
| | 预热温度 | 100℃ | | |
| | 层间温度 | ≤150℃ | | |
| | 喷嘴直径 | $\phi$16mm | 钨极直径 | $\phi$5mm |
| | 保护气体 | Ar | 气体流量/(L/min) | 正面：15～20<br>背面： |

（续）

| 焊接顺序 | |
|---|---|
| 1 | 检查坡口尺寸和表面质量 |
| 2 | 清除坡口及其附近的油污等脏物 |
| 3 | 焊前预热100℃，加热时不得直接加热坡口表面 |
| 4 | 用第一层焊接工艺从外侧进行定位焊，长度30mm |
| 5 | 焊接内侧第1～2层 |
| 6 | 外观检查 |

焊接规范参数

| 层-道 | 焊接方法 | 焊材牌号 | 焊材规格/mm | 电流种类及极性 | 焊接电流/A | 电弧电压/V | 焊接速度/(mm/min) | 备注 |
|---|---|---|---|---|---|---|---|---|
| 1～2 | GTAW | 5A05Y | $\phi5.0$ | 交流 | 280～340 | | 120～150 | |

## 能力知识点3 铜及铜合金的焊接

铜及铜合金以它独特而优越的综合性能，获得广泛的用途。铜及铜合金具有优良的导电、导热性能，高的抗氧化性以及耐淡水、盐水、氨碱溶液和有机化学物质腐蚀的性能，但易在氧化性酸中腐蚀。铜合金具有良好的冷、热加工性能和较高的强度。铜及铜合金在电气、电子、化工、食品、动力、交通、航空、航天及兵器等工业中得到了广泛的应用。

工业生产的铜及铜合金的种类繁多，目前大多数国家都是根据化学成分来进行分类的。铜及铜合金可分为纯铜、黄铜、青铜及白铜等。

焊接结构一般采用软态纯铜。常用的纯铜有T1、T2、T3、T4和脱氧铜(无氧铜)TU1、TU2等。黄铜是以锌为主要合金元素的铜合金。常用的黄铜和特殊黄铜有：H62、H68、H96、HPb59-1、HSn62-1等。青铜原指铜锡合金，现在习惯上将不以锌或镍为主要合金元素的铜合金称为青铜。常用青铜有：锡青铜(QSn4-3)、铝青铜(QAl9-2)、硅青铜(QSi3-1)等。

此外，以镍为主要合金元素的铜合金称为白铜。

1. 铜及铜合金的焊接性

铜及铜合金的焊接性比较差，焊接铜及铜合金比焊接低碳钢困难得多。主要表现在以下几个方面：

（1）焊缝成形能力差　熔焊铜及大多数铜合金时容易出现难熔合、坡口焊不透和表面成形差的外观缺陷。这主要由于铜的导热性强，铜和大多数铜合金的热导率比普通碳钢大7～11倍，焊接时热量迅速从加热区传导出去。焊件厚度越大，散热越严重。尽管铜的熔点、比热容比Fe小，但焊接区也难于达到熔化温度，因此母材和填充金属难以熔合。同时，由于导热性好，使得焊接热影响区加宽，在焊件刚度较小时，容易产生较大的变形；在刚度较大时，又会在焊件中造成很大的焊接应力。铜及铜合金的表面成形差主要由于铜在熔化时的表面张力比钢小1/3，流动性比钢大1～1.5倍，容易导致熔化金属流失。

为此，焊接纯铜和大多数导热性强的铜合金时，除需采用大功率、高能量密度的焊接方法外，还必须配合不同程度的预热，不允许采用悬空单面焊，单面焊时背面必须附加垫板，以控制焊缝成形。

（2）焊缝及热影响区热裂倾向大 焊缝的热裂倾向是与焊缝杂质的影响有关，此外，还与焊接过程产生的应力有关。氧是铜中经常存在的杂质，氧对焊缝热裂倾向影响很大。在高温液态下铜与空气中的氧发生反应，生成 $Cu_2O$。$Cu_2O$ 能溶于液态铜而不溶于固态铜，会形成低熔点共晶。铜及铜合金中的杂质 Bi 和 Pb 本身的熔点低，在熔池结晶过程中它们与铜分别生成低熔点共晶，分布在枝晶间或晶界处，使铜和铜合金有明显的热脆性。焊缝处于固-液阶段时，热影响区处的低熔点共晶重新熔化，在焊接应力作用下会产生热裂纹。

铜及铜合金的线胀系数和收缩率都比较大，而且导热性强，在焊接时又要采用大功率的热源，加热区域较宽，故焊接接头承受较大内应力，这是促使铜及铜合金焊接接头发生裂纹的另一个因素。

此外，焊接纯铜时，其焊缝为单相组织，且由于纯铜导热性强，焊缝易生成粗大晶粒。这也会加剧热裂纹的生成。

为此，在采用熔焊焊接铜及铜合金时，应采取如下冶金措施，来防止热裂纹的产生。

1）严格限制铜中杂质（氧、铋、铅、硫等）的含量。

2）增强对焊缝的脱氧能力，通过焊丝加入硅、锰、磷等合金元素脱氧。

3）选用能获得双相组织的焊材，破坏低熔点共晶薄膜的连续性，打乱柱状晶的方向。

4）预热、缓冷等措施来减少焊接应力，减小根部间隙尺寸，并加大根部焊道尺寸，以防止裂纹的产生。

（3）容易形成气孔 熔焊铜及铜合金时，出现气孔的倾向比低碳钢要严重得多，为了减少和消除铜焊缝中的气孔，主要措施就是减少氢和氧的来源和预热来延长熔池存在时间，使气体易于析出。

采用含铝、钛等强脱氧剂的焊丝（同时也可脱氮脱氢）或在铜合金中加入铝、锡等元素都会获得良好的效果。

（4）焊接接头性能下降 铜及铜合金在熔化焊过程中，由于晶粒严重长大以及合金元素蒸发、烧损与杂质的渗入使焊接接头的力学性能、导电性能和耐蚀性能下降。

1）塑性显著降低。

焊缝与热影响区晶粒变粗，各种脆性的低熔点共晶出现在晶界，削弱金属间的结合力，使接头塑性和韧性显著下降。例如纯铜焊条电弧焊或埋弧焊时，接头的伸长率仅为基材的20%~50%左右。

2）导电性下降。

铜中任何元素的掺入都会使其导电性下降，因此焊接过程中杂质和合金元素的熔入都会不同程度地使铜接头导电性能变坏。

3）耐蚀性能下降。

铜合金的耐蚀性能是依靠锌、锰、镍、铝等元素的合金化获得的。熔焊过程中这些元素的蒸发和氧化烧损都会不同程度地使接头耐蚀性下降。焊接应力的产生又增加产生应力腐蚀的危险。

改善接头性能的措施，主要是控制杂质的含量，减少合金烧损，通过合金化对焊缝进行变质处理等；尽量减少热作用，焊后进行消除应力处理。

2. 焊接方法的选择

目前，铜及铜合金的焊接方法有很多，常用到的焊接方法有气焊、焊条电弧焊、钨极氩弧焊、熔化极氩弧焊和埋弧焊等。焊接方法的选用原则，应该根据被焊材料的成分、厚度、结构特点及使用性能要求综合考虑。铜是在常用的焊接金属中导热性最好的金属，焊接铜及其合金时需要大功率、高能量密度的焊接方法，热效率越高、能量越集中越好。不同厚度的材料对各种焊接方法有其适应性，如薄板以钨极氩弧焊及气焊为好；中厚板采用埋弧焊、熔化极氩弧焊和电子束焊较为合理；厚板则推荐采用 MIG 焊和电渣焊。

3. 焊接材料的选择

1）焊丝：

焊接铜及铜合金的焊丝除满足一般工艺和冶金要求外，主要应控制杂质含量和提高脱氧能力，以避免热裂纹和气孔的产生。

焊接纯铜用的焊丝中主要加入 Si、Mn、P 等脱氧元素。常用的焊丝有：特别纯铜焊丝 HSCu 等，气焊时还要配合溶剂 CJ301 使用，埋弧焊时配合焊剂 HJ431 使用。

2）焊条：

电弧焊焊条分为铜、青铜两类，目前应用较多的是青铜焊条。由于黄铜中的锌容易蒸发，因而极少采用焊条电弧焊，必要时可采用青铜焊条。常用铜焊条有：纯铜焊条 T107、硅青铜焊条 T207 等。

4. 焊前准备

铜及铜合金焊件对焊前预处理的要求比较严格。铜及铜合金焊前清理主要是去油污和去除氧化膜。在除氧化膜之前，将待焊处坡口及两侧 30mm 范围内的杂质等用汽油、丙酮进行清洗，然后用温度为 30～40℃的质量分数为 10% 的氢氧化钠水溶液清除坡口油污→清水冲洗→置于质量分数为 35%～40% 的硝酸水溶液中浸渍 2～3min→清水冲洗→烘干。去除氧化膜可以机械清理和化学清理。机械清理用风动钢丝轮或钢丝刷打磨焊丝和焊件表面，直至露出金属光泽。化学清理是将焊件置于 70mL/L $HNO_3$ + 100mL/L $H_2SO_4$ + 1mL/L HCl 的混合溶液中进行清洗后用碱水中和，再用清水冲净，然后用热风吹干。

5. 焊接工艺要点

（1）气焊　气焊比较适于焊接薄铜件、铜件的修补或不重要结构的焊接。

1）焊前预热：

为防止焊接内应力，防止出现裂纹、气孔、未焊透等缺陷，纯铜气焊时一般需要预热。对薄板、小尺寸焊件的预热温度为 400～500℃，厚大焊件预热温度提高至 600～700℃。黄铜和青铜的预热温度可适当降低。

2）焊接参数的选择和焊接技术：

铜的热导率高，一般选用比焊碳钢时大 1～2 倍的火焰能量进行焊接。焊接纯铜时，应严格采用中性焰。氧化焰会造成焊缝氧化和合金元素的烧损。碳化焰又会提高焊缝含氢量而引起气孔的出现。

气焊薄板时应采用左焊法，这有利于抑制晶粒长大。当焊件厚度大于 6mm 时，则采用右焊法，右焊法能以较高的温度加热母材，又便于观察熔池，操作方便。焊炬运动要尽可能的快，每条焊缝不要随意中断焊接过程，最好单道焊，一次焊完。焊接长焊缝时，焊前必须留有合适的收缩余量，并要先定位后焊接，焊接时应采用分段退焊法，以减小变形。对受力或较重要的铜焊件，必须采取焊后锤击接头和热处理工艺措施。薄铜件焊后要立即对焊缝两侧的热影响区进行锤击。5mm 以上的中厚板，需要加热至 500～600℃后进行锤击。锤击后将焊件加热至 500～600℃，然后在水中急冷，可提高接头的塑性和韧性。

（2）手工钨极氩弧焊（TIG 焊）　手工钨极氩弧焊是铜及铜合金的主要焊接方法之一，适用于中、薄板和小件的焊接和补焊。

1）焊前预热：

钨极氩弧焊时，当焊件厚度在 4mm 以下可以不预热，4～12mm 厚的纯铜可预热至 200～450℃，青铜与白铜可降至 150～200℃，硅青铜、磷青铜可不预热并严格控制层间温度低于 100℃。补焊大尺寸的黄铜和青铜铸件时，一般需预热至 200～300℃。如采用 Ar + He 混合保护气体焊接铜或铜合金可以不预热。

2）焊接参数的选择：

对大多数的铜及铜合金的钨极氩弧焊均采用直流正极性，此时焊件可获得较高的热量和较大的熔深。但对硅、铍青铜、铝青铜，采用交流电源比直流电源更有利于破除表面氧化膜，使得焊接过程稳定。硅青铜的流动性较差，可以采用手工钨极氩弧焊在立焊和仰焊位置焊接。

（3）熔化极氩弧焊（MIG 焊）　熔化极氩弧焊是焊接中、厚板铜及铜合金的理想方法，由于其电流密度大，电弧穿透力强，焊接速度快，焊缝成形美观及焊接质量高，因此在生产中得到广泛应用。

1）预热及焊后热处理：

MIG 焊焊接厚度大于 6mm 或所用焊丝直径大于 1.6mm 的 V 形坡口均需预热，对于硅青铜和铍青铜，根据其脆性及高强度的特点，焊后应进行消除应力退火和 500℃保温 3h 的时效硬化处理。

2）焊接参数的选择：

熔化极氩弧焊焊接铜时，采用直流反极性、大电流、高焊接速度。采用大电流、高焊接速度可提高电弧的稳定性，避免硅青铜、磷青铜的热脆性和近缝区晶粒长大。由于熔池增大，保护气体的流量相应也成倍增加。

MIG 焊焊接参数中最重要的是焊接电流的选择。它决定着熔滴的过渡形式，而后者又是电弧稳定和焊缝成形的决定因素。

**资料卡**　铜合金的埋弧焊

铜及铜合金的埋弧焊具有熔深大、生产率高、变形小等明显优点。埋弧焊焊接铜及铜合金时，20mm 厚度以下的焊件在不预热和不开坡口的条件下可获得优质接头，特别适合于中厚板的长焊缝焊接。纯铜、青铜埋弧焊的焊接性能好，黄铜的焊接性尚可。但为保证焊接质量，对于厚度大于 20mm 的焊件最好采用局部预热（200～400℃），过高的预热温度会引起热影响区晶粒长大，并产生强烈氧化，以至形成气孔、夹杂等缺陷，降低焊接接头力学性能。

焊丝与焊剂的选择：HJ430、HJ431 具有良好的工艺性能，但氧化性较强，容易向焊缝过渡硅、锰，使焊接接头的导电性、耐蚀性和塑性下降。对接头性能要求高的焊件可选用氧化性较弱的 HJ260、HJ150。纯铜的热导率大、热容量大，应选大的焊接电流、高的焊接电压(一般为 34 ~40V)。

**想一想** 铝及铝合金、铜及铜合金焊接时的主要问题是什么？如何防止？

## 能力知识点 4 常用铜及铜合金的典型焊接实例

有一电极水套，材质为脱氧铜 TU1，电极的拼接，采用 MIG 焊，具体焊接工艺如表 5-37 所示：

**表 5-37 TU1 接头焊接工艺卡**

| 接头焊接工艺卡 | | | | 编号： |
|---|---|---|---|---|
| 接头简图：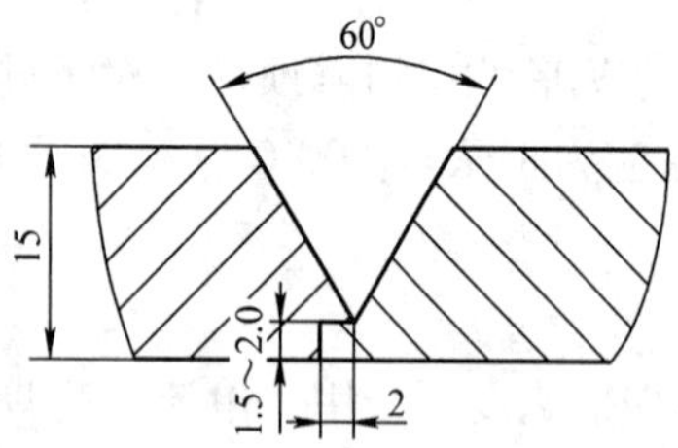 | 母材材质 | TU1 | | TU1 |
| | 母材厚度 | 15mm | | 15mm |
| | 焊接位置 | 平焊 | | |
| | 施焊技术 | 直焊道 | | |
| | 预热温度 | 500℃ | | |
| | 层间温度 | ≥500℃ | | |
| | 喷嘴直径 | $\phi$26mm | | |
| | 保护气体 | Ar | 气体流量/(L/min) | 正面：25 ~30<br>背面： |

| 焊接顺序 | |
|---|---|
| 1 | 检查坡口尺寸和表面质量 |
| 2 | 清除坡口及其附近的油污等脏物。油脂用 10% 的 NaOH 水溶液在 30 ~40℃温度下进行清洗，然后用清水冲净吹干。氧化膜的去除用不锈钢丝轮打磨，然后用碱水冲洗，再用清水冲净吹干 |
| 3 | 用第一层焊接工艺从外侧进行定位焊，长度 100mm，焊点间距不大于 300mm，定位焊缝若出现裂纹应铲掉重焊 |
| 4 | 电极的拼接要在特制的工装上进行，先对焊件进行预热，采用电加热，预热温度为 500℃，并且层间温度保持不低于 500℃ |
| 5 | 在外侧开始施焊，避免在焊缝内侧产生焊瘤，保证电极内圆的圆度和内表面的光滑 |
| 6 | 外观检查 |
| 7 | 矫形 |
| 8 | 焊后热处理 |

焊接规范参数

| 层-道 | 焊接方法 | 焊材牌号 | 焊材规格/mm | 电流种类及极性 | 焊接电流/A | 电弧电压/V | 焊接速度/(mm/min) | 备注 |
|---|---|---|---|---|---|---|---|---|
| 1 ~2 | MIG(半) | HSCu | $\phi$1.6 | DCEP | 350 ~400 | 30 ~35 | 250 ~300 | |

## 【综 合 训 练】

### 一、理论部分

（一）名词解释

1. 左焊法　　2. 右焊法

（二）填空题

1. 铝及铝合金焊接时的主要问题是________、________、________、________、________。

2. 铝及铝合金不管采用什么焊接方法，焊前首先应采取有效方法清理焊接区表面________和________。

3. 铝及铝合金在焊接过程中产生的主要为氢气孔。焊接时，氢的来源有两方面：一是________；二是________。

4. 铜及铜合金可分为________、________、________及________等。

5. 铜及铜合金焊接时，气焊薄板时应采用________焊法。当焊件厚度大于6mm时，则采用________焊法。

6. 铜及铜合金焊接时的主要问题是________、________和________。

7. 铝及铝合金最佳的焊接方法是交流TIG焊。交流TIG焊具有________，可以去除氧化膜，焊缝成型良好，表面光亮。

8. TIG焊铝及铝合金时的预热主要根据________、________来选择。通过试验发现，预热温度接近300℃时，接头表面的腐蚀程度大大增加，预热温度一般为________℃。

（三）选择题（将正确答案的选项填入每题前的括号内）

（　　）1. 一般气焊铝及铝合金用的气焊溶剂的牌号为________。

A. CJ401　　B. CJ301　　C. CJ201

（　　）2. 铝及铝合金氧气乙炔气焊时的火焰，应采用________。

A. 氧化焰　　B. 中性焰　　C. 碳化焰

（　　）3. 焊接纯铜时，应严格采用________。

A. 氧化焰　　B. 中性焰　　C. 碳化焰

（　　）4. ________是铜及铜合金的主要焊接方法之一，适用于中、薄板和小件的焊接和补焊。

A. TIG焊　　B. 气焊　　C. MIG焊

（　　）5. 对大多数的铜及铜合金的钨极氩弧焊均采用________，此时焊件可获得较高的热量和较大的熔深。

A. 直流正极性　　B. 直流反极性　　C. 交流

（四）判断题（正确的划“√”，错误的划“×”）

（　　）1. 铝及铝合金焊接时会产生较大的应力，在焊缝中就容易产生热裂纹。

（　　）2. 铝及铝合金焊接时，熔池表面生成的氧化铝薄膜能保护熔池不受空气的侵入，所以对提高焊缝的质量有很大的好处。

（　　）3. 纯铜焊接时应采用较小的焊接电流和保持较低的层间温度。

(　　)4. 纯铜焊条电弧焊时，电源应该采用直流正接。

(　　)5. 为了防止焊接时热量散失，纯铜焊前应进行预热。

(　　)6. 铜与铜合金焊接产生气孔的倾向较碳素钢小些。

(　　)7. 铝及铝合金焊接时，焊缝中生成的气孔是氢气孔。

(　　)8. 铝及铝合金焊前要仔细清理焊件表面，其主要目的是防止产生气孔。

(　　)9. 焊前清理是保证铝及铝合金焊接质量的重要措施，生产上常用化学清洗和机械清理两种方法。

(　　)10. 铝及铝合金气焊后，不必清除残留在焊缝表面的焊渣和熔剂。

(五) 问答题

1. 铝及铝合金焊接时的主要问题有哪些?

2. 铜及铜合金焊接时的主要问题有哪些?

3. 简述焊接铝及铝合金时防止产生热裂纹的措施。

4. 简述铜及铜合金 TIG 焊时的焊接工艺要点。

**二、实践部分**

1. 训练目标

1) 熟悉铝及铝合金交流 TIG 焊时焊接工艺的要点。

2) 了解铝及铝合金焊前和焊后的清理方法。

2. 训练准备

1) 人员准备：分组进行，每组由 8 ~ 10 人组成。

2) 资料准备：实训指导书。

3. 训练地点

实验室或实训场地。

4. 训练办法

1) 让学生了解铝及铝合金焊前、焊后清理的方法。

2) 在焊接操作过程中，体会铝及铝合金的焊接特点和掌握交流 TIG 焊时的工艺要点。

# 参 考 文 献


［1］杨松．锅炉压力容器焊接技术培训教材［M］．北京：机械工业出版社，2005.

［2］刘森．简明焊工技术手册［M］．北京：金盾出版社，2006.

［3］陈梅春．金属熔化焊基础［M］．北京：化学工业出版社，2002.

［4］英若采．金属熔化焊基础［M］．北京：机械工业出版社，2004.

［5］中国机械工程学会焊接学会．焊接手册(第2卷)［M］．2版．北京：机械工业出版社，2006.

［6］高忠民．实用电焊技术［M］．北京：金盾出版社，2003.

［7］机械工业部统编．焊工工艺学［M］．北京：机械工业出版社，1998.

［8］陈云祥．焊接工艺［M］．北京：机械工业出版社，2002.

［9］陈祝年．焊接工程师手册［M］．北京：机械工业出版社，2002.

［10］薛松柏，等．焊接材料手册［M］．北京：机械工业出版社，2006.

# 信 息 反 馈 表

尊敬的老师：

您好！为了进一步提高我社教材的出版质量，更好地为我国职业教育发展服务，欢迎您对我社的教材多提宝贵意见和建议。如贵校有相关教材的出版意向，请及时与我们联系。感谢您对我社教材出版工作的支持！

<table>
<tr><td colspan="9">您的个人情况</td></tr>
<tr><td>姓名</td><td></td><td>性别</td><td>男□女□</td><td>年龄</td><td></td><td rowspan="3">联系<br>电话</td><td>O</td><td></td></tr>
<tr><td>职称</td><td></td><td>职务</td><td></td><td>学历</td><td></td><td>H</td><td></td></tr>
<tr><td colspan="2">工作单位及部门</td><td colspan="4"></td><td>M</td><td></td></tr>
<tr><td colspan="2">从事专业</td><td colspan="4"></td><td colspan="2">E-mail</td><td></td></tr>
<tr><td colspan="2">详细通信地址</td><td colspan="4"></td><td colspan="2">邮政编码</td><td></td></tr>
<tr><td colspan="9">您讲授的课程情况</td></tr>
<tr><td>序号</td><td colspan="2">课　程　名</td><td colspan="2">学生层次、人数/年</td><td colspan="2">现使用教材</td><td colspan="2">出版社</td></tr>
<tr><td>1</td><td colspan="2"></td><td colspan="2"></td><td colspan="2"></td><td colspan="2"></td></tr>
<tr><td>2</td><td colspan="2"></td><td colspan="2"></td><td colspan="2"></td><td colspan="2"></td></tr>
<tr><td>3</td><td colspan="2"></td><td colspan="2"></td><td colspan="2"></td><td colspan="2"></td></tr>
<tr><td colspan="9">贵校在本专业领域内的相关情况(可另附纸)</td></tr>
<tr><td colspan="9">1. 在哪些方面有优势、特色？精品课程、特色课程有哪些？<br>2. 有哪些新的专业方向？新开设了哪些课程？是否缺乏相应的教材？<br>3. 您觉得贵校在本专业开设的这些课程中是否存在教材短缺或不适用的情况？都有哪些？<br>4. 贵校老师在此领域或相关领域是否有独创性的教材希望出版？如何联系？</td></tr>
<tr><td colspan="9">对我社教材出版工作的其他意见和建议(可另附纸)</td></tr>
<tr><td colspan="9"></td></tr>
</table>

请用以下任何一种方式返回此表(此表复印有效)：

联系人：齐编辑

通信地址：100037　北京市西城区百万庄大街 22 号　机械工业出版社中职教育分社

联系电话：010-88379201　　传真：010-88379181

E-mail：cnbook@ 163. com